全球数据跨境流动治理

何跃鹰　卓子寒　编著

科学出版社

北京

内 容 简 介

　　数字经济已成为各国经济增长的新动能，并上升为国家发展战略，各国政府和人民对数据跨境流动安全问题的关注与日俱增。本书系统介绍了全球数据跨境规则的产生背景及其发展演变的脉络，重点分析了全球主要国家和地区数据跨境治理规则的内容和相互之间的异同，特别介绍了欧盟、美国话语权下的数据跨境流动规则及规则间的弥合，也介绍了其他国际性文件及十余个重点国家和地区的立法现状，同时展望了全球数据跨境规则的未来走向，在此基础上对我国的数据跨境流动治理规则现状进行梳理，并对其实施与完善提出了相关建议。本书语言平实易读，主要以法律法规、执法部门的解释性指南、判决书等一手资料作为参考，介绍分析了国内外立法现状和法律实践。

　　本书可供数据安全、法学、网络安全、信息安全等研究机构以及高校相关专业师生阅读，也可供涉及数据跨境业务的企业、法务、数据合规的有关人士参考。

图书在版编目（CIP）数据

全球数据跨境流动治理 / 何跃鹰，卓子寒编著. — 北京：科学出版社，2023.2

ISBN 978-7-03-074134-9

Ⅰ. ①全⋯　Ⅱ. ①何⋯　②卓⋯　Ⅲ. ①数据管理—研究　Ⅳ. ①TP274

中国版本图书馆 CIP 数据核字（2022）第 234097 号

责任编辑：任　静 / 责任校对：张小霞
责任印制：吴兆东 / 封面设计：迷底书装

科 学 出 版 社 出版
北京东黄城根北街 16 号
邮政编码：100717
http://www.sciencep.com
北京天宇星印刷厂印刷

科学出版社发行　各地新华书店经销

*

2023 年 2 月第 一 版　开本：720×1 000　1/16
2024 年 4 月第三次印刷　印张：18 1/2
字数：373 000
定价：**158.00 元**
（如有印装质量问题，我社负责调换）

编 委 会

主　编:

何跃鹰　卓子寒

副主编:

王一楠　张金平　洪延青　邢　潇　张奕欣

其他编委:

万千惠　全婉晴　梁雅凤　周　望　魏求月

赵　洁　谷杰铭　吕欣润　张　翀　张程鹏

王　庆　黄珍珠　张雅欣　王杜娟　孙中豪

刘　扬

序

　　数据跨境流动(Trans-border Data Flow，或 Cross-border Data Flow)已经成为今天全球贸易和投资增长的重要途径。基于不同的历史传统与现实诉求，以美国和欧盟为代表的国家与区域创建了两大典型的数据跨境流动立法范式。在相互融合与借鉴的过程中，中国、新加坡、日本、韩国也迎头赶上，在数据跨境流动的国际基本格局下，不断推动网络法与国际法包括数据跨境流动法治的发展。

　　欧美双方数据跨境流动规则的巨大差异从深层次上反映了国家需求与利益博弈。在大数据、云计算、智能终端的冲击下，欧盟 2018 年生效的《通用数据保护条例》(GDPR)旨在通过谋求更大的域外效力，对在欧盟境外处理个人数据的行为也进行调整，对于不能对数据提供充分保护的国家和地区禁止数据流入，被称为史上最严格、保护水平最高的数据保护规则。欧盟模式充分反映了其不断完善欧洲共同体数据保护水平的诉求，也反映了通过构建"数字单一市场"提高数据竞争力的愿望。美国基于其信息产业的优势地位以及对数据自由流动的依赖性，在国内法、双边协议以及自由贸易协定(FTA)中推行自己的具有较强拘束力的"一揽子"协议，努力避免他国在电子信息流动中施加或维持不必要的阻碍，使自己的"跨境数据自由流动"主张和规则在政治经济实力加持下为缔约国所接受。双方在价值取向上反映出个人数据保护与数据跨境自由流动之间的博弈，在规制路径上区分了"充分性原则"与"问责制原则"，从而产生了争夺数据影响力与网络话语权的局面。

　　数据跨境流动在《"十四五"数字经济发展规划》中被定位为提升我国数据安全保障水平的关键环节。围绕数据跨境流动应以"自由流动为原则"还是肯定"数据跨境管制"的正当性，在各国近年来的立法与实践中一直存在重大分歧。在这一背景下，我国《数据安全法》首次肯定了"数据安全自由流动"的原则性地位，一方面，将"数据自由流动"作为基础性原则，另一方面将"数据安全流动"作为限制性原则，以平衡对外开放和国家安全的双重目标，为全球数据治理提供了审慎包容、鼓励合作的中国方案，为数据跨境流动奠定了基调。此外，更为突出的是，2021年 8 月，我国通过《个人信息保护法》，首次在法律层面构建了相对全面的个人信息跨境流动制度，提供了具体的实践方案——评估、认证与标准合同等合规路径，清晰、系统地展示了我国未来个人信息跨境流动的发展方向。

　　因此，该书在详细阐述、分析、对比欧盟、美国两大阵营的数据跨境流动规则基础之上，剖析数据跨境流动的价值取向与争议焦点，不仅对数据跨境流动实践具有指导作用，对学术研究也具有启发意义。此外，该书对数据跨境流动评估制度的分析，对标准合同、认证的研究，对我国《个人信息保护法》的正确理解、实施以及未来的完善也大有裨益。

中国人民大学法学院教授

中国法学会网络与信息法学研究会副会长

自　序

　　自远古时期数字概念的萌芽、到计数方法的最早出现再到近代社会信息技术的广泛应用，人类社会活动的数字化由来已久。随着信息和通信技术的发展，尤其是计算机与互联网的发明，数字化浪潮已经席卷全球，正在深刻地改变整个世界的存在形态和发展方向。如果说元宇宙是人类所处之世界的原始状态，那么蕴藏阴阳的太极概念则是它的本初内涵。当今信息时代，几乎所有的一切，诸如信息的表述、存储、计算和传输等，都建立于本初的阴阳（即"0-1"）基础之上。

　　然而，对于普罗大众而言，数据才是目之能及、心之所属的焦点，它因此亦成为信息时代的核心要素。数据给人类的社会经济活动带来了极大便利，其蕴含的巨大价值正越来越为人们所认识。越来越多的民众乃至国家都已经意识到，数据是整个信息时代最为重要的生产要素之一，更是数字经济的基础性战略资源。

　　数据价值实现的前提在于确权。就其传统意义上的权属而言，或属个人，即通常所称的个人信息；或归于社会，即所谓公共数据。然而，这种简单的划分无法适用纷繁复杂的数字经济场景。因为数据的来源固然不可或缺，而数据的加工处理和分析利用或许更为重要，它是数据价值得以实现的基础。数字经济要实现快速和可持续发展，政府监管应全面掌握数据利用的全周期活动，尽可能地权衡和协调相关各方的权益。

　　数据价值实现的关键则在于流动。在网络空间和数字经济全球化的进程中，数据跨境流动早已成为常态。与此同时，数据跨境流动也带来了诸如隐私保护、经济竞争和政治稳定等一系列潜在的安全风险，故而其安全监管问题也已成为关涉各国家和地区政治、经济、社会和外交的核心议题。尤其值得注意的是，近年来的国际社会双边和多边贸易谈判中，越来越多涉及数据跨境规制协商，但因为在政治、经济和文化等方面的诸多差异，关于数据跨境规制的全球共识至今尚未形成。在实践中，各国家和地区通常根据自身的数字经济发展阶段、数据处理技术水平和国际关系立场来确立与其自身利益相适应的数据跨境监管规则。若要在国家之间、区域乃至全球建构统一的数据跨境监管规则，关键在于如何兼顾各方的核心利益和合理诉求，并在国家安全、隐私保护和数字贸易三者之间进行适当的权衡取舍。

　　近年来，《网络安全法》《数据安全法》《个人信息保护法》的相继出台为我国数据跨境管理从数据主体利益与数据全生命角度构建了一套基础监管框架，并提供了"安全评估""保护认证""标准合同"等主要的工具抓手。在实操层面上，目前《数据出境安全评估办法》和《个人信息保护认证实施规则》已施行，《个人信息出境标准合同办法》已发布，初步明确了三者的管理要求和实施细则，但对于三种路径在适用范围上如何衔接尚不清晰。因此，全面构建既符合我国国情又兼顾国际主流规则的数据跨境管理体系，仍有诸多工作细节需要研究与探索。

本书编写组的各位成员长期从事数据跨境监管的前沿跟踪、政策研究和技术支撑，在国际关系、政策法律和信息技术等领域基础深厚、颇有建树。本书首先分析了数据跨境所涉及的主体、利益以及监管难点，进而详细解读了美、欧、日、新等信息发达国家和地区的数据跨境监管制度，最后结合国内立法现状，试图构建一个可持续扩展的数据跨境监管框架体系，从而为政府监管部门、行业和企业提供数据跨境方面的全方位操作指南。

何跃鹰

网络安全应急技术国家工程研究中心常务副主任
北京市"两区"建设专家咨询会特聘专家

前　言

随着我国《数据出境安全评估办法》的出台和落实，企业、政府以及其他受影响的社会各界将会越来越重视数据跨境流动的合规。因此，一方面，社会各界对于我国数据跨境流动监管制度乃至世界各国的数据跨境流动监管制度的知识性需求越来越紧迫，另一方面社会各界也会争相提供各类解读文章和著述，让人眼花缭乱，无从选择。本书的独到之处体现在如下几个方面：第一，本书归纳总结了全球数据跨境流动规则的发展与演变，洞察其规则的基本框架和未来发展态势，具有较高的学术价值；第二在内容范围上覆盖面广，包括国际上主要经济体的数据跨境流动规则介绍，覆盖国家（地区）除了最有话语权的欧盟和美国以及我国以外，还包括十余个国家（地区）；在内容深度上详细分析了这些法规政策规定的出台背景、实践应用、存在问题等；第三在结构体系上，纲举目张、层层推进，从最具话语权的欧美各自主导的国际规则开始介绍，到欧美规则间的弥合，接着是其他国际规则，再从国际法转到各国国内立法，最后落脚于我国立法现状和未来；第四在写作特点上，语言平实易读，以法律法规、执法部门的解释性指南、判决书等一手资料作为参考，准确介绍描述国内外立法现状和法律实践。因此，这本书能够成为从事数据安全、数据法学、网络安全，尤其是数据跨境流动合规相关人士手中的一本专业工具书。同时，本书的翔实资料和深度分析也能够为我国下一步健全和完善数据出境安全管理制度提供有益的参考。

书稿付梓之际，掩卷思量，饮水思源，在此谨表达自身的深深谢意。全球数据跨境流动治理规则是一个具有庞大内容结构与实践导向的研究方向，更是一个跨界的组合创新。与所有创新成果一样，这要求编著者具有较强的研究功底与整合能力，更何况本书是一本空白领域中的案例分析集！在编著过程中，作者们深刻感觉"学无止境"与"力有不逮"的压力，可以说没有张新宝教授、邹潇湘正高级工程师、杜颖教授的帮助，本书不可能出版，现一并致谢。

由于所掌握的资料和编写水平有限，对全球各国数据跨境流动治理的法律制度、政策文件、实践案例、评注分析等可能不尽准确、完善，希望读者能给本书多提宝贵意见，以便后续修订完善。

目　　录

第1章

全球数据跨境流动治理概论

在数字经济全球化的发展过程中，数据作为新的生产要素，其跨境流动成为世界各国经济增长的新动能。数据跨境流动需求日益强烈，但同时也带来隐私安全、经济安全和国家安全等风险。如何在促进数字经济发展的前提下对数据跨境流动进行合理化监管，已成为关系各国政治、经济、社会的核心议题。众多国家和地区都纷纷研究制定本国的数据跨境流动管理政策并积极开展数据跨境流动监管实践探索，与此同时，国际社会双边和多边贸易谈判中也越来越多涉及跨境数据流动议题。然而，由于政治、经济和文化等诸多差异，关于数据跨境流动管理的全球共识至今尚未形成。在实践中，各国家、地区通常根据自身的数字经济发展阶段、数据处理技术水平和国际关系立场来确立与其自身利益相适应的数据跨境流动规则，想要在国家之间、区域乃至全球建构共识性的数据跨境流动规则并非易事。其中，肇始之争当从对数据跨境流动的根本立场谈起，对这一问题的回答也能够基本反映世界各国在数据跨境流动方面的态度分化，即强调数据本地化的保守阵营与鼓吹数据自由流动的自由阵营。因而，如何兼顾两方阵营的核心利益和合理诉求，如何在国家安全、隐私保护和数字贸易三者之间进行权衡取舍，并最终形成全球性的共识和规则，是数据跨境流动监管的焦点。

在此大背景下，我国各级政府部门，尤其是具体履行数据跨境流动监管职责的政府部门，一方面要认识到在数字经济全球化背景下，数据跨境流动必不可少；另一方面也要在数据流动前设置必要的程序性规则进行有效监管，使数据流动始终保持在"可控水平"。所谓"可控水平"，首先是指本国数据提供方和境外接收方应当按照本国设定的数据跨境流动监管条件采取合理措施，保障本国数据出境后可能面临的最低风险，并为此划定明确的责任主体与责任承担方式；其次是指一旦数据在出境后发生风险，数据提供方和境外接收方应当采取合理的救济措施，将相关不利影响降到最低，并通知本国数据跨境流动监管部门以及可能受到不利影响的个人信息主体；最后是指在可能情况下，本国和境外接收方所在国之间就数据跨境流动监管政策达成共识，合作确保数据出境后、发生风险时的救济协调机制，确保消除或减轻不利影响，包括为受不利影响的个人和组织提供救济协调机制。我国目前构建了数据跨境流动的基本监管框架，并明确了安全评估、保护认证和标准合同的初步管理要求；这些都属于我国在数据跨境管理上的探索，但要全面构建符合我国国情又兼顾国际主流规则的数据跨境管理体系工作仍有很多细节需要研究与探索。

鉴于此，本书将首先明确数据跨境流动所涉及的主体、利益以及难以构建合理监管体系的症结所在，进而通过详细解读美国、欧盟、日本、新加坡、韩国、俄罗斯等主要国家和地区的数据流动监管制度，并结合我国目前已有立法，试图构建一个具有持续性的数据跨境监管框架体系，为政府监管部门、行业和企业提供数据跨境流动的全方位操作指南。

1.1 全球数据跨境流动规则的缘起

数据跨境流动(Trans-border Data Flow)，是指数据在不同法域之间的转移，涉及不同法域下因数据产生的不同主体及其数据利益，以及由数据控制权转移和复制引发的不同程度的风险，包括但不限于数据传输过程中发生的泄露风险和数据传输完成后发生的泄露和滥用风险，尤其是被当地政府获取、分析和使用，进而可能对数据所指向的个人或者组织产生的不利影响。此外，由于数据出境所在地国家或者地区与入境所在地国家或地区在数据保护制度上的差异，数据跨境流动监管制度与政策冲突在所难免。因此，需要数据出境国与数据入境国之间就数据跨境流动监管与权益保护进行协调。

数据跨境流动监管是一个历史命题，各国基于不同的数据处理技术和不同的产业发展阶段确定差异化的数据跨境流动监管政策。其中，欧美数据处理产业的博弈是产生数据跨境流动监管政策的导火索，而斯诺登事件则是全球数据跨境流动监管政策兴起的催化剂。

1.1.1 美国数据处理产业扩张引发欧洲多国的恐惧

20世纪70年代，美国国防部发起的阿帕网(ARPANET)开始了国际互连，随后局域网和互联网得到商用[1]。与此同时，美国计算机公司在世界各国开展跨国业务，每年出口超过120亿美元的计算机设备和系统，通过这些设备和系统形成的局域网以及互联网，收集、存储和跨境转移大量数据[2]，掌握了其他国家绝大多数的政府机构、商业、个人、科研等信息，抢占了全球与计算机有关产业的"半壁江山"。其中，欧共体委员会 1973 年的实证调查显示[3]，"欧洲市场上超过 90%的计算机都是依靠美国的技术，其中 IBM 一家公司就独占 60%"。另外，印度国家科技与发展研究中心于 1982 年的《跨境数据流动争议》报告也佐证[4]，美国十家计算机企业占据全球 85%的计算机供应和计算机数据服务(仅 IBM 就占据近半的份额)，其中处理的数据有 80%存储在美国。所以，有评论毫不夸张地指出，美国从互联网的形成之日起就成为世界数据的服务器[5,6]。

对于数据处理产业的重要性，欧共体委员会不仅将其定性为继医药和汽车产业之后的全球第三大产业，而且指出"未来社会的架构很大程度上取决于使用数据处理系统的方式"，更直指美国企业独霸该产业的弊端，即由美国"决定产品价格、技术标准、未来商业创新的节奏和市场发展的模式"。

因此，随着互联网商业化的发展和信息数字化的推进，欧洲国家对美国的数据掌控能力产生恐惧——未来的经济和信息恐将都掌握在美国人手中。法国大法官路易·儒瓦内在 1977 年经济合作与发展组织(OECD)隐私大会上指出[7]，"信息是一种实力，经济信息是经济实力的代表。信息具有经济价值，一国对于某些类别数据的存储和处理的能力能够赋予一国相对于他国的政治和技术上的优势。反过来，跨国数据转移却会导致一国国家主权的丧失"[8]。事实上，欧洲这些国家的担心，并不是天方夜谭，在后来得到应验。最好的证据，当属 2013 年美国中央情报局的爱德华·斯诺登披露的"棱镜门"事件[9]。

1.1.2　欧洲国家寻求国内立法限制数据跨境转移

欧洲各国从政治、经济等层面加强跨境数据转移的对策研究。1973 年达成的《国际电信公约》以及签约国的保留条款约定：主权国家有权进行国内立法治理本国的电子通信、暂停国际电子通信(第 20 条)，并以国家安全为由进行限制[10]。

不过，在《跨境数据流动争议》报告中显示的跨境数据转移涉及个人数据仅占10%左右，但欧洲国家却选择从隐私保护的角度在国内通过立法保护个人数据，限制这些数据的跨境转移，防止数据被滥用[11]。其中，欧共体委员会产业与技术部在 1973 年建议采取统一措施，旨在从美国企业手中夺回欧洲数据处理市场，关键是让欧洲的个人、企业、政府等消费者转向欧共体本土企业，首要突破的障碍是消费者的价格偏好——消费者更愿意使用 IBM 等美国企业更先进的产品和服务——因此所提议措施包括进行企业重组、加大产业扶持力度、政府仅采购本土企业的产品和服务，以及"为消费者转向欧共体本土企业提供协助"[12]。

欧共体委员会于是确定了整体战略，"将时刻谨防 IBM 公司滥用其市场支配地位，但最有效的方法是在本土培育强有力的竞争对手"，因而建议欧共体理事会采取两大决议：一是加大产业扶持；二是采取协同的政府采购合同。此外，欧共体委员会还对欧洲公民个人信息的保护政策首次指出，"最重要的是各成员国达成政治上的一致，而不是等到各自立法后再进行冲突协调"。

欧共体理事会的决策机构部长委员会在 1973 年和 1974 年先后对私营部门和公共部门处理个人数据出台两项决议，明确个人数据处理的初步规则[13]。为此，瑞典、法国、德国、丹麦、奥地利、挪威在 1973 年开始出台数据保护立法，卢森堡、英国、葡萄牙、西班牙、比利时等国则在酝酿相关立法。

其中，瑞典在 1973 年选择从保护个人数据的角度通过《瑞典数据保护法》。该法是世界上第一个国家在立法中明确规定个人数据跨境转移必须向瑞典数据监管委员会申报并获得许可。同时，该法还明确赋予个人信息主体如下个人数据权：知情同意权，获取修改权[14]。这部法律，不仅限制美国企业处理瑞典公民的个人数据，也因要求所有自动处理个人数据的计算机系统须经批准后才可设立而给瑞典公民在互联网上开展活动(如设立 BBS)设置了障碍，受到自由人士的诟病。

法国议会在 1972 年曾提议进行个人数据保护立法，但当时法国内部对于《法国民法典》第 9 条规定的隐私权与计算机处理的个人数据之间的关系并没有达成共识：《法国民法典》的隐私权范畴只是由法院来界定，但在实践中个人能够对计算机处理的个人数据提出何种主张并不确定。直到 1978 年，法国才通过《信息技术、数据文件与民事自由法》，首次超越《法国民法典》有关隐私权的规定，明确赋予法国公民对其个人数据享有的系列权利，包括知情同意权、反对权、获取权、修改权以及被遗忘权；该法也明确数据控制者收集和处理个人数据必须基于合法目的，且事先获得个人信息主体的同意[15]。

1.1.3 美国反对欧洲各国的保护主义立法

欧洲的上述立法和政策引起了美国企业界和政府的强烈反对。对于美国企业而言，数据就是金钱，切断数据流动等于扼住美国企业的喉咙。美国驻经济合作与发展组织(OECD)代表戴安娜·杜根曾这样指责欧洲国家的上述做法，"如果这些数据立法的目的是保护公共秩序、财产权或者遏制潜在竞争对手其他方面的发展，那么，这些目的都应当在立法中直接进行明确。我们不接受以'保护文化完整性'等借口进行信息控制，特别是这些立法常常是经济保守主义或是言论监控的幌子。我们认为，信息跨境自由流动是民主社会的传统，我们的法律制度应当设计为鼓励信息自由获取和限制信息滥用"[16]。

对于美国的这种指责，欧共体委员会在 1980 年提交给欧共体理事会的《数据保密研究报告》中指出，欧共体委员会认为这些成员国不能容忍个人数据保护水平因数据向美跨境而降低，因而欧共体成员希望以国内法来撬动个人数据国际保护规则。由此，数据跨境流动规则成为一个新的国际贸易议题。

1.2　全球数据跨境流动规则流变

全球数据跨境流动规则始于欧美立法之争，在多边规则谈判与发展中持续发酵，随着中国数字产业的蓬勃兴起，目前已基本形成"三足鼎立"的局面。

1.2.1　OECD 的有限协调

由于各国经济发展越来越受到数据跨境转移的影响，欧洲不同国家的数据保护立法不仅给这些国家与美国的数据跨境转移造成影响，也限制了欧洲国家之间的数据转移。因此，欧盟国家以及美国等都希望通过各种国际组织在数据转移上寻求共识。经济合作与发展组织(OECD)作为以欧洲国家为主，包括美国、加拿大、澳大利亚等国的国际组织，经过多年努力后，终于在 1980 年发布了《关于隐私保护和个人数据跨境转移的指南》(以下简称《OECD 指南》)。

然而，《OECD 指南》仅是一个推荐指南，并不具有强制力，在内容上也主要反映欧洲国家的意志，美国尤其是美国企业对于指南的执行并不积极。究其原因，在于欧盟通过《OECD 指南》所采纳的个人信息处理原则实际上是美国健康、教育和福利部在 1973 年提出的主要用于限制政府机构处理个人信息的基本原则，这些原则在美国原本并不适用于美国企业。为此，欧盟理事会在 1981 年就通过了《108号公约》，其内容基本照搬了《OECD 指南》，所不同的是该公约对缔约国具有法律约束力。

1.2.2　GATS 隐私例外条款的诞生

在 1984 年，美国为了保障其在服务贸易领域的优势地位，主动将数字贸易列入服务贸易谈判之中，并正式提出了包含数字贸易规则的《服务贸易总协定(草案)》。后续，欧盟及其成员国在此基础之上提出了自己的建议稿，其中包括提议允许成员国限制个人信息的跨境流动。最终在 1994 年 WTO 通过了《服务贸易总协定》(GATS)。

GATS 是第一个规范跨境服务贸易的国际条约，目的在于协调各成员国在服务贸易方面的法律和政策，在适用范畴上覆盖了除政府部门提供的服务和空运服务之外的其他所有服务，其成员国超过 140 个。GATS 将服务细分为四种形式：跨境交付、境外消费、商业存在与自然人流动。因此，涉及跨境交付和境外消费的电子商务也被纳入其中，成员国一旦以积极列表的方式承诺加入 GATS 规制的服务，就受到 GATS 的管辖。

由于跨境服务贸易政策不可避免地涉及成员国的主权和国内政策，GATS 第 14条"一般例外"条款规定了成员国可以在一定条件下——"如果下列措施的实施在相同情况的国家间不构成任意的或者无端的歧视,或者不构成变相的服务贸易限制"
——采取的五大类措施:①为保护公共道德或维持公共秩序的必要措施;②为保护
人类、动物、植物的生命和健康而采取的必要措施;③为了确保与本协定不会构成
不一致的法律或法规得到遵守所采取的必需措施;④与第 17 条不一致的措施,只要
待遇方面的差别旨在保证对其他成员的服务或服务提供者公平或有效地课征或收取
直接税;⑤与第 2 条不一致的措施,只要待遇方面的差别是约束该成员的避免双重
征税的协定或任何其他国际协定或安排中关于避免双重征税的规定的结果。GATS
第 14 条第③款又细分了三种可采取例外措施的情形:一是防止欺诈或处理服务合同
违约而产生的影响;二是保护数据处理和传播中的个人隐私和个人记录及账户的保
密性(以下简称"隐私例外条款");三是安全(即"安全例外条款")。

由此可见,欧洲各国在欧共体委员会的联合组织下,成功通过 WTO "一国一
票"的投票规则,将成员国对数据处理和传播过程中的个人数据保护立法通过隐私
例外条款转变为一种合法限制国际自由贸易的措施。

1.2.3　欧盟第三国适当性评估机制的主动性

基于 GATS 隐私例外条款提供的国际法依据,以及欧盟经济一体化的目标,
欧盟在 1995 年快速通过了《关于个人数据处理的个人保护与这些数据自由流动
的指令》(以下简称《95 指令》),名正言顺地限制成员国向非成员国的跨境数
据转移。

《95 指令》首先通过个人数据保护基本原则、个人数据主体权益、个人数据控
制者数据处理义务等规则建立起个人数据保护最低要求,然后通过第三国适当性评
估机制来评估第三国的个人数据保护水平是否与《95 指令》的最低要求等同,进而
限制个人数据向低于《95 指令》个人数据保护水平的第三国流动。在成员国和欧盟
层面的分工,《95 指令》将个人数据保护最低要求留给欧盟成员国通过国内立法加
以执行,而将第三国适当性评估留给欧盟委员会。以对美国为例,欧盟委员会在 1999
年率先主动认定美国个人数据保护水平未能达到《95 指令》的要求,因此欧盟企业
不得将个人数据主动转移至美国境内[17],进而逼迫美国要么改变国内个人数据保护
现状,要么通过其他方式向欧盟妥协。不论如何应对,美国都已经陷入了欧盟委员
会设置的陷阱,并越陷越深。

值得注意的是,第三国适当性评估方案也是一把双刃剑,虽然能够有效限制
美国企业将个人数据从欧盟自由转移到美国,但也会阻碍欧盟企业将个人数据转
移到未获得第三国适当性评估的国家。因此,欧盟委员会在《95 指令》的第三国
适当性评估机制之外创设了替代性解决方案,包括约束性的公司规则和标准合同
条款。

后续的斯诺登事件,实际上坚定了欧盟不断强化个人数据保护和通过个人数据

跨境流动规则与美国展开谈判的信念。例如,欧盟在 2016 年通过了 GDPR,全面贯彻 2007 年通过的《欧盟基本权利宪章》,将个人数据保护作为一项基本权利来强化保护,并同时以此作为最高标准与美国展开个人数据跨境保护方面的谈判。可以说,《95 指令》和 GDPR 所建立和强化的第三国适当性评估为欧盟与美国展开个人数据跨境保护谈判提供了主动性,而个人数据保护的基本权利标准则源源不断为欧盟在谈判中提供"核动力"支持,《安全港协议》和《隐私盾协议》先后被欧盟法院以不符合《欧盟基本权利宪章》要求而判定无效就是最好的例证。

1.2.4 美国以退为进

受制于 GATS 提供的隐私例外条款和欧盟委员会的第三国适当性评估的结果,美国企业和美国政府不得不主动向欧盟委员会妥协,与其展开谈判。

谈判之初,美国试图提出一些缓解方案,例如欧盟允许美国企业进行自行验证。然而,欧盟强烈希望美国通过专门的立法和专门机构来保护个人数据。作为最大贸易伙伴,双方都清楚,谈判僵化对各自都没有好处。因此,双方都在找寻对方的底线:欧盟清楚美国立法程序复杂难以通过,但欧盟的隐私作为人权来保护的高标准不能变;美国也承认愿意接受对个人数据提供欧盟式的高标准保护,但前提是不通过专门立法,且欧盟接受美国的行业自律的保护模式[18]。

为了进行有建设性的谈判,美国以退为进,即美国提出一个美国企业遵守的隐私保护安全港框架,内容为符合欧盟有关数据转移要求的个人数据保护原则,其效力对自愿加入的美国企业具有法律约束力,同时欧盟委员会认可该框架的情况下也对欧盟成员国有效,由此这些美国企业即可合法地进行个人数据跨境转移[19]。除了要求增加美国执法机构的监督外,欧盟委员会基本认可了美国的提议,并在 2000 年 7 月 26 日正式批准了安全港框架协议[20]。到斯诺登事件发生之前,共有 3246 家美国在欧企业通过安全港框架将在欧盟的个人数据跨境传输到美国,足见美国此次谈判的成功。

斯诺登事件爆发后,欧盟对美国的信任岌岌可危。借助施姆雷斯对欧美《安全港协议》有效性的申诉,欧盟法院借机依据《欧盟基本权利宪章》对个人数据保护的基本权利要求认定欧盟委员会无法通过与美国商务部以签订协议的形式保障美国提供了第三国适当性评估的要求,进而裁决《安全港协议》无效。

为了维系三千多家美国企业在欧盟的利益,美国商务部选择再次妥协,在安全港框架协议的文本之上做出更大让步,即美国国务院、司法部、国家情报总监和办公室、联邦贸易委员会和交通部各自承诺限制通过美国企业获取欧盟个人数据,并且强化对个人的救济和协议执行的审查(每年一审)。最后,欧美再次达成个人数据跨境的双边协定——《欧美隐私盾协议》。值得注意的是,在开展隐私盾谈判之前,美国通过了《2015 司法救济法案》,保护欧洲公民的隐私权保护并为其提供司法救济方案，即欧洲公民的个人数据跨境流动至美国后，若被美国政府不当利用，可以援引美国的《隐私法》对美国政府向美国法院提起诉讼。

在向欧盟妥协的同时，美国也通过 APEC 组织开展多边努力，在 2015 年通过了"APEC 隐私框架"，力主形成有利于美国的个人数据保护体系，并通过中立第三方来认定企业的个人数据保护水平，限制成员国政府通过行政权力干预个人数据的自由流动，即只要美国企业的个人数据保护水平得到了中立第三方的认定，执行"APEC 隐私框架"的成员国就不得限制该企业开展个人数据跨境流动。此后，美国还通过《美墨加协定》进一步强化这一方案。

值得注意的是，数据跨境流动除了企业基于经营需要开展的跨境流动之外，还包括了执法机构主动要求企业跨境提供数据。后者的规范就是美国新增加通过《澄清海外数据合法使用法》（Clarifying Lawful Overseas Use of Data Act，以下简称"CLOUD 法"）的内容，即美国的执法部门为了刑事执法调查可以要求在美国经营的企业提供其掌管、控制的海外数据。该法出台引发了欧盟以及我国等国家的高度关注，也影响了后续数据跨境流动规则的调整。

1.2.5　中国力量的迅速崛起

在斯诺登事件之后，中共十八届四中全会在《中共中央关于全面推进依法治国若干重大问题的决定》中强调贯彻落实总体国家安全观，加强互联网领域立法。2015年我国颁布《国家安全法》，全面贯彻总体国家安全观，要求完善国家安全战略，推动国家安全法治建设。2016 年我国出台《网络安全法》，明确网络安全等级要求、关键信息基础设施保护要求及其数据跨境流动规则，以及个人信息保护基本要求。2021 年先后通过了《数据安全法》和《个人信息保护法》，完善了个人信息保护制度，以及个人信息和重要数据跨境流动规则。

具体到数据跨境流动的规则设计，《网络安全法》第三十七条明确了关键信息基础设施的运营者在中华人民共和国境内运营中收集和产生的重要数据出境必须按照国家网信部门会同国务院其他部门制定的办法进行安全评估，第四十二条针对个人信息向境内外第三人提供要求获得个人信息主体的同意，但并未明确国家是否可以对该同意进行审查。《数据安全法》第三十一条不仅重申了关键信息基础设施的运营者在中华人民共和国境内运营中收集和产生的重要数据的出境安全管理适用《网络安全法》第三十七条的规定，还弥补了《网络安全法》的不足，明确其他数据处理者在中华人民共和国境内运营中收集和产生的重要数据的出境安全管理办法由国家网信部门会同国务院有关部门制定。针对个人信息的出境安全监管，《个人信息法》第三十八条和第三十九条弥补了《网络安全法》第四十二条的不足，明确了其合法出境的条件和机制。

除了国内立法之外，我国也不断构建强化数据跨境流动方面的多变规则。除了参与"APEC 隐私框架"之外，我国还积极参加《区域全面经济伙伴关系协定》(RCEP)。RCEP 除了采纳 GATS 隐私例外条款之外，还将关键信息基础设施运营者的重要数据和个人数据保护纳入到 RCEP 的基本安全例外之中，从而保障我国以及 RCEP 成员国可以以保护基本安全为由保护和规制关键信息基础设施运营者掌握的数据。

在 2020 年，我国还提出《全球数据安全倡议》，倡议中指出：各国反对利用信息技术破坏他国关键基础设施或窃取重要数据，以及利用其从事危害他国国家安全和社会公共利益的行为；各国承诺采取措施防范、制止利用网络侵害个人信息的行为，反对滥用信息技术从事针对他国的大规模监控、非法采集他国公民个人信息；各国应要求企业严格遵守所在国法律，不得要求本国企业将境外产生、获取的数据存储在境内；各国应尊重他国主权、司法管辖权和对数据的安全管理权，未经他国法律允许不得直接向企业或个人调取位于他国的数据；各国如因打击犯罪等执法需要跨境调取数据，应通过司法协助渠道或其他相关多双边协议解决；国家间缔结跨境调取数据双边协议，不得侵犯第三国司法主权和数据安全。

最近，我国宣布要加入《全面与进步跨太平洋伙伴关系协定》(Comprehensive and Progressive Agreement for Trans-Pacific Partnership，CPTPP)，并展开相关加入方面的谈判。

1.3　全球数据跨境流动规则的基本框架

1.3.1　GATS 例外奠定数据跨境流动规则的基石

在没有形成与 WTO 规则一样的国际条约之前，世界各国在国内立法和开展多边谈判时，都基本上没有超越 GATS 限制跨境服务贸易的例外。反之，这些例外也就成为当前数据跨境流动规则的国际法基础。

在内容上，GATS 的例外包括了第 14 条的隐私例外和安全例外，以及第 14 条之二的根本安全例外。其中，第 14 条的隐私例外，指的是第 14 条第 3 款第 2 项的"保护与个人信息处理和传播有关的个人隐私及保护个人记录和账户的机密性"。安全例外指的是第 14 条第 3 款第 3 项的"安全(safety)"。根本安全例外(security exceptions)则指的是第 14 条之二的规定，即"本协定的任何规定不得解释为：①要求任何成员提供其认为如披露则会违背其根本安全利益(essential security interests)的任何信息；或②阻止任何成员采取其认为对保护其根本安全利益所必需的任何行动：ⅰ与直接或间接为军事机关提供给养的服务有关的行动；ⅱ与裂变和聚变物质或衍生此类物质有关的行动；ⅲ在战时或国际关系中的其他紧急情况下采取的行动；或③阻止任何成员为履行其在《联合国宪章》项下的维护国际和平与安全(security)的义务而采取的任何行动"。

目前，欧盟主要采用隐私例外来限制个人数据的跨境自由流动，美国的外商投资审查则采用的是安全例外或者基本安全例外。我国《网络安全法》《数据安全法》对于重要数据跨境流动的限制则是援引基本安全例外来限制重要数据的跨境自由流动；《个人信息保护法》对个人信息跨境流动的限制则是援引隐私例外和安全例外。之所以将重要数据跨境流动的限制纳入 GATS 第 14 条之二的根本安全例外，最重要的原因是 RCEP 第 17 章（一般条款和例外）第 13 条（安全例外）中明确规定，"本协定的任何规定不得解释为（二）阻止任何缔约方采取其认为对保护其基本安全利益所必需的任何行动：3.为保护包括通信、电力和水利基础设施在内的关键的公共基础设施而采取的行动"，这里的公共基础设施包括了公有和私有。

除此之外，跨太平洋伙伴关系协议（TPP）及其后续的 CPTPP、RCEP、《美墨加协定》等涉及数据跨境流动规则的多边条约，都没有超越 GATS 创设的三种限制跨境服务贸易的例外机制。GATS 创设的隐私例外和安全例外有共同的适用条件或者适用限制，即"为使与本协定的规定不相抵触的法律或法规得到遵守所必需的措施"和"在此类措施的实施不在情形类似的国家之间构成任意或不合理歧视的手段或构成对服务贸易的变相限制的前提下"。前者可以称为"必要性测试"，后者则称为"非歧视性测试"。目前，尚没有国家或地区的数据跨境流动限制规则提到 WTO，因此还不清楚这些限制数据跨境流动的规则能否通过 GATS 第 14 条设定的必要性测试和非歧视性测试。

1.3.2 不同国家和地区的数据跨境流动监管模式

相较于我国《网络安全法》所创设的重要数据跨境流动监管机制和美国外商投资审查过程中以国家安全为由限制数据跨境流动之外，目前世界各国的数据跨境流动监管机制都主要集中在个人数据跨境流动的限制性立法上。

纵观世界各国个人数据方面的限制性立法，其背后的基本逻辑都是推定第三国的个人数据保护水平没有达到本国的同等水平，进而以保护个人数据为名限制数据的跨境转移，认为如果企业将个人数据从本国转移到第三国就存在规避本国法律的嫌疑。因此，为了支撑这个假定，世界各国在进行数据保护立法时，基本上都援引宪法，欧盟更是将个人数据权独立于隐私权而直接规定于《欧盟基本权利宪章》第 8 条。虽然限制跨境数据转移的假设性前提是第三国的个人数据保护水平不及本国，但全球化背景下企业进行跨境数据转移却是国际贸易的必然需求。事实上，完全禁止跨境数据转移并不现实，也无法操作，而且还将背负经济保护主义的骂名。因此，各国在限制跨境数据转移的时候，也提供了推翻这个假设性前提的不同机制：一是本国对第三国的个人数据保护水平进行适当性评估；二是本国对数据出口者的数据出境进行单独审查，即我国的个人信息出境安全评估；

三是数据出口者担保数据进口者遵守本国个人数据保护法；四是中立第三方评估模式；五是数据主体通过同意等方式自愿放弃在第三国享受等同本国保护水平的待遇。

1. 第三国适当性评估模式及其利弊

第三国适当性评估模式由欧盟委员会的《95 指令》开启，并在 GDPR 中得到延续。第三国适当性评估的优点在于最大限度地保障了个人数据的保护水平不会因为数据跨境流动而降低，省去了数据出口者和个人数据主体关于数据出境风险的担忧。

不过，欧盟的适当性评估的标准非常抽象和主观，因此受到不少学者的诟病。例如，欧盟隐私法专家库勒指出："外界普遍认为欧盟做出适当性评估的程序过于烦琐和低效，自《95 指令》生效十多年以来只有少数几个国家或地区通过适当性评估。另外，在评估第三国是否符合适当性要求时还加入了政治因素的考虑"。此外，第三国适当性评估模式还存在违反国际法的风险，即有可能无法通过 GATS "一般例外"条款的非歧视性测试——成员国采取的措施应当不构成 "任意的" 或 "无端的" 歧视[21]，或者 "变相的服务贸易限制"。

目前在 WTO 仅有一个案件即 "美国网络赌博案" 涉及 GATS "一般例外"条款的解释和适用，尚没有出现直接涉及隐私例外的案件。因此，具体一国的跨境数据转移限制立法是否违反 GATS 仍不清楚。在美国网络赌博案中，WTO 上诉机构指出："GATS 一般例外条款的设置方式如同《关税及贸易总协定》(GATT)一般例外条款的设置，这两个例外都是确认成员国有权根据在协定例外条款所列的范围内进行立法。尽管这样的立法可能会与协定其他条款相违背，但只要该立法符合例外条款设定的要求即可"。至于具体如何判断成员国采取的国内立法是否符合 GATS 第 14 条 "一般例外" 的要求，WTO 上诉机构提出了 "双层分析法"，即 "GATS 第 14 条，一如 GATT 第 20 条，应用 '双层分析法' 来考察一个成员国采取的措施是否合理。专家组首先应当确定涉案的措施是否符合第 14 条中某个具体例外的规定[22]。这就要求分析涉案措施是否涉及该具体例外规定的特定利益，并且该措施与该利益是否具有充分的关联度。所谓 '关联度' 应当通过使用 '与……相关'（relating to）或者 '有必要就……做出规定'（necessary to）等术语明确体现在涉案措施中。一旦确认涉案措施落入第 14 条的具体例外规定，那么专家组应当考虑涉案措施是否满足第 14 条序言（chapeau）所设定的条件。" 关于 GATS 第 14 条序言所设定的条件，WTO 上诉机构指出："通过要求成员国采取的措施不应构成 '任意的' 或 '无端的' 歧视，或者 '变相的服务贸易限制'，确保了成员国可以合理利用该例外条款，又不至于影响其他成员国通过 GATS 获得的权力"。

在实践中，美国曾在欧美安全港框架协议谈判和欧美隐私盾协议谈判过程中提出《95 指令》有违反 GATS"一般例外"之虞，但最后美方选择了让步，未将该争议提交到 WTO。

2. 国家安全评估模式及其利弊

我国《个人信息保护法》第三十八条根据现阶段的个人信息保护水平和政治经济水平提出了个人信息出境的安全评估模式。目前，国家网信部门发布的《数据出境安全评估办法》第三条采用风险自评估与安全评估相结合的原则，即对于个人信息出境安全评估严格落实《个人信息保护法》第三十八条第三款的规定，将评估的重点放在评估个人信息处理者所采取的措施能否保障境外接收方的个人信息处理达到我国法律的要求上，而并不直接评估和审查境外第三国的个人信息保护水平。

因此，国家安全评估模式的好处在于避免了对第三国适当性评估模式的政治性和可能违反 GATS 第 14 条一般例外适用条件(非歧视性测试)的风险，由此一来，我国在实施国家安全评估模式的时候并不用首先评估哪些国家的个人数据保护水平与我国个人数据保护水平的相当性或者适当性。此外，《数据出境安全评估办法》对评估结果提供了 2 年的有效期，极大地便利了跨境贸易。不过，国家安全评估模式也有一定的弊端，即仍然是通过间接模式来规范境外接收方的个人数据处理行为，而无法像欧盟那样强制第三国主动采取措施改善个人信息保护制度的现状。

3. 合同担保模式及其利弊

合同担保模式同样为欧盟委员会所提出，最初表现为《95 指令》第三国适当性评估的替代性解决机制，包括标准合同条款和约束性的公司规则。合同担保模式的关键在于将数据出口国的个人数据保护要求纳入到数据出口者和数据进口者的数据出境合同之中，从而将数据出口国的个人数据保护要求变成数据进口者的合同义务，一旦违反该义务则承担违约责任。其中，标准合同条款则是数据出口者与不同数据进口者的合同，而约束性的公司规则则是数据出口者与集团其他成员之间的合同，在违约责任的承担上比标准合同条款模式更为简便和直接。不过，合同担保模式要想成为合法的数据跨境流动机制，其合同中的个人数据保护条款仍然需要获得数据出口国的事先审批，并非数据出口者和数据进口者任意达成的个人数据保护条款都可以提供数据出境的合法性。这两项规则的共同优点都在于企业能够在数据进口国未能通过第三国适当性评估的前提下仍然能够开展个人数据的跨境流动，而且约束性的公司规则可能相对于标准合同的一事一议模式更有优势，即可能在该规则有效期内自由跨境流动。

数据控制者担保模式的缺点在于个人数据保护的重心落在企业，由此企业每次进行跨境数据转移，都要担保数据进口者遵守数据出口国的法律，这一点标准合同模式更为明显。一方面，企业的自律很难监督，而且数据出口者通过合同机制监督数据进口者遵守数据出口国个人数据保护规则更难，因为数据出口国的法律并非直接适用于数据进口方，而是交由数据出口方通过合同的方式来监督。另一方面，数据控制者担保模式对于中小企业尤其是初创企业而言,一事一议的操作成本相对较高(每次要评估数据进口国的法律与政策、数据进口者的个人数据保护水平)。这一点不同于第三国适当性评估模式——只要向通过适当性评估的第三国转移数据,就可以免担保、大批量地自由转移数据。

4. 第三方评估模式及其利弊

由于欧盟委员会和美国商务部之间在 2000 年达成的《安全港框架协议》运行了十多年,企业通过中立第三方评估以及自己承诺遵守欧盟有关数据转移方面的要求而可以合法进行数据跨境流动。所以,欧盟在 GDPR 制定中也接受了第三方评估的机制。中立第三方评估的机制可以是中立第三方制定一个行为规范,该行为规范如果获得主管部门批准,而且数据控制者加入该行为规范并承诺遵守的,那么该数据控制者就可以合法将数据向境外提供。此外,中立第三方评估的机制还可以是出台一个数据保护评估标准,但该标准也需要获得主管部门的批准,如果数据控制者获得该中立第三方的认证,那么也可以进行数据合法跨境提供。

具体而言,GDPR 分别规定了如下两种方式:一是《行为规范》及跨境数据转移承诺。为了增加《行为规范》的吸引力,GDPR 第 46 条也允许获准加入《行为规范》的控制者和处理者,在提供额外的跨境数据转移承诺的情况下进行数据跨境的合法转移。但具体如何操作,GDPR 并没有细化。二是获认证资质+跨境数据转移承诺。为了增加第 42 条所规定的数据保护认证的吸引力,GDPR 第 46 条也允许获得第 42 条认证的控制者和处理者,在提供额外的跨境数据转移承诺的情况下进行数据跨境的合法转移。

第三方评估模式的好处在于数据出口国避开了主动评估第三国的个人数据保护水平,也避开了主动审查数据出口者的每一次个人数据出境,而交由中立的专业第三方机构来评估数据出口者和数据进口者的个人数据保护水平,让个人数据跨境流动成为一种比较纯粹的商业性跨境流动。正是因为这一点,美国通过 APEC 隐私框架力推这种模式。不过,第三方评估模式也有其弊端,那就是第三方机构依据什么样的个人数据保护规则来评估数据出口者和数据进口者仍然要事先获得数据出口国的同意甚至是审批(例如欧盟和我国的第三方评估模式),有些还需要数据进口国的同意(例如 APEC 隐私框架下的第三方评估),因此这些前置性的规则设定仍然非常烦琐甚至具有争议性。

5. 个人同意模式及其利弊

数据主体同意模式主要为日本所采取,优点是国家不用专门对数据跨境问题进行强行介入,避免了国际冲突;此外,企业也不用对数据进口者的个人数据保护水平进行事先评估或者申请第三方进行评估。因此,个人同意模式对数据出口者而言是成本最低的。

与此同时,同意模式有两大缺点:首先,同意模式直接将个人数据出境风险完全让数据主体自己承担,并且数据出口者以数据主体知情同意为由规避责任。而且,国家如果认可这种模式可以任意实施,也相当于对此种弊端的一种漠视。其次,对于企业而言每次的跨境数据转移都要一一获得数据主体的同意,成本非常高。况且,云计算、大数据等技术不断发展革新,企业所处理的个人数据量日益庞大,一一授权模式与市场发展的趋势严重不符,容易让企业(特别是中小企业)丧失交易机会。

参 考 文 献

[1] 张金平. 跨境数据转移的国际规制及中国法律的应对. 政治与法律, 2016, 12: 136-154.

[2] The Commission of the European Communities. Study on data security and confidentiality: Volume 1, 1980: 2.

[3] Grossman G S. Transborder data flow: Separating the privacy interests of individuals and corporations. Journal of International Law and Business, 1980, 4(1): 4.

[4] The Commission of the European Communities. Communication concerning a community policy for data processing. SEC(73)4300 final, 1973: 1.

[5] Gupta B M, Gupta S P. National institute of science technology & development studies. Transborder Data Flow Debate, Annals of Library Science and Documentation, 1982, 29(2): 53-54.

[6] Ling J. The world's next major trade agreement will make NSA spying even easier. http://motherboard.vice.com/read/the-trans-pacific-partnership-will-make-nsa-spying-easier. 2014.

[7] Rotenberg M. On international privacy: A path forward for the US and europe. http://hir.harvard.edu/archives/5815. 2014.

[8] Joinet L. Remarks before the organization for economic cooperation and development symposium on transborder data flows and the protection of privacy. http://law.emory.edu/elj/elj-online/volume-64/responses/data-nationalism-its-discontents.html. 1977.

[9] Glenn G, Ewen M, Laura P, et al. The whistleblower behind the NSA surveillance revelations. http://www.theguardian.com/world/2013/jun/09/edward-snowden-nsa-whistleblower-surveillance. 2013.

[10] International Telecommunication Union. International Telecommunication Convention. https://itu.tind.io/record/13213.1982.

[11] OECD. OECD guidelines on the protection of privacy and transborder flows of personal data. http://www.oecd.org/sti/ieconomy/oecdguidelinesontheprotectionofprivacyandtransborderflowsofpersonaldata.htm. 2013.

[12] Directorate-General for Industrial and Technological Affairs of CEC. Towards A European Policy on the EDP Industry, III/1005/73-E. 1973: 18-19.

[13] Committee of Ministers of Council of Europe. Resolution (73) 22 On the Protection of the Privacy of Individuals Vis-à-vis Electronic Data Banks in the Private Sector. 1973, 22 (73): 1.

[14] Burkert H. Privacy-Data protection: A german/european perspective. https://www.coll.mpg.de/sites/www.coll.mpg.de/files/text/burkert.pdf. 2000.

[15] Library of Congress of United States. Online Privacy Law: France. https://www.loc.gov/law/help/online-privacy-law/2012/france.php. 2012.

[16] Brown R W. Economic and trade related aspects of transborder data flow: Elements of a code for transnational commerce. Journal of International Law and Business, 1984, 6 (1): 20.

[17] Article 29 Data Protection Working Party. OPINION 1/99 concerning the level of data protection in the United States and the ongoing discussions between the European Commission and the United States Government. http://ec.europa.eu/justice/policies/privacy/docs/wpdocs/1999/wp15en.pdf. 1999.

[18] Farrell H. Negotiating Privacy across Arenas: The EU-US "Safe Harbor" Discussions. http://www.utsc.utoronto.ca/~farrell/privacy1.pdf. 2000.

[19] Aaron D. Safe Harbor Letter from Ambassador Aaron. https://2016.export.gov/safeharbor/eu/eg_main_018496.asp.1999.

[20] The U.S. Department of Commerce. Safe harbor privacy principles. http://www.export.gov/safeharbor/eu/eg_main_018475.asp. 2000.

[21] Kuner C. Regulation of transborder data flows under data protection and privacy law: Past, present, and future. TILT Law & Technology Working Paper, 2010, (016): 39.

[22] Appellate Body Report. United States—measures affecting the cross-border supply of gambling and betting services,WT/DS285/AB/R, 2005: 291.

第2章

欧盟话语权下的数据跨境流动规则

2.1 《OECD 指南》

欧洲经济合作发展组织发布的《OECD 指南》是国际上首个探讨数据跨境监管规则的国际文件，代表了欧美等发达国家在数据跨境监管方面的初步做法，虽然不具备法律约束力，但对后续的数据跨境流动监管和个人数据的保护产生了深远影响。

2.1.1 《OECD 指南》的出台背景

欧洲数据处理市场为美国企业所主导，瑞典、法国、德国、卢森堡、英国等国自 1973 年以来先后研究制定个人数据保护法，瑞典还直接要求数据跨境流动须获得瑞典数据监管委员会审批。这些不同数据保护立法不仅导致数据往美国跨境转移受到影响，也影响了欧洲国家之间的数据转移。因此，欧盟成员国和美国等国都希望通过 OECD 组织在数据跨境转移上寻求共识。最终，欧共体及其成员国、美国(菲什曼为谈判代表)、加拿大、日本和澳大利亚等国对于跨境数据转移问题专门在 1978 年展开谈判[1]。

2.1.2 《OECD 指南》的内容

由于欧美在个人数据保护和隐私保护方面的差异，经过两年谈判，OECD 专家组无法在个人数据的隐私或隐私权概念上达成一致，只能同时使用"隐私与个人自由(privacy and individual liberty)"术语来指代所要保护的个人利益。不过，专家组在个人数据处理的基本原则上达成初步共识,并允许成员国以保护隐私和个人自由、国家主权、国家安全和公共利益为由限制数据跨境流动,由此形成并无强制约束力的《OECD 指南》。

《OECD 指南》在内容上包括五部分 22 条。其中,第一部分为一般条款,规定该指南为数据保护的最低标准。第二部分规定成员国内部适用层面的八大数据处理原则,包括限制收集原则、数据质量原则、目的明确原则、使用限制原则、安全保障原则、透明原则、个人参与原则和责任原则。第三部分规定国际适用层面数据跨境自由流动和正当限制的基本原则:①成员国应当避免以隐私保护和个人自由为名义出台立法或政策限制数据的自由流动。②但特殊情况下可以限制跨境数据转移。所谓特殊情况,指的是成员国认为其他成员国未对特定类型数据采取同等保护。其中,第 17 条规定:"成员国应当避免限制数据在成员国之间的跨境流动,但其他成员国未能实质遵守本指南,或者将数据转移到该成员国会规避另一成员国隐私立法的除外。成员国也可以对特定类型数据的跨境转移进行限制,只要其国内隐私法根据该类数据的性质做出了特别规定,或者另一成员国未对该类数据提供同等保护。"不过,第一部分第 3 条规定:"基于国家主权、国家安全和公共利益,成员国可对指南第二、三部分的规定设置例外,但应当尽可能少,并向公众公开。"

2.1.3 《OECD 指南》的修订

在 2013 年,《OECD 指南》专家组审议了该指南的实施情况及其问题[2],指出技术发展带来的隐私侵害风险变化要求数据控制者采取更加灵活的隐私保障机制,也要求成员国在限制数据跨境流动方面应当考虑数据出境的风险,继而出台了修订版的《OECD 指南修订版》(2013)[3]。

总体而言,《OECD 指南修订版》采取基于风险的思路,据此主要增加三部分新的内容:①引入成员国国内的隐私战略,即不仅仅关注隐私相关法的执行,还关注成员国之间的隐私战略层面的协调与合作;②引入隐私管理项目,即对数据控制者的数据处理增加隐私保护的实际运行机制要求,如隐私风险评估;③增加数据安全违规的通知,即数据控制者对于数据违规需要通知数据监管部门,同时也要告知受影响的个人。

具体而言,《OECD 指南修订版》在内容上分为六个部分。

第一部分为总则,涉及各种概念的定义,指南的适用范围以及例外范围。其中第 4 条同原指南一样规定,"对于本指南的例外,包括与国家主权、国家安全和公共政策的例外,应当尽可能少,而且向公众公开。"

第二部分为国家应用的基本原则,但仍然沿袭了原指南的所有原则,并未进行修订。

第三部分为执行责任，是全新增加的内容，强调数据控制者采取隐私管理项目（privacy management programme）的责任：

第15条　数据控制者应当：

(1)采取符合下列要求的隐私管理项目：

(a)执行本指南；

(b)与其运营的架构、规模、数量和敏感程度相匹配；

(c)采取基于隐私风险评估的适当安全保障措施；

(d)融入其治理架构并建立内部监督机制；

(e)对询问和事故的回应做出规划；

(f)根据持续的监控和定期评估的结果更新本项目；

(2)随时准备证明其隐私管理项目的适当性，特别是接受隐私执法部门的质询，或者另外一个根据本指南做出的行为准则或类似协议的监督机构的质询；

(3)在适当情况下，就影响个人数据的重要安全违规向隐私执法机构或者其他相关监管部门通报。当该违规很可能对相关数据主体产生不良影响，应当通知受影响的数据主体。

第四部分为国际应用的基本原则——自由流动和合法限制，共三个条款。该部分对原指南进行了修订，强调数据主体对个人数据保护的持续性责任以及成员国限制数据跨境流动与跨境对数据造成的风险之间呈现比例关系，贯彻新指南基于风险的思路：

第16条　数据控制者对其控制的个人数据承担责任，不考虑该数据的所在地。

第17条　成员国在如下情形下应当对于个人数据流向另一个国家的限制保持克制：(1)另一个国家实质上遵守本指南，或者(2)存在充分的保障，包括采取有效的执行机制和数据控制者采取适当措施确保其保护水平与本指南持续保持一致。

第18条　对跨境数据流动的任何限制应当与出现的风险符合比例关系，该风险考虑了数据的敏感性以及数据处理的目的与场景。

第五部分为国内执行，对原指南增加了成员国采取反映政府组织间合作的隐私保护战略、设立隐私执法机构的义务。第六部分为国际合作与协作，并没有实质性修改。

2.1.4 《OECD指南》的影响

对于《OECD指南》及其修订版指南的影响，联合国贸易和发展会议（UNCTAD）

在 2016 年给予了非常客观的评价：OECD 自身有 34 个[①]成员国，其中 32 个已经通过统一的个人数据保护法。在 2016 年 3 月下旬，土耳其议会通过了与欧盟个人 95 指令相协调的数据保护法案。剩下美国没有采用个人数据的统一立法，而是采用部门性立法的方式。然而，《OECD 指南》的真正影响在于它影响了不限于其成员国的世界各国隐私法的内容。该指南的八大隐私原则为绝大多数国家立法所采纳。

总之，《OECD 指南》具有如下优点：一是拥有受到尊重的悠久历史；二是关注如何实现数据流动与数据保护之间的平衡；三是该指南获得广泛接受，并得到不同国家的支持。不过，《OECD 指南》也存在一定的不足：一是缺乏比例原则（或者数据最少原则），数据控制者收集和处理数据时可能超出最少必要的范围；二是该指南本身并没有强制力，无法在国际上约束成员国的数据跨境流动监管制度；三是该指南主要反映了欧美发达国家在数据跨境监管上的意志，并未体现发展中国家的意愿[4]。

2.2　《108 号公约》

1981 年，欧共体理事会通过《关于个人数据自动化处理的个人保护公约》。该公约在欧洲委员会《欧洲条约集》（European Treaty Series）中编号为 108，因而通常被称为《108 号公约》。《108 号公约》是欧洲乃至世界范围内首个关于数据保护的具有法律约束力的国际公约，也是欧洲首部有关个人数据跨境流动规则的法律文件。

2.2.1　《108 号公约》的出台背景

由于《OECD 指南》仅仅是推荐性文件，并无强制力，无法真正统一欧共体成员国的个人数据保护立法，更无法让美国执行该指南。为了坚定欧共体成员国在个人数据上的统一立场、提供更为清晰的个人数据保护立法政策，欧洲理事会专门成立数据保护专家组，并在《OECD 指南》出台不到半年就出台了《108 号公约》。

2.2.2　《108 号公约》的内容

在内容上，《108 号公约》与《OECD 指南》相比具有很多相同点，同样以个人数据处理基本原则为基础构成，但也有重大突破。首先，该公约具有法律约束力，成员国应当采取措施进行执行。其次，该公约第 23 条规定这是一个开放性公约，不仅欧共体成员国可以加入，其他非成员国也可以参加。

不过，《108 号公约》最重要的突破则在于限制数据跨境流动的立法技巧，从表

---

① 截至 2022 年 3 月，OECD 有 38 个成员国，参见 OECD 官网 https://www.oecd.org/about/members-and-partners/。

面上看，成员国似乎只能以隐私或个人数据保护为由做出限制。在条文安排上，该公约第三章第 12 条专门规定跨境数据问题，其中第 2 款规定成员国原则上不能仅仅因为保护隐私而限制数据在成员国之间自由流动；第 3 款规定设置例外的前提，即如果成员国对特定类型数据专门做出保护性规定而另一成员国未做出对等规定，或者通过将数据传输给另一个成员国再转移到非成员国来规避成员国对于特定类型数据的立法。与此同时，第二章第 9 条规定，成员国仅能以国家安全、公共安全、国家金融政策或者打击犯罪等理由针对第 5 条、第 6 条(特殊类型数据)、第 8 条(个人对其个人数据享有的被通知权、访问权、修改权和救济权)做出限制，但第 6 条和第 12 条第 3 款都同样适用于特殊类型数据。

因此，该公约在限制跨境数据流动上的合法理由上显得更为隐晦，成员国限制数据跨境的理由实际上并不限于隐私或个人数据保护，还包括国家安全、公共安全、经济安全等理由。

2.2.3 《108 号公约》的修订

1999 年 6 月 15 日，欧洲理事会第一次修订了《108 号公约》，一共修订了六个内容。不过，这次修订并未修订个人数据保护的实体规则，而仅对公约成员国的投票权、邀请非成员国加入公约的程序、公约修订文本的沟通、公约的地域适用范围和公约加入的通知等程序性规则加以补充明确[5]。

2001 年 11 月 8 日，欧洲理事会发布了《关于个人数据自动化处理的个人保护公约中监管机构和数据跨境流动的附加协定》，对《108 号公约》加以补充[6]。其中，该附加协定第 1 条要求成员国应当明确一个或者多个负责数据保护监管的机构，确保其有履行个人数据监管职能的权限，但其行政决不能是终局性的，而应当纳入法院的审查范围。第 2 条规定成员国应当要求个人数据向非成员国的转移只有当接收者所在国能够确保对拟转移数据提供充分的保护时才能够进行，但也有两种例外：一是数据跨境是为了数据主体的特定利益或者优先于数据主体利益，尤其是重要公共利益；二是数据提供者提供的合同等保护机制得到成员国监管部门的批准。上述两个附加条款相当于《108 号公约》的原有条款，都对成员国具有约束力。

此外，欧洲理事会在 2018 年 5 月 18 日再次修订《108 号公约》。此次修订重点将责任原则作为"额外措施"规定于第 10 条，要求成员规定数据控制者基于数据处理风险以及保障个人数据权的需求采取所有适当措施，并提供证据(特别是向执法机构)证明其数据处理符合该公约。不过，此次修订并未涉及数据跨境规则。值得注意的是，这次修订从 2013 年就开始酝酿，而且主要修订的责任原则其实也已经通过欧盟 2016 年出台的《通用数据保护条例》(GDPR)得到确立，2018 年《108 号公约》修订时主要是为获得该公约非欧盟成员国的认可。

2.2.4 《108 号公约》的影响

该公约最大特点就是它的开放性——虽然它是由欧盟理事会制定的，但是它希望做成一个国际性条约，允许非欧盟成员国也能够广泛加入。事实也证明，《108 号公约》到目前为止也一共得到 55 个国家(欧洲理事会的 47 个成员国，以及乌拉圭、毛里求斯、摩洛哥、塞内加尔、俄罗斯、墨西哥、阿根廷、突尼斯等 8 个非成员国)的接受[7]。

对于《108 号公约》的影响，联合国贸易和发展会议(UNCTAD)在 2016 年给予了高度评价，"《108 号公约》是最具有国际发展前景的举措"。该组织指出，《108 号公约》不同于任何其他国际相关规则之处在于它本身对缔约国有强制力。它的优点包括如下六个方面：①提供了全面的覆盖面；②其中的原则获得广泛接受；③允许任何国家加入；④通过协同而开放的方式运转；⑤其强制力融合了成员国的个人数据保护法；⑥得到其他组织的有力支持(例如国际数据保护委员会主席组织将其认定为全球最佳模式)。不过，《108 号公约》的缺点也很明显：一是具有以欧盟为中心的浓厚历史(尽管目前获得了快速扩展)；二是在协调不同国家法律时面临巨大挑战，尤其是面临美国方面的挑战。

2.3 《95 指令》

欧盟成功在 1994 年推动《服务贸易总协定》(GATS)纳入了隐私例外之后，便于 1995 年颁布了《关于个人数据处理的个人保护与这些数据自由流动的指令》。《95 指令》在全球掀起个人数据保护立法浪潮。

2.3.1 《95 指令》的出台背景

《108 号公约》虽对成员国具有约束力，但真正执行该公约的国家并不多，而且该公约允许成员国自行决定执行的方式，因此实施效果也参差不齐。该公约的上述局限对内构成了统一欧共体内部市场的障碍，对外难以统一主张本地区因提供了个人数据高水平保护而可以限制数据向其他低水平国家(尤其是美国)的转移。于是，欧共体委员会在 1990 年就开始起草欧盟层面的统一立法《关于个人数据处理中的个人保护的指令(草案)》(以下简称《90 草案》)。两年后，欧共体委员会根据欧共体理事会和欧共体议会的意见进行修改，包括将草案标题改为《关于个人数据处理中的个人保护与这些数据自由流动的指令》(以下简称《92 修订稿》)，明确保护个人利益和规制个人数据跨境流动系指令的双重目的。GATS 通过后不久，《92 修订稿》微调后即获通过，史称《95 指令》。

2.3.2 《95 指令》的内容

《95 指令》共八章 34 条。其中，第一章总则规定立法目的、基本概念、适用范围和成员国对指令的立法执行要求。

第二章规定个人数据处理的基本原则规则。第三章主要规定了数据控制者违规处理个人数据的法律责任，包括了侵害数据主体权利的民事侵权责任和违法的行政责任。第四章规定数据跨境规则。第五章规定数据控制者可以遵循的行为准则及其制定。第六章规定成员国数据监管部门的合作机制，其中第 29 条还规定成立工作组(即第 29 条工作组)，明确其可以出台《95 指令》实施指引并向欧盟委员会就第三国个人数据保护水平提供意见。第七章是附则，明确《95 指令》的生效和后续审议。

2.3.3 《95 指令》的数据跨境规则

2.3.3.1 《95 指令》的法定规则

欧盟从 1972 年以来就非常重视跨境数据转移的规制，但直到 1995 年出台《95 指令》才提供了具体的法律依据。该指令第四章专门规定个人数据向非成员国跨境转移的规则。

其中，第 25 条规定成员国必须确保跨境数据转移的前提是第三国为个人数据提供了适当水平的保护;第三国适当性评估由欧盟委员会根据第三国的所有情况(包括个人数据的性质、转移目的、转移期间、关于保护个人隐私和个人自由的国内法和国际承诺，尤其是与欧盟委员会关于适当性谈判达成的承诺)以决议形式做出。第 25 条的具体内容如下:

第四章　向第三国转移个人数据

第 25 条　原则

1. 向第三国转移正在处理的个人数据或者转移到第三国才开始处理的个人数据的，成员国应当规定只有该第三国对个人数据提供了适当的保护水平的条件下才可以实施。该规定不影响成员国根据本指令其他条款制定的规则的实施。

2. 第三国适当保护水平应当根据一次数据转移或者一系列数据转移的所有情况进行考虑，并应当特别考虑数据的性质、目的、拟进行转移的期间、第一次转往的国家(the country of origin)和数据最后到达的国家，第三国整体和部门性的法治情况、职业规则和安全保障措施。

3. 成员国和欧盟委员会如果认为第三国没有根据第 2 款提供适当保护水平的，应当通知对方。

4. 欧盟委员会根据本指令第 31 条第 2 款的程序发现第三国没有按照本条第 2

款的要求提供适当保护水平的，成员国应当采取必要措施防止同类个人数据(data of the same type)向该第三国转移。

5. 为解决本条第 4 款出现的状况，欧盟委员会在适当情况下应当与第三国进行协商。

6. 欧盟委员会根据本指令第 31 条第 2 款规定的程序、综合第三国有关保护个人隐私生活和基本自由的国内法或者国际承诺——特别是根据本条第 5 款协商做出的承诺，可以认定(may find)第三国提供了本条第 2 款所要求的适当保护水平。

成员国应当采取必要措施遵守欧盟委员会的决议。

第 26 条规定了数据跨境提供的合法性例外，包括数据主体对数据跨境的明示同意、为履行与数据主体达成的合同所必要、数据控制者为数据主体利益而与第三方缔结合同或为履行该合同所必要、保护公共利益或行使和对抗法律主张所必要、保护数据主体重要利益所必要、履行法律规定的数据公开要求，以及数据控制者采取了监管部门所认可的适当保障措施。

2.3.3.2 欧盟委员会发展的其他替代性规则

根据《95 指令》第 26 条的规定，欧盟委员会在实践中还发展出约束性的公司规则(Binding Corporate Rules，BCR)和标准合同条款(Standard Contract Clauses，SCC)。

1. 约束性的公司规则

约束性的公司规则适用于集团企业，原本并不是在 1995 年《95 指令》规定的替代机制，而是第 29 条工作组推荐跨国企业采取的一种替代机制。通过多年的发展，BCR 已经被正式纳入 GDPR。在 GDPR 出台之前，欧盟委员会要求 BCR 包括三项核心规则(隐私原则、有效性机制和 BCR 生效标志)，企业在起草 BCR 之后，提交给欧盟成员国的数据监管部门进行审查，审查通过后，该成员国数据监管部门将 BCR 提交给该企业有营业的其他成员国数据监管部门批准。因此，适用于跨国公司内部子公司之间的跨境数据转移难度仍然比较大，审批时间比较长，但获得批准后无须每次转移都签订转移合同，也是向消费者表明本企业的隐私保护水平达到比较高的水平。

在实施层面，第 29 条工作组对于 BCR 的具体内容发布了一系列文件，建议 BCR 应当写明的内容和审批的流程。由于 GDPR 正式规定了 BCR，而且第 29 条工作组也在 GDPR 出台之后修订了这些文件，在此就不介绍《95 指令》框架下的这些文件的具体内容。

2. 标准合同条款

早在 2001 年，欧盟委员会就批准施行了标准合同条款(SCC)。根据欧盟委员会此前的规定，该标准合同条款在内容上主要要求数据出口者和数据接收者遵守欧盟

《95 指令》第 26 条的规定，并对数据主体的损失承担连带责任。在操作上，要求该条款嵌入到数据出口者与数据接收者关于数据转移的合同中。标准合同条款的缺点是数据每转移一次都要重新签订该合同，对于跨国企业而言成本比较高，而且成员国数据监管部门可以增加额外的要求以及行政审批，从而加大了成本和审批时间。

根据《95 指令》第 26 条第 4 款，欧盟委员会公布并通过了 4 个版本的标准合同条款。2001 年 6 月 15 日，欧盟委员会通过了适用于"由欧盟境内控制者到境外控制者"的标准合同条款(第 2001/497/EC 号)。2002 年，欧盟委员会决议批准了"由欧盟境内控制者到境外处理者"的标准合同条款(第 2002/16/EC 号)。在适用过程中，"由控制者到控制者"的标准合同文本有难以满足实际需要、存在法律冲突等问题。之后，欧盟委员会在 2004 年出台了"由控制者到控制者"的标准合同条款(第 2004/915/EC 号)替代文本，但原文本仍然有效，数据控制者可两套标准条款中择一使用。此外，欧盟委员会于 2010 年 2 月 5 日更新了适用于数据处理者的标准合同条款(第 2010/87/EU 号)。值得注意的是，在施雷姆斯系列案之二中，欧盟法院对标准合同条款提出了新的要求，欧盟委员会后续更新了标准合同条款的具体要求。因此，基于《95 指令》的上述标准合同条款已经失效①。

2.3.4 《95 指令》的影响及其局限性

《95 指令》大大强化了欧盟各国个人数据的保护水平，明确了成员国必须设立数据监管部门进行个人跨境数据转移的事先审查制度和批准制度。《95 指令》对欧盟 28 个成员国有约束力，各成员国必须通过国内立法予以执行。不仅如此，《95 指令》还掀起了其他国家和地区进行数据保护立法的新浪潮。据不完全统计，除了欧盟成员国执行《95 指令》之外，冰岛、韩国、日本等七十多个国家和地区参考《95 指令》制定了有关数据保护的规定，有 69 个国家和地区的有关数据保护的规定明确限制跨境数据转移。由此，《95 指令》被称为世界数据保护立法的引擎。

不过，《95 指令》因具体规则实施需要依靠成员国国内法的执行，因此《95 指令》在实施过程中出现了各成员国执法机制和执法力度不一致、公民几乎未提起侵权之诉等问题，导致欧盟在个人数据保护方面并未形成真正的统一体，也无法保证个人数据转移到第三国之后仍能够获得与欧盟一致的同等保护水平。因此，欧盟委员会从 2010 年就开始呼吁采用成员国可直接实施的条例替代《95 指令》，并在 2012 年正式提出 GDPR 草案，以期"所有企业将以统一的个人数据保护规则向五亿欧盟人销售产品和提供服务"，及"将欧盟个人数据保护标准塑造成全球标准"。

---

① 值得注意的是，新的标准合同条款规定了旧标准合同条款的过渡期，过渡期内旧标准合同条款仍然有效。

2.4 《通用数据保护条例》

2018 年 5 月 25 日，欧盟《通用数据保护条例》(GDPR)正式生效，取代了《95指令》，被称为"史上最严数据保护条例"。值得注意的是，在欧盟法律体系下，GDPR作为条例直接在欧盟成员国范围内生效，无须通过成员国立法执行。

2.4.1 个人数据保护体系

GDPR 共计十一章 99 个条文。整体而言，与《95 指令》的八章 34 条相比，明显做了较大调整，将个人数据权、控制者和处理者义务独立成章，强化权利、细化控制者和处理者处理个人数据要遵守的义务，这样的调整就是强调个人数据权的保护维持在基本权利的水平。相应地，为了确保权利得到保障、义务得到遵守，GDPR在统一执法、行政处罚、个人数据的特别处理情形和欧盟层级的授权性立法和执行性立法(implementing acts)等方面都进行了强化。二者结构上的比较如表 2.1 所示，其中序号为相应的章节排序。

表 2.1　GDPR 和《95 指令》的对比

GDPR	95 指令	GDPR 的新变化
1. 一般条款	1. 一般条款	
2. 个人数据处理原则	2. 合法处理个人数据一般规则(包括处理原则和个人数据权)	新增完整与保密原则，修订了责任原则
3. 个人数据权	—	独立成章，增加权利行使的形式要求，增加携带权、遗忘权
4. 个人数据控制者和处理者义务(包括《行为规范》)	5. 行为规范	独立成章，增加数据保护影响评估、基于设计的隐私保护、前期咨询、指派数据保护官等义务
5. 跨境数据转移规则	4. 向第三国的个人数据转移	第三国适当性评估的替代性规则的立法化
6. 独立监管机构	6. 监管机构和工作组	强调一站式执法，规定主导性监管机构
7. 合作与协同	7. 欧盟执行措施	保障统一执法
8. 救济、责任与处罚	3. 司法救济、责任与制裁	强化行政处罚
9. 个人数据特别处理情形	—	言论自由，行政公开等
10. 授权立法和执行性立法	—	欧盟委员会的授权立法
11. 最后条款	8. 最后条款	

2.4.1.1 GDPR 核心概念

1. 个人数据相关定义

GDPR 第 4 条规定了个人数据相关定义，其中：

（1）"个人数据"指的是任何已识别或可识别的自然人（"数据主体"）相关的信息；一个可识别的自然人是一个能够被直接或间接识别的个体，特别是通过诸如姓名、身份编号、地址数据、网上标识或者自然人所特有的一项或多项的身体性、生理性、遗传性、精神性、经济性、文化性或社会性身份而识别个体。

（2）"控制者"指的是那些决定——不论是单独决定还是共同决定个人数据处理目的与方式的自然人或法人、公共机构、规制机构或其他实体；如果此类处理的方式是由欧盟或成员国的法律决定的，那么对控制者的定义或确定控制者的标准应当由欧盟或成员国的法律来规定。

（3）"处理者"指的是为数据控制者而处理个人数据的自然人或法人、公共机构、规制机构或其他实体。

（4）"接收者"指的是接收数据的自然人、法人、公共机构、规制机构或另一实体，不论其是否为第三方。然而，公共机构基于欧盟或成员国法律的某项特定调查框架而接收个人数据，则不应当被视为接收者；公共机构对此类数据的处理，应当根据处理目的遵循可适用的数据保护规则。

2. 数据跨境流动的法律内涵

个人数据跨境流动规则的规制对象是数据流动这种行为或现象。根据 GDPR 第 4 条第（23）项的规定，"个人数据跨境处理"指的是：（1）个人数据处理发生在一个控制者或处理者在多个成员国所设立的多个营业机构内；或者（2）个人数据处理是在欧盟的控制者或处理者的单一营业机构内进行的，但其对不止一国的数据主体具有实质性影响。根据 GDPR 第 44 条的规定，欧盟所规范的个人数据跨境是指从欧盟境内转移至第三国或国际组织的行为。但 GDPR 中并没有向第三国数据流动的概念，欧盟法院也未对"数据流动"下定义，欧盟法院认为应当根据具体情况判定涉案情况是否属于数据的跨境流动。

欧盟数据保护监察局（European Data Protect Supervisor，EDPS）在 2014 年 7 月 14 日的立场文件中确定了个人数据流动的要素。该文件将"个人数据流动"定义为在受条例约束的发送者知情或有意的情况下进行的个人数据的通信、披露或以其他方式提供，接收者因此而有权访问的一种活动。随后，EDPS 给出了以下示例：首先，欧盟的数据控制者通过邮寄或者电子邮件的方式向第三国的接收者发送数据；其次，基于互联网的"推送"，将数据从欧盟数据控制者的数据库传输给非欧盟的接收者；再次，基于互联网的"拉（pull）"，允许第三国的接收者访问欧盟控制者的数据库；然后，由代表欧盟控制者的非欧盟处理者直接在线收集欧盟的个人数据；最后，由数据控制者在互联网上公布个人数据。

2018 年 11 月 23 日，欧盟数据保护委员会(European Data Protection Board，EDPB)发布了《关于 GDPR 地域管辖的指引》，在现有 GDPR 条文的基础上更进一步细化了所规范的数据跨境行为。其中，EDPB 从目的性原则重新解读了 GDPR 对数据跨境的管辖，并给出如下实例：一个瑞士(非欧盟国家)大学通过网络推出其研究生选择流程，任何国家的本科生通过其网站均可以上传其个人资料和简历，但该网站对欧盟的学生并没有区别对待，学校自身也未在欧盟定向投放广告等，此种行为将不再受到 GDPR 的管辖，进而不再构成数据跨境行为[8]。此处，原规定中"通过提供商品或服务将位于欧盟境内数据主体的数据传输至第三国境内"被补充修订为"特定为欧盟境内提供商品或服务之目的，将位于欧盟境内数据主体的数据传输至第三国境内"，即排除了非特定为欧盟境内开展业务而产生的数据跨境行为。根据 EDPB 的说明，判断数据跨境行为中是否具有这种"特定目的"，可以从是否在欧盟投放广告、是否采用欧元结算、是否对欧盟居民有更优惠的商业待遇等多种因素综合判断。

2.4.1.2　GDPR 关注点

2018 年 5 月 25 日，我国全国信息安全标准化技术委员会秘书处发布了《网络安全实践指南——欧盟 GDPR 关注点》，该指南强调了 GDPR 的关注点，下面就针对数据跨境相关部分进行摘录。

1. 适用 GDPR 的场景

GDPR 第三条规定，以下两类情形在其适用范围内：

一是数据控制者或数据处理者在欧盟境内设有分支机构(establishment)。在此情形中，只要个人数据处理活动发生在分支机构开展活动的场景中(in the context of the activities of an establishment)，即使实际的数据处理活动不在欧盟境内发生，也适用 GDPR。

例如，在欧盟本地运营的 A 国(A 国指某一非欧盟成员国)连锁酒店，直接将其收集的住客个人数据传输至 A 国总部进行处理，则需要履行 GDPR 中相关责任和义务。

二是数据控制者或数据处理者在欧盟境内不设分支机构的情形。在此情形中，GDPR 原则性地规定只要其面向欧盟境内的数据主体提供商品或服务(无论是否发生支付行为)，或监控(monitor)欧盟境内数据主体的行为，适用 GDPR。

例如，A 国境内运营的某一电商平台，在欧盟不设分支机构，但提供专门的法文、德文版本的页面，同时支持用欧元进行结算，支持向欧盟境内配送物流。该电商平台属于面向欧盟境内的数据主体提供商品或服务，需要适用 GDPR。

例如，在 A 国运营的社交媒体平台，支持境外账户注册，且已有欧盟境内用户使用。该社交媒体平台根据用户的位置信息、浏览记录等行为信息，向用户推送个性化的信息和广告，有可能被欧盟的个人数据保护机构（Data Protection Authority）认定为监控（monitor）欧盟境内数据主体的行为，适用 GDPR 的可能性较高。

例如，A 国企业开发的软件或系统被嵌入某款设备，该设备向欧盟地区销售，该设备的制造商在欧盟境内设立了销售代表处，相关软件或系统收集个人数据的过程需要适用 GDPR。

此外，GDPR 主要适用欧盟境内发生的个人数据处理行为，其保护对象为欧盟境内的数据主体。当欧盟公民抵达 A 国，例如进入 A 国大学学习，在 A 国商场购物等，且欧盟公民返回欧盟境内后，大学、商场不再对其行为进行跟踪或分析，则大学、商场无须适用 GDPR。

2. 适用的数据范围

GDPR 规定，个人数据，是指与一个确定的或可识别的自然人相关的任何信息。可被识别的自然人，是指借助标识符，例如姓名、身份标识、位置数据、网上标识符，或借助与该个人生理、心理、基因、精神、经济、文化或社会身份特定相关的一个或多个因素，可被直接或间接识别出的个人。

GDPR 规定，特殊类别（敏感）个人数据，是指揭示种族或民族出身，政治观点、宗教或哲学信仰以及工会成员的个人数据，以及唯一识别自然人为目的的基因数据、生物特征数据、自然人的健康、性生活或性取向数据，还包括刑事定罪和犯罪相关的个人资料等。

3. 数据处理的基本原则

GDPR 规定了个人数据处理的基本原则，包括合法、公正、透明、数据最小化、目的限定、存储限制、完整性和保密性、责任等原则。其中，责任原则是 GDPR 最重要的改革。在《95 指令》框架下，责任原则是自己责任，发生侵权或者违规处理，按照"谁主张谁举证"的原则确定数据控制者或处理者是否应当承担法律责任。在 GDPR 框架下，数据控制者和处理者则需要随时准备提供证据证明其个人数据保护措施的适当性和有效性。

4. 对数据保护官、欧盟境内法律代表的规定

GDPR 规定，通常情况下，数据控制者和数据处理者任命数据保护官的情形包括：①公权力机构处理数据；②数据处理的主要活动范围、目的要求经常性、系统性、大范围地监测数据主体；③大规模处理特殊类别个人数据。

数据保护官应具备专业的数据保护法律和实践的知识，以保证其履行相应职责。数据保护官可以是正式职员，也可以基于服务合同完成工作。数据控制者应公开数据保护官的联系方式，并将名单向监管机构汇报。

如果组织面向欧盟境内的数据主体提供商品或服务，或监控欧盟境内数据主体的行为，应通过书面形式在欧盟境内任命一名代表。

5. 对数据保护影响评估的规定

数据保护影响评估(DPIA)是有助于降低数据处理风险的重要工具。DPIA 分析数据处理的必要性和适当性,通过识别和评估风险并确定相应的防护措施,帮助数据控制者管理个人数据处理给自然人权利和自由带来的高风险。除此之外,DPIA 也可向监管者证明其实施了 GDPR 中的相关要求。

GDPR 规定,数据控制者在进行数据处理之前,基于数据处理的性质、范围、内容及目的判断处理活动可能对个人的权利和自由构成高风险时,应实施 DPIA。在以下情形下,通常需要实施 DPIA:一是基于数据的自动化处理,包括数字画像,对自然人个人方面的系统和广泛的评估,而据此做出的决定对该自然人产生法律效力或者重大影响;二是大规模特殊类别个人数据或有关犯罪记录和违法行为的个人数据;三是对公共区域大规模的系统化监控。

6. 数据跨境传输的规定

GDPR 提出了多种数据跨境流动机制。比如,直接向通过欧盟进行充分性认定的第三国传输数据,还可通过实施被认可的行为准则,签署符合相关要求的格式合同、有约束力的公司准则、通过相关认证等方式证明数据进口方满足适当的保护能力,来保证数据跨境流动的安全性;此外,在征得数据主体明示同意、基于公共利益、履行有利于数据主体的合同或基于组织正当利益等情形下也满足数据跨境传输要求。

7. 处罚规定

GDPR 对违规组织采取根据情况分级处理的方法,并设定了最低一千万欧元的巨额罚款作为制裁。如果组织未按要求保护数据主体的权益、做好相关记录,或未将其违规行为通知监管机关和数据主体,或未进行数据保护影响评估或者未按照规定配合认证,或未委派数据保护官或欧盟境内代表,则可能被处以 1000 万欧元或其全球年营业额 2%(两者取其高)的罚款。如果发生了更为严重的侵犯个人数据安全的行为,如未获得客户同意处理数据,或核心理念违反"隐私设计"要求,或违反规定将个人数据跨境传输,或违反欧盟成员国法律规定的义务等,组织有可能面临最高 2000 万欧元或组织全球年营业额的 4%(两者取其高)的巨额罚款。

2.4.2　个人数据跨境流动规制体系概述

GDPR 第五章规定了数据跨境流动的基本原则与具体规则,形成了以第三国充分性认定为主,多种替代机制为辅的多元个人数据出境监管体系:

1. 第三国充分性认定

第三国通过欧盟的"充分性保护"认定并进入白名单后,欧盟各国的个人数据可以自由跨境传输至该第三国。

2. 适当保障措施

在未通过第三国充分性认定的情况下,数据控制者或处理者提供适当保障,且数据主体享有可强制执行的数据主体权利和有效的法律救济的条件下，数据控制者或处理者可以向第三国或国际组织传输个人数据。根据 GDPR 第 46 条第 2 款的规定，适当保障措施主要包括：①公共机构或实体之间签订的具有法律约束力和可执行性的文件；②符合 GDPR 第 47 条的约束性的公司规则；③欧盟委员会根据 GDPR 第 93(2) 条规定的核查程序而制定的标准合同条款；④监管机构根据 GDPR 第 93(2) 条规定的程序制定并且为欧盟委员会批准的标准合同条款；⑤根据 GDPR 第 40 条制定的行为准则，以及第三国的控制者或处理者为了采取合适的安全保障而做出的具有约束力和执行力的承诺，包括数据主体的权利；或者⑥根据 GDPR 第 42 条而被批准的认证机制，以及第三国的控制者或处理者为了采取合适的安全保障而做出的具有约束力和执行力的承诺，包括数据主体的权利。此外，根据 GDPR 第 46 条第 3 款的规定，在需要有权监管机构授权的情形下，适当保障措施可以通过如下方式进行规定：①数据控制者或数据处理者与第三国或国际组织的个人数据接收者之间的合同条款；②公共机构或公共实体之间在行政性安排中所插入的条款，包括可执行的与有效的数据主体权利。

3. 法定例外情形

在未通过第三国充分性认定且未采取替代性机制(适当保障)的情况下，GDPR 还规定了向第三国或国际组织传输个人数据的 7 种法定例外情形，在以下情形可以进行跨境数据传输：①数据主体知情同意；②履行数据主体与数据控制者间的合同或数据主体要求在签订合同之前应采取的措施所必需；③对于控制者与第三人间订立和履行符合数据主体利益的合同来说所必需；④为保护公共利益所必需；⑤法律诉讼请求权的确立、行使和辩护所必需的；⑥为保护数据主体或他人重要利益所必需但数据主体因客观原因无法同意的；⑦数据传输操作已在符合欧盟或成员国法律的登记机构进行登记。

总体而言，GDPR 的多元个人数据出境监管体系可以总结为表 2.2。

表 2.2　GDPR 项下规定的数据跨境流动规则

什么情况下可以跨境转移：	细分规则	优先级
充分性认定	—	最先适用
保障性措施	(1)公共机构或实体之间签订的具有法律约束力和可执行性的文件； (2)符合 GDPR 第 47 条的约束性的公司规则； (3)欧盟委员会根据 GDPR 第 93(2)条规定的核查程序而制定的标准合同条款； (4)监管机构根据 GDPR 第 93(2)条规定的程序制定并且为欧盟委员会批准的标准合同条款； (5)根据 GDPR 第 40 条制定的行为准则，以及第三国的控制者或处理者为了采取合适的安全保障而做出的具有约束力和执行力的承诺，包括数据主体的权利；	在未通过第三国充分性认定的情况下，数据控制者或处理者提供适当保障，且数据主体享有可强制执行的数据主体权利和有效的法律救济的条件下

续表

什么情况下可以跨境转移：	细分规则	优先级
保障性措施	(6)根据 GDPR 第 42 条而被批准的认证机制，以及第三国的控制者或处理者为了采取合适的安全保障而做出的具有约束力和执行力的承诺，包括数据主体的权利	
法定例外情形	(1)数据主体知情同意； (2)履行数据主体与数据控制者间的合同义务或先合同义务所必需； (3)对于控制者与第三人间订立和履行符合数据主体利益的合同来说所必需； (4)为保护公共利益所必需； (5)法律诉讼请求权的确立、行使和辩护所必需的； (6)为保护数据主体或他人重要利益所需但数据主体因客观原因无法同意的； (7)数据传输操作已在符合欧盟或成员国法律的登记机构进行登记	在未通过第三国充分性认定且未采取替代性机制(适当保障)的情况下

2.4.3　第三国适当性评估(充分性认定)

《95 指令》第 25 条规定第三国适当性评估由欧盟委员会根据第三国的所有情况(包括国内法、国际承诺、与欧盟委员会关于适当性谈判的结果)以决议形式做出。相比之下，GDPR 进一步强化了第三国适当性评估的要求。其中，GDPR 第 45 条详细规定了欧盟委员会对第三国进行适当性评估时应当考虑的因素：一是第三国的法治(the rule of law)情况，包括了是否尊重人权、是否有具体立法保护个人数据、是否有跨境数据转移规则、对个人数据权保护的执法、司法情况等；二是是否有一个或多个专门机构负责数据保护的执法；三是已经缔结的、涉及个人数据保护的多边条约或双边条约。由此可见，GDPR 对第三国适当性评估的标准更为宽泛，第三国法治情况的判断就更为主观。因此，第三国获得适当性评估更为艰难。

根据 GDPR 第 44 条第 8 款的规定，欧盟委员会应当在欧盟的官方杂志及其网站上发表名单，列明其确定已经具备充足保护或不再具有充足保护的第三国、第三国内的特定部门和国际组织。截至 2022 年 1 月 10 日，欧盟认可的达到"充分保护"水平的白名单包括 14 个国家，我国未在该名单之列。白名单国家包括：安道尔、阿根廷、加拿大(商业组织)、法罗群岛、根西岛、以色列、马恩岛、日本、泽西岛、新西兰、韩国、瑞士、乌拉圭，以及英国[9]。有关英国脱欧后如何适用 GDPR 的问题，详情请见后文第五章英国部分。

在实践中，欧盟委员会的第三国适当性评估的流程大概分为五个步骤：

(1)欧盟委员会与第三国开展适当性谈判，具体由主管 GDPR 实施的欧盟委员会司法、消费者与性别平等委员代表欧盟委员会展开谈判，第三国代表则是对应的有权代表，可以是该国商务部部长或者统一的数据保护委员会的主席。

(2)通过谈判，欧盟委员会认为第三国可以通过适当性评估的，起草一份该国适当性决定草案。

(3)将决定草案发给欧盟数据保护局，由该局出具专业意见。

(4)经过前三步后，将决定草案发给欧盟成员国做出同意(因为最终这个第三国适当性决定对其发生效力，必须由欧盟成员国同意)。

(5)欧盟委员会做出正式的决定。

在上述过程中，欧盟理事会和欧盟议会随时可以以欧盟委员会超越权力为由叫停评估，或者叫停第三国适当性决定的执行。也因此，在此过程中，欧盟委员会随时根据欧盟理事会、欧盟议会、欧盟数据保护局的额外要求与第三国补充谈判，要求第三国满足这些额外要求。

我们以对日本的评估为例介绍欧盟的第三国适当性评估标准。首先，《欧盟关于日本适当性评估决定》确立了适当性评估的标准，"考察第三国在隐私权实体规则及其有效实施、监督和执行的整体上提供了所要求的保护水平"。其次，具体分析日本《宪法》和日本最高法院有关隐私权保护的规定和判决、日本个人数据保护立法(包括实体规则和程序保障，后者包括了设立单独的执法机构提供行政救济)以及日本政府对企业数据执法调取的限制等所有法治情况。最后，是评估日本对于从欧盟跨境传输而来的个人数据是否承诺单独存储和保护，而日本又承诺在日本个人数据保护法基础之上对这些数据提供更高保护。所以，欧盟最终认可日本提供了适当性保护。

2.4.4 适当保障措施

2.4.4.1 公共机构之间签订的国际协议

GDPR 第五章第 46 条第 2 款规定，适当保障措施中包含公共机构或实体之间签订的具有法律约束力和可执行性的文件。欧盟数据保护委员会(EDPB)针对该条款出台了专门的指南进行详细解释，即《EDPB 针对 GDPR46 条(2)(a)和 46 条(3)(b)的指南》(Guidelines 2/2020 on articles 46 (2) (a) and 46 (3) (b) of Regulation 2016/679 for transfers of personal data between EEA and non-EEA public authorities and bodies)。

2.4.4.2 约束性的公司规则

由欧盟委员会根据《95 指令》第 26 条发展而来的约束性的公司规则(BCR)已经得到时间的检验，在 GDPR 第 47 条获得正式认可。第 47 条第 2 款对 BCR 必须包含的内容进行了明确和细化：①集团(the group of undertakings or group of enterprises)及其成员的组织架构(structure)和联系方式；②数据转移的基本情况，包括涉及的个人数据的类型、数据处理的类型及其目的、数据主体的类型、跨境转往的第三国；③BCR 的法律效力，包括对内和对外的法律效力；④数据保护一般原则的适用，尤其是目的限制原则、最少收集原则、限定数据保存时间、数据质量、设计式数据保护和默认数据保护、数据处理的法律依据、处理涉及的特别个人数据类型、保障数据安全的措施，以及向非受 BCR 约束的其他分支(bodies)转移的要求；⑤数据主体的权利和这些权利行使的机制，包括反对自动决策的数据处理、向数据监管机构提出申诉的权利、向法院起诉的权利，以及因集团违反 BCR 而可能获得的救济和可能的赔偿(BCR 可以不明确赔偿，GDPR 的要求是在适当时予以赔偿)；⑥接受由在欧盟成员国内设立的控制者或者处理者承担其他非在任何成员国内设立的集团成员就违反 BCR 的责任；但该控制者或处理者能够证明该集团成员不对有关违反 BCR 承担责任的，该控制者或处理者的责任将全部或部分豁免；⑦BCR 规定的内容向数据主体告知的方式，特别是满足 GDPR 第 13 条和第 14 条有关信息公开的要求；⑧所指派的数据保护官或者其他负责监管 BCR 履行的负责人或机构；⑨申诉程序；⑩集团确认(verification)BCR 执行的机制，必须包括数据保护审计和确保所采取的修正措施能够保障数据主体权利的方法；该确认的结果应当传递给⑧项的负责人和集团董事会，并在数据监管机构要求提交时进行提交；⑪向数据监管机构上报 BCR 修改的机制；⑫与数据监管机构的合作机制；⑬向数据监管机构上报在第三国的集团成员可能会对 BCR 的实施产生负面影响的机制；⑭对个人数据有访问权的员工进行的适当培训。

跨国企业制定 BCR 的具体内容。在《95 指令》框架下，跨国企业制定 BCR 具体内容的依据是第 29 条工作组发布的《向第三国转移个人数据：将 BCR 适用〈95 指令〉第 26 条第 2 款进行数据跨境提供的工作文件》(WP74)、《建立有关批准 BCR 的审核清单工作文件》(WP108)、《确立 BCR 中应包含的要素和原则的工作文件》(WP153)和《确立 BCR 中应包含的要素和原则的工作文件(更新)》(WP256)四个文件。GDPR 生效以后，由于 GDPR 对《95 指令》做了全面的调整，因此第 29 条工作组更新了 BCR 内容的具体要求。其中，《确立 BCR 中应包含的要素和原则的工作文件》(WP256 rev.01)主要更新了适用于跨国企业在欧盟设立的数据控制者向其他作为数据控制者或处理者跨境传输个人数据的 BCR；《确立处理者 BCR 中应包含的要素和原则的工作文件》(WP257 rev.01)则主要更新了适用于跨国企业成员作为处理者或者自处理者处理来自在欧盟成立但非跨国企业成员的数据控制者的个人数据的 BCR。上述更新主要是为了满足 GDPR 第 47 条第 2 款所做出的最低要求，在此不展开赘述。

跨国企业制定 BCR 后应当根据 GDPR 第 63 条的协调程序经过成员国主管监管机构的批准，批准后方可以作为个人数据跨境提供的合法依据。欧盟第 29 条工作组已经发布了有关 BCR 的意见，并在 GDPR 生效之后发布了替代性的工作组意见，后者至今有效。按照现行有效的 BCR 审批规则[10]，BCR 的审批须经以下程序：

首先，明确申请人。跨国公司应确定一个位于欧盟内的集团成员作为申请人，通常由跨国公司欧盟总部或者主要进行数据跨境传输的成员。

其次，确定牵头数据保护机构。如果跨国公司的隐私政策要经过全部所在国的数据保护机构批准，则负担过于沉重。所以，允许某一成员国数据保护机构(Data Protection Authorities, DPA)作为牵头机构，负责与其他数据保护机构传递申请文件、进行沟通、提出修改意见，并最终批准。跨国公司在提议某一成员国监管机构作为牵头机构时，应当说明理由，如该成员国是其跨国公司的欧盟总部所在国、数据跨境传输主要发生在该成员国、该成员国处于处理 BCR 的最优位置等。第一家接受 BCR 审批申请的成员国监管机构需要确定自己是否适合作为牵头机构，如果不适合将申请转移到其他成员国监管机构。

再者，申请准备。申请须包括三部分资料：①联系方式以及证明牵头 DPA 适当性的材料；②阐明如何满足第 29 条工作组的 WP256 rev.01 号或者 WP257 rev.01 号文件中要求的相关文件；③构成约束性的公司规则的文件。

最后，审批过程。牵头机构起草有关 BCR 的决定草案，再提交一到两个成员国监管机构，成员国监管机构应当在一个月内回复意见，如果未回复则视为同意。然后，牵头机构将最终草案发给欧盟数据保护委员会(EDPB)，EDPB 将会通过意见(opinion)的形式做出建议。如果 EDPB 建议采纳，那么牵头机构就可以批准 BCR。相反，如果成员国监管机构或者 EDPB 提出修改意见，则相应的流程应当重新走一遍，跨国企业应当根据修改意见修订 BCR，直至最终获得批准。

值得注意的是，在法律责任的承担上，GDPR 第 47 条第 2 款(f)明确规定，欧盟内的集团成员要对住所地位于欧盟外的集团成员的任何违反 BCR 的行为承担法律责任，除非能够证明该成员不为涉案损害承担责任。由此，欧盟的执法机构和司法机构就可以确保为数据主体因集团在欧盟外成员的行为造成的损害和违规行为提供有效的救济，而无须诉诸法律的域外效力或者让数据主体在欧盟外起诉才能获得救济。

目前批准的 BCR 名单可以参见 EDPB 官网(https://edpb.europa.eu/our-work-tools/accountability-tools/bcr_en)。

2.4.4.3 标准合同条款

标准合同条款(SCC)是欧盟委员会根据《95 指令》第 26 条第 4 款发展出来的一套便于中小企业个人数据出境合规的机制。标准合同条款的具体内容由欧盟委员会起草和发布，而数据控制者或处理者根据跨境提供的情形选择必须适用的标准合同条款并在签订之后即可获得个人数据出境合法性。

GDPR 第 46 条第 2 款将《95 指令》第 46 条第 4 款的"标准合同条款(standard contractual clause)"修改为"标准数据保护条款(standard data protection clauses)"，而且将标准数据保护条款的制定权部分分给了成员国数据监管机构，但审批权仍然统一由欧盟委员会所有，即标准数据保护条款可以直接由欧盟委员会制定并发布，也可以由成员国数据监管机构起草后由欧盟委员会批准。为了称呼上的便利，本书仍将标准数据保护条款称为标准合同条款（SCC）。

GDPR 虽然授权欧盟委员会和成员国监管机构制定符合 GDPR 要求的标准合同条款，但直到欧盟法院在施雷姆斯系列案之二的初步裁决①做出后才启动了这项工作。施雷姆斯是一名奥地利公民，自从 2008 年就成为 Facebook 的注册用户，后者作为欧美《安全港协议》白名单企业可以合法将在欧盟收集的个人数据跨境传输到美国。由于斯诺登事件，施雷姆斯提请 Facebook 欧盟总部所在地的爱尔兰数据监管机构调查 Facebook 是否将其个人数据跨境转移到美国，后者以存在欧美《安全港协议》为由拒绝调查。施雷姆斯向爱尔兰高等法院提起行政诉讼，要求判定爱尔兰数据监管机构展开调查。爱尔兰高等法院认为涉及《95 指令》的解释问题，因此提请欧盟法院就欧美《安全港协议》是否符合《95 指令》，以及成员国数据监管机构在欧盟委员会就涉案数据跨境已有数据跨境协定的情况下是否有权独立对数据控制者的数据跨境行为进行审查等问题做出初步裁决。欧盟法院在初步裁决中认定，欧盟委员会无法通过签订《安全港协议》担保美国提供的个人数据保护水平符合《95 指令》和《欧盟基本权利宪章》有关个人数据权属于基本权利的要求，因而判决欧美《安全港协议》无效；而且成员国数据监管机构有权独立审查数据控制者是否可以合法进行个人数据跨境。

有鉴于此，爱尔兰数据监管机构要求施雷姆斯重新提出申诉，后者仍然主张美国没有提供第三国适当性保护水平，Facebook 应当终止将其数据跨境提供。Facebook 主张其个人数据跨境的合法依据是根据欧盟委员会 2010 年的标准合同条款。这里同样涉及标准合同条款是否符合《95 指令》的问题，因此爱尔兰数据监管机构又提请爱尔兰高等法院向欧盟法院就欧盟委员会 2010 年标准合同条款决定是否有效的初步裁决。

欧盟法院在初步裁决时指出，2010 年的标准合同条款决定是否有效要从两个方面考察：一方面是数据出口方和数据进口方之间的合同是否提供了充分保障水平；另一方面是数据出境之后当地政府对这些数据的获取是否受限，即要评估数据入境国的整体法律系统。欧盟法院认为，欧盟委员会 2010 年的标准合同条款已经明确要求数据进口方在发现本土法律导致其无法遵守合同条款时应当告知数据出口方并先自行暂停接收和处理数据出口方跨境提供的个人数据，因而有关该标准合同条款的决定仍然有效。不过，欧盟法院的初步裁决也提醒了欧盟委员会要把个人数据出境之后是否会被进口国政府机构不受限地获取和使用问题纳入到标准合同条款的考虑之中。

因此，欧盟委员会在初步裁决之后，于 2020 年 11 月 12 日发布了《第 2016/679 号条例（GDPR）下将个人数据传输至第三国的标准合同条款的实施决定（草案）》，并

---

① 该案具体内容参见第 4 章第 4.2 节。

以附录形式发布了《关于欧盟议会与欧盟理事会第 2016/679 号条例下将个人数据传输至第三国的标准合同条款的实施决定》，即新版标准合同条款草案。

经过公开征求意见之后，欧盟委员会于 2021 年 6 月 4 日正式发布了新的适用于向第三国的跨境数据传输的标准合同条款(以下简称"新 SCC")①[11]。新 SCC 更好地反映了 2018 年 5 月通过的 GDPR 的要求，以及欧盟法院于 2020 年 7 月在施雷姆斯系列案之二中的裁决。总体来说，新 SCC 是对以前标准的改进，因为它们为长而复杂的处理链提供了更大的灵活性，以及"涵盖广泛传输场景的单一入口"。

在时间上，新 SCC 于 2021 年 6 月 27 日生效。在 2021 年 9 月 27 日结束的三个月过渡期内，旧 SCC 仍可用于新的数据传输(即新合同)。基于旧 SCC 的现有数据传输(即合同)可以继续使用，直到 2022 年 12 月 27 日，届时所有依赖旧 SCC 的数据传输必须转移到新 SCC。该时间表也适用于任何下游分包协议。

新 SCC 对旧 SCC 进行了实质性更新。新 SCC 的主要特点包括：

(1)模块化——提供额外的数据转移形式：更新后的 SCC 提供了允许控制者到控制者和控制者到处理者数据转移的模块，以及处理者到控制者和处理者到处理者的数据转移，这些新的形式在旧 SCC 中没有提供。相对于旧 SCC 的僵化，新 SCC 能够适应复杂的个人数据跨境提供场景。

(2)重点关注数据进口国法律的兼容性：新 SCC 反映了欧盟法院在施雷姆斯系列案之二案的判决内容，要求数据出口方和数据进口方评估确定数据进口国的法律(特别是授权政府机构执法调取个人数据方面的立法和惯例)是否会影响各自执行 SCC 所要求的适当保护措施。

(3)明确数据进口方在政府提出数据访问请求的义务：在数据进口方所在国政府机构提出数据访问请求时，新版 SCC 要求数据进口方：①在收到数据访问请求时通知数据出口方，通知的内容包括获取数据的政府机构名称、获取的合法事由和数据进口方的答复；如果进口国法律禁止数据进口方向数据出口方通知的，应当尽最大努力争取获得禁止通知的豁免并记录其已为此付出最大努力；②评估政府获取数据请求是否符合进口国法律、国际法和国际礼让原则，并据此在进口国通过正当程序质疑该请求的合法性并争取获得临时禁令暂停执行该请求，如果该质疑被驳回还要争取上诉。

(4)强化问责和相关义务：新 SCC(在某些模块中)包含关于以下方面的规定：①维护数据处理记录，这是 GDPR 修改《95 指令》责任原则的重要内容；②通知数据主体数据转移的细节；③个人数据泄露时的通知义务和采取应急措施的要求；④各方是否/如何可以以合同方式限制其在 SCC(包括附带的商业协议)项下的责任；以及⑤有关 SCC 条款内容争议的适用法律和争议解决方式。

---

① 同时，欧盟委员会也发布了为了满足 GDPR 第 28 条但非满足数据跨境条款的标准合同文本。

(5)明确再转移和再委托的义务：数据进口方如将通过 SCC 获得的个人数据再转移给其他第三方的，应当确保第三方接受 SCC 相应模块条款的约束，或者第三方所在国符合 GDPR 第 45 条的第三国适当性评估，或者第三方采取措施符合第 46 条的替代性措施的要求。此外，新 SCC 还包含了数据进口方使用第三方的审批要求，具体要求与 GDPR 第 28 条规定大致相似。

(6)维系数据主体作为第三方受益人的地位：新 SCC 与旧 SCC 一样规定数据主体可以第三方受益人(the third-party beneficiary)直接执行 SCC 的许多条款。之所以数据主体要作为第三方受益人，根本原因在于要打破合同相对性——数据主体并不属于 SCC 的缔约方，原则上不享有任何 SCC 合同上的权利。SCC 的存在目的就在于提供数据出口方合法进行个人数据跨境，而个人数据出境必须确保数据主体的个人数据相关权益不因数据出境而降低，所以 SCC 必须有相应的条款确保数据主体在本国法(出口国法)中原有的实体权利和救济权利不受影响。第三方受益人条款最主要保障的数据主体的权利包括数据主体的知情权、访问权、修改权、删除权、向本国数据监管部门和法院获得救济的权利，以及对数据进口方的数据违规行为造成的民事损害向数据出口方主张先行赔付的权利。值得注意的是，新 SCC 将数据出口方的先行赔付义务限制在控制者向处理者、处理者向处理者转移的两种情形，控制者向控制者、处理者向控制者的情形则不再承担先行赔付义务。如果数据出口方和数据进口方不愿意遵守第三方受益人条款，则不能选择标准合同条款进行个人数据的跨境传输。

(7)细化了适当措施的具体要求：新 SCC 的附件二根据 GDPR 采取基于风险的数据安全保障措施要求直接提出了建议采取的 17 类措施，并要求对这些措施进行详细的描述。这些建议措施涵盖了从假名和加密到事件日志、数据质量、定期评估和认证的方方面面。

(8)新的交易方可以更容易地加入到 SCC 中：新 SCC 允许新的交易方通过在新 SCC 附录一中增加数据出口方和数据进口方的形式更容易地加入已签署的(新的)SCC，而不是每次加入新的交易方(如新的集团公司)时都要求重新签署 SCC。对此，欧盟委员会在新《SCC 2010 决定》前言第 10 条明确强调，新的交易方可以在数据进口方和数据进口方根据新 SCC 签订的合同有效期内随时加入，可以作为数据进口方或者数据出口方。

(9)附加数据处理协议：另一个区别在于新 SCC 考虑了 GDPR 第 28 条有关数据处理者的义务，直接提供了控制者向处理者、处理者向处理者跨境提供个人数据时所要遵守的标准合同条款模块，所以企业只要根据自身的身份选择相应的 SCC 模块即可，而无需在旧 SCC 之外再缔结数据处理协议。

(10)非欧盟数据出口商的使用：虽然旧 SCC 只能由 EEA 内设立的控制者使用，但新 SCC 解决了：①控制者到控制者；②控制者到处理者；③处理者到处理者和④处理者到控制者的传输场景，并可以由未在 EEA 中建立的控制者或处理者实体使用，前提是境外的控制者或处理者本身不会触发 GDPR 第 3 条第 2 款的适用。

2.4.4.4 获批的行为准则及境外接收方有效承诺

GDPR 第 46 条第 2 款 (e) 项规定数据控制者或处理者加入欧盟委员会批准的行为准则，并获得第三国的控制者或处理者做出的有关采取合适的安全保障的有效承诺。

其中，GPDR 第 40 条对行为准则的定位、起草者、可涉及的内容、审批者和公开者。第 41 条规定了行为准则的运行监管和修订。其中，行为准则的定位是便利中小企业证明其个人数据的合规。行为准则的起草者可以是代表某类数据控制者或处理者的协会或其他组织。批准者是欧盟委员会，在批准过程中成员国数据监管机构和欧盟数据保护委员会都可以提出意见。

行为准则可以涉及的数据处理规则主要包括：①合理与透明的处理；②在特定情境下控制者所追求的正当利益；③对个人数据的收集；④对个人数据进行匿名化处置；⑤提供给公众与数据主体的信息；⑥数据主体权利的行使；⑦提供给儿童和保护儿童的信息，以及为了获取儿童监护人同意所采取的形式；⑧第 24 条和第 25 条所规定的措施与程序，以及为了保障第 32 条所规定的处理安全所采取的措施；⑨向监管机构通报个人数据泄露，以及将此类个人数据泄露告知数据主体；⑩将个人数据转移到第三国或国际组织；⑪不影响第 77 条和第 99 条所规定的数据主体权利的庭外诉讼活动，以及为了解决控制者与数据主体在处理相关事项中争议的纠纷解决程序。由此我们可以发现，行为准则主要规范数据控制者或处理者如何满足 GDPR 的要求，但基本不涉及数据跨境之后境外接收方的数据处理行为。因此，数据控制者或处理者加入获批的行为准则并不能直接进行个人数据跨境，而还需要获得境外接收方做出个人数据保护的有效承诺，确保对接收后的个人数据提供同等保护。

欧盟数据保护委员会 (EDPB) 在 2019 年 6 月 4 日发布了 2016/679 条例下的行为准则和监督机构指南，对行为准则的功能做了进一步阐释，强调行为准则是符合 GDPR 要求的有效合规工具，数据控制者或处理者加入获批准的行为准则是一种有效的合规举措。此外，英国信息专员办公室 (ICO) 于 2020 年 2 月 28 日发布了《通用数据保护条例》GDPR 下的行为准则指南和认证指南。ICO 认为行为准则是自愿的问责工具，使利益相关者能够识别和解决其行业中的关键数据保护挑战，同时 ICO 保证该准则及其监控是适当的[12]。

2.4.4.5 获得认证及境外接收方有效承诺

GDPR 第 46 条第 2 款 (f) 项规定数据控制者或处理者获得个人数据保护认证，

并且获得了境外接收方关于个人数据保护的有效承诺，亦可合法开展个人数据跨境活动。

GDPR 第 42 条详细规定了认证的定位、功能、获得、限制、认证有效期。个人数据保护认证类似于行为准则是一种自愿性合规工具，同样能够证明数据控制者或处理者在获得认证之后符合 GDPR 的要求，但数据控制者或处理者获得认证并非获得"免检"的豁免，仍然要接受成员国数据监管机构的监管。通常而言，认证的有效期不超过 3 年，但数据控制者或处理者到期后仍然满足认证条件的，认证可以获得延期。此外，认证的标准要获得成员国数据监管机构或者欧盟数据保护委员会的批准。第 43 条还规定了开展个人数据保护认证的认证机构的资质和获批的程序。应当强调的是，数据控制者或处理者获得个人数据保护认证仅仅表明其个人数据保护符合 GDPR 的一般要求，但并未对境外接收方进行认证，因此无法代表境外接收方的个人数据处理符合 GDPR 的要求。因此，数据控制者或处理者仍应获得境外接收方有关提供同等保护水平的有效承诺才能合法开展个人数据跨境提供。

EDPB 于 2019 年 6 月 4 日更新了第三版指南《根据 GDPR 第 42 条和第 43 条认证和识别认证标准的指南》[13]。该指南回答了根据 GDPR 可以认证什么的问题。该指南的重点是帮助企业证明遵守 GDPR。在评估任何数据处理活动时，必须考虑以下三个核心组成部分：①正在处理的个人数据，以及该处理引发的 GDPR 合规要求；②用于执行处理的技术系统，即相关硬件和软件、相关人员安排等；③管理相关处理活动的内部规则、流程和程序。该指南还就认证计划应用于评估企业达到的合规水平的标准提出了指导意见。EDPB 指出，标准应侧重于：①可验证性（即是否可以评估和确认是否符合相关标准）；②重要性，即相关标准对确定 GDPR 合规性的重要性；③适用性，即相关标准在评估 GDPR 合规性方面的适用性。这些标准必须明确、易于理解并能够实际执行。该指南还提出了认证计划在获得 EDPB 认证之前需要解决的问题。这些措施包括确保认证方案能够进行验证，适合相关的目标受众（例如，特定的行业部门），并与其他标准（例如，相关的 ISO 标准）可互相联动操作[14]。

2.4.5 基于法定例外情形的数据跨境流动

在缺乏第三国适当性评估与适当替代保障措施的情况下，个人数据只有在法定豁免的特殊情形下才能合法向第三国跨境流动。从表面上看，GDPR 对于个人数据流动设置了种种限制，实质上，GDPR 旨在寻求更多种更高效的数据流动方式，以促进欧盟数据向第三国流动。为此，在未达到"适当性"保护标准且未采取适当替代保障措施的情况下，GDPR 第 49 条还规定了向第三国或国际组织传输个人数据的 7 种例外情形，前文已有介绍，这里不再赘述。

2.4.5.1 基于当事人同意的数据跨境流动

根据 GDPR 第 49 条 (a) 款规定，当数据主体被告知缺乏第三国适当性评估与替代性保护性措施的情况下进行数据跨境流动可能会对其产生风险之后，数据主体仍明确表示同意。首先，数据主体的同意必须是基于知情的情况下自愿做出的，而且同意指向的内容是具体而明确的，即出境事项。其次，数据主体的同意应当是基于具体事项在数据流动之前或是数据流动时做出的，在数据流动完成之后，数据控制者或处理者若要以其他事项或理由利用该数据的，不能适用本条之规定。再次，数据主体应当被告知数据流动的具体情况，包括数据控制者的身份、数据流动目的、数据的类型、是否存在撤回同意的权利、数据接收者的身份等。最后，数据控制者对于数据主体可能受到的风险应当提供标准化的通知，这种通知应当包括第三国是否有监督机构、个人数据处理原则以及缺乏数据主体权利的规定等。此种数据流动的法律基础是当事人的同意行为，不论这种行为是否存在于合同之中，只要当事人基于上述条件做出同意后，数据控制者、处理者就可以基于数据主体同意进行数据跨境流动。

2.4.5.2 基于合同产生的数据跨境流动

GDPR 第 49 条第 1 款 (b) 和 (c) 项规定了基于合同产生的数据跨境流动情形。与基于当事人同意的数据流动不同，基于合同产生的数据流动的法律基础是合同义务，包括合同义务与先合同义务。一般而言，为履行合同或先合同义务而进行的数据流动不能太过宽泛，而应当受到"必要性"与"偶然性"的限制。

"必要性"要求数据流动和合同目的之间有紧密和实质性的联系。这种联系分为两种情况：第一种是数据控制者的数据流动，是为了履行与数据主体达成的合同所必要的，即这种必要性是数据主体主动发起的；第二种是数据控制者为了履行其与另一主体达成的但数据主体作为受益人的合同而必须进行的数据流动。"偶然性"要求数据流动并非基于稳定和有规律的传输。例如，欧盟的银行向第三国银行转移个人数据以满足客户的付款要求，只要此种个人数据流动不是基于两家银行合作关系框架内发生的，这种数据流动就可以被视为是偶然的。与之相对，若一家跨国公司在第三国的培训中心进行培训，从而转移其雇员的个人数据，此种数据流动就不能称为偶然的，因为这种数据流动是系统且重复的。

2.4.5.3 基于公共利益进行的数据跨境流动

该项应当在欧盟法律或数据控制者受约束的成员国法律承认的情形下才能适用。不过，为了适用该豁免，仅基于该种公共利益是不充分的。例如，若第三国以打击恐怖犯罪为由要求转移个人数据，即使欧盟或其成员国有关于打击恐怖犯罪的相关规定，也不能因此适用该项规定进行数据流动。正如第 29 条工作组强调的，只有当从欧盟法律或者数据控制者所服从的成员国法律中推断出，为了重要的公共利益目的，本着国际合作的互惠精神，此种个人数据转移才适用本项豁免。

因此，开展国际合作以促进公共利益目标的国际协定或公约的存在，才可作为评估是否存在公共利益的一个指标，当欧盟或其成员国为该协定或公约的成员国或缔约方时，才有可能适用本项之规定。

2.4.5.4 基于参与法律程序进行的数据流动

GDPR 第 49 条第 1 款 (e) 项仅规定为了某一法律请求权的确立、行使或辩护而有必要进行个人数据跨境流动，但并未限定该法律请求权是在哪种法律程序中展开。因此，原则上而言，此种法律请求权可以发生在司法程序、行政程序当中。例如，第三国数据控制者或处理者正在进行的刑事、行政调查(包括反托拉斯、腐败、内幕交易等)，为了能够减轻或是免除处罚，可依本项进行数据流动。同样，本项豁免也要受到"必要性"与"偶然性"的限制。

2.4.5.5 基于保护重大利益进行的数据流动

在数据主体因客观原因或法律原因不能表达"同意"，为保护该数据主体或他人的重大利益，可以进行数据流动。在此种情况下，法律假定数据主体正在面临的严重风险已超过数据保护问题，因此，该项所述的"原因"必须是现实存在的，从而也就排除了将来才有可能出现的情况而进行的数据流动。GDPR 将为履行《日内瓦公约》项下的义务或向国际人道主义组织转移个人数据的行为纳入该项豁免。GDPR 并未对此项设置限制条款，但是，GDPR 也赋予了欧盟及其成员国对特定类型的数据设定相关规则限制本项豁免的适用。

2.4.5.6 基于登记册的数据流动

该项豁免是基于登记进行数据流动。根据欧盟或成员国法律，该登记旨在向公众提供信息，可供一般公众或可以证明存在正当利益的任何人查阅，但仅限于满足欧盟成员国法律规定的查阅条件范围内的特定情况。另外，GDPR 第 49 条第 2 款规定，该项豁免的跨境提供不得包含登记的全部个人数据或个人数据的所有类型；当该项登记旨在为具有正当利益的人员的咨询，那么该跨境提供仅可发生在如下两种情形：一是这些人员提出了要求，二是这些人员作为接收方。

若上述豁免情况均不适用，GDPR 第 49 条第 1 款还制定了兜底规则，即在以下情况均满足的情况下，可以进行数据跨境传输：数据跨境流动是非重复性的、涉及的数据量仅是有限的数据主体、控制者对其享有重大利益且该合法利益优于数据主体权益、数据控制者已对此次数据传输进行了全面评估并据此提供了适当的个人数据保护措施。基于此，数据控制者将此次数据流动通知监管机构并告知数据主体后，数据可基于强制性豁免进行流动。

2.4.6　个人数据跨境流动的监管

GDPR 第六章专门规定了确保 GDPR 得到落实的独立监管机构。相较于《95 指令》，GDPR 专门在原有的监管机构之前增加了"独立"二字，更强调监管机构的职权的独立。这样强调的背景是在"棱镜门"事件之后发生的施雷姆斯案中，在欧盟委员会与美国达成《安全港协议》的情况下，爱尔兰个人数据监管局依照《95 指令》的规定并不敢确认其是否有权力再单独调查美国是否满足该指令有关第三国提供了个人数据的适当性保护。对此，欧盟法院强调成员国数据监管局仍然有这样的独立调查权。

2.4.6.1　成员国独立监管机构的职权

GDPR 第 51 条规定，欧盟成员国应当建立一个或者多个独立的监管机构，监督 GDPR 的执行。第 56 条规定，数据控制者或处理者的主要营业场所或者唯一营业场所所在地的成员国独立监管机构将作为"主导监管机构(lead supervisory authority)"，监管该控制者或者处理者的跨境数据处理。当所涉事宜仅仅涉及本成员国内的一个营业场所或者仅仅涉及本成员国境内的个人数据主体时，该成员国的独立监管机构对于提交给其的申诉都有权力进行处理；但这可能会减损主导监管机构的权力，这时该成员国独立监管机构应当及时通知主导监管机构，主导监管机构在三周内应当决定是否接管。

(1)成员国监管机构的管辖权：第 57 条规定成员国监管机构的具体管辖权，包括但不限如下权力：处理申诉；根据第 35 条第 4 款的规定建立和维系个人数据保护影响评估的清单；批准有关跨境数据转移合同条款和"约束性的公司规则"。

(2)成员国监管机构的执法权：第 58 条规定执法权，主要包括调查权和处罚权。其中，调查权主要针对下列事项：命令控制者或处理者，或者该二者的有关代表提供有关信息；通过"数据保护审计(data protection audits)"的形式开展调查；审查根据第 42 条第 7 款发出的证书；通知相关控制者或处理者有关违反 GDPR 的情况；从控制者或处理者处获取所有必要的个人数据和其他一切必要信息；进入控制者或处理者任何场所及其访问相关个人数据处理设备。处罚权的具体权限包括警告、训斥、命令控制者或处理者遵守数据主体依照 GDPR 提出的请求、命令控制者或处理者向数据主体通知数据违法情况、命令暂停数据处理、命令删除数据、吊销依据本法第 42、43 条颁发的有关控制者或处理者符合 GDPR 要求的证书、罚款、终止跨境数据转移。此外，成员国监管机构应当与其他监管机构以及欧盟委员会按照第七章的规定进行合作。这是欧盟内部的协调程序。

(3)处罚权及其考虑因素：成员国数据监管机构在行政处罚设定处罚数额时应当考虑如下因素：侵害行为的性质、严重性和持续时间，包括考虑相关数据处理的性质和目的，涉及的数据主体的数量及其受损害的程度；侵害是故意还是过失；是否采取任何措施减少数据主体的损失；综合控制者或处理者采取的技术和管理上的措施来判断其承担责任的大小；任何侵权历史；在侵权救济和减少不良影响方面的配合度；侵害的个人数据类型；监管机构获悉侵害行为的途径，尤其是相关控制者或处理者是否上报监管机构以及上报的程度；是否接受过 GDPR 第 58 条第 2 款规定的警告、吊销证书、终止跨境数据转移；是否遵守 GDPR 第 40 条规定的行为准则；任何加重或减轻责任的情形，包括与侵害行为直接或间接相关的获利或者采取措施避免的损失。此外，同一侵害行为违反 GDPR 多款规定的，行政处罚的总额应当不超过其中针对最严重侵害行为所规定的处罚数额。

针对下列侵害行为，GDPR 设定了较高的处罚力度——1000 万欧元或者上一年度全球总营业额 2%，以数额更高的为限：一是违反 GDPR 第 8 条（关于儿童的同意）、第 11 条（无需认证的数据处理）、第 25～39 条（即第四章有关控制者或处理者义务的规定）、第 42、43 条（有关控制者或处理者违反数据处理认证的规定）；二是认证机构违反第 42、43 条规定的义务；三是监督机构违反第 41 条第 4 款规定的义务。

针对下列侵害行为，GDPR 设定了最高的处罚——2000 万欧元或者该经济组织（undertaking）上一年度全球总营业额 4%，以数额更高的为限：一是违反 GDPR 第 5、6、7、9 条规定的数据处理基本原则，包括同意的条件；二是违反第 12～22 条、侵害个人数据权的；三是违反第 44～49 条将个人数据跨境转移的；四是违反成员国根据第九章出台的法律；五是不执行监管机构根据本法第 58 条第 2 款做出的命令、数据处理限制令或者中止数据跨境转移的，或者不依据第 58 条第 1 款提供场所调查或者设备访问的；六是不遵守监管机构根据 GDPR 第 58 条第 2 款做出的命令，依据第 83 条第 2 款有关做出行政处罚应考虑因素，选择 2000 万欧元或者该经济组织上一年度全球总营业额 4%中数额更高的为限进行处罚。

值得注意的是，成员国监管机构的行政处罚应当得到程序上的保障，成员国要提供有效的司法救济渠道，行政处罚也要满足正当程序的要求。换言之，行政处罚并不具有终局性，数据控制者或者处理者对于行政处罚可以提起行政诉讼，确定相关行政处罚是否符合正当程序，相关处罚数额是否适当。

此外，针对从事商业活动的实体的行政处罚，如果是实体才要考虑上一年度全球总营业额来做出处罚。根据第 29 条工作组 2017 年 10 月 3 日发布的《关于 GDPR 行政处罚适用与数额确定的指南》（第 6 页），实体是根据欧盟法院的一贯判定为基础，只要是进行商业或经济活动的实体（economic unit），可能是包括了母公司和所有的下属机构，但不一定都得是法人。换言之，欧盟监管机构要计算行政处罚数额时，将会考虑这个企业在全球所有的下属机构（不一定是法人）的所有上一年度的营业额。

2.4.6.2 欧盟数据保护委员会的职权

GDPR 第 68 条规定,设立欧盟层面的欧盟数据保护委员会(EDPB)。EDPB 的人员构成是由欧盟各成员国的数据监管部门的负责人和欧盟数据保护监察员组成;欧盟委员会可以指派代表参加欧盟数据保护局的会议,但没有投票权。由其构成也能看出来,EDPB 就是协调各成员国数据监管部门统一执行 GDPR 的机构。具体而言,EDPB 主要替代《95 指令》设立的第 29 条工作组,发布各种有关 GDPR 实施具体事项的指南和建议(GDPR 第 70 条),协调各成员国的独立监管机构。此外,EDPB 还可以向欧盟委员会提出修订 GDPR 的立法建议(GDPR 第 70 条第 1 款第 b 项)以及第三国适当性的建议(GDPR 第 70 条第 1 款第 s 项),但最终决定权在欧盟委员会。因此,GDPR 生效后,原第 29 条工作组会换上欧盟数据保护委员会的牌子继续办公。

2.4.6.3 欧盟数据保护监察局(EDPS)的职权

欧盟还设置了欧盟数据保护监察局(EDPS)。作为欧盟层面的独立监管机构,其总体任务职能是在欧盟机构处理个人数据时监视并确保对个人数据和隐私的保护,向欧盟机构提供个人数据相关的建议,监视可能会影响个人数据保护的新技术,与其他监管机构合作提高保护个人信息的一致性。因此 EDPS 享有调查权、矫正权、参诉权等监管权,以及协调和提供建议等权力。

2.4.6.4 欧盟委员会的职权

欧洲联盟的行政机构,主要协调欧盟成员国在统一市场方面的政策执行,例如监督个人数据的保护,没有立法权,但可以提议立法(例如提出 GDPR 立法建议稿)。在数据跨境监管方面,是负责第三国适当性评估的欧盟直接负责机构,包括评估第三国适当性(GDPR 第 45 条)、批准第三国适当性替代性机制中的标准合同条款(GDPR 第 46 条第 2 款)和对外与其他国际机构和政府机构达成适当性谈判(GDPR 第 45 条第 2 款)。

2.4.7 个人数据跨境流动的权利救济

数据主体如果认为数据跨境侵害其享有的有关个人数据保护的权利,可以获得行政上的救济和司法上的救济。其中,GDPR 第 78 条规定,个人数据主体有权向数据监管机构提出申诉,并对监管机构做出的行政性决定有权向该监管机构所在国的法院提出行政诉讼。GDPR 第 79 条规定,个人数据主体有权就数据控制者或处理者侵害其个人数据权向该控制者经营场所所在地的法院或者该数据主体经常居住地提出侵权诉讼,并据此获得损害赔偿。针对数据控制者或处理者的损害赔偿责任,GDPR 第 82 条规定,任何控制者或处理者对于违反 GDPR 而侵害个人权利的,应当赔偿相关数据主体的损失;如果多个控制者或处理者对同一数据主体的损害负有责任，则承担连带责任，支付完所有费用的控制者或处理者可以向相关控制者或处理者偿还其所要承担的部分赔偿。

就数据跨境转移之下境外接收方侵害数据主体权益的侵权行为，如果缺乏数据跨境合法途径的设定，那么数据主体则需要到境外接收方所在国的法院和行政监管机构进行维权。然而，如果数据主体的国籍国与境外接收方所在国之间不存在数据主体权益方面的双边或者多边条约，那么数据主体通常无法获得境外接收方所在国国民的行政和司法救济权。因此，欧盟从《95 指令》以来就强调对个人数据跨境流动的监管，旨在让个人数据的保护水平不因数据跨境流动而降低，其监管的关键就在于确保个人数据跨境流动通过第三国适当性评估及其替代性机制确保个人数据主体可以就境外接收方的侵权行为获得同等的行政和司法救济。

要做到这一点，第三国适当性评估就是确保第三国对欧盟成员国的数据主体提供同等的保护，约束性的公司规则和标准合同条款规则主要要求境内数据控制者和处理者就境外接收方的侵权行为承担先行赔付的法律责任，而且要求境外接收方接受欧盟成员国数据监管机构的监管。其他的替代性措施也是类似，例如数据控制者或处理者加入行为准则或者获得认证，同时还要求境外接收方提供有关同等保护的有效承诺，其中就主要包括接受欧盟成员国监管机构监管、接受欧盟成员国法院管辖。

值得注意的是，依照欧盟成员国法律成立的从事个人数据权利的非营利性机构、组织或协会，在数据主体授权之后，可以代表数据主体行使申诉、针对监管机构的行政诉讼以及针对数据控制者与处理者的诉讼，在成员国法律有规定的情况下，也可以代表数据主体向控制者、处理者主张赔偿。此外，欧盟成员国可规定上述机构在认为数据主体权利受到侵犯的情况下，不经数据主体授权也可以行使申诉、诉讼的权利。公益诉讼的引入使得个人数据权利的救济更加完善，个人为了其权利与政府、法院交涉，需要耗费很大的精力，而且其申诉的对象多为大型跨国公司，因此，许多数据主体对上述看似完美无缺的救济措施望而却步，公益诉讼的引入恰恰改善了此种情况。个人信息保护组织、协会、机构具有一定的财力、影响力以及专业程度。此外，许多个人信息保护组织具有国际法人格，可以在很多国家参加申诉、诉讼等，这些都是数据主体个人不具有的优势，为个人维权扫清了障碍。

2.4.8 GDPR 实施情况与后续规则制定

GDPR 生效后，欧盟数据保护委员会不时地发布多项相关指南和建议，以细化GDPR 的要求，包括上文所述的有关 GDPR 数据出境保障措施 46 条 2 款 (a) 的指南、第 49 条例外情况的指南，还包括《关于补充传输工具以确保符合欧盟对个人数据保护等级措施的建议》，该建议具体内容请见后文第四章规则间弥合。

欧盟委员会在 2020 年 6 月 24 日发布了报告《数据保护作为公民赋权的支柱和欧盟有关数字转型的做法——GDPR 实施两周年》，对 GDPR 个人数据跨境规则做了简要回顾。欧盟委员会认为，GDPR 提供了数据跨境流动的现代化工具箱，而且欧盟委员会在过去两年也致力于挖掘这些工具箱的潜力。其中，在第三国适当性评估上，欧盟委员会与日本在 2019 年达成了互认，在 2021 年认定韩国通过第三国适当性评估，并重新审议在《95 指令》框架下对 11 国和地区做出的第三国适当性评估，同时也发现这 11 个国家在 GDPR 实施后进行了法律调整。在其他替代性措施方面，欧盟委员会正在尝试更新约束性的公司规则和标准合同文本。最后，欧盟委员会也将 GDPR 第 3 条第 2 款的域外效力条款纳入到数据跨境领域，强调符合该条款的数据控制者需要在欧盟指代法定代表来履行 GDPR 项下的合规义务。

对此，2021 年 3 月 25 日，欧洲议会通过了《有关欧盟委员会就 GDPR 实施两年执行情况评价报告的决议》，更系统地回应了欧盟委员会上述两周年的报告。该决议第 28 至 36 段对个人数据跨境流动与合作问题进行了评估并提出相关建议，具体内容如下：

(1) 强调必须允许个人数据在国际间自由流动，而不降低 GDPR 所保障的保护水平；支持欧盟委员会将数据保护和个人数据流动与贸易协定分开处理的做法；认为数据保护领域的国际合作和相关规则向 GDPR 靠拢将增进相互信任，促进对技术和法律挑战的理解，并最终促进跨境数据流动，这对国际贸易至关重要；承认在欧盟以及第三国司法管辖区(特别是美国)开展数据处理活动的公司面临法律要求相互冲突的现实。

(2) 强调适当性决定不应是政治决定，而应是法律决定；鼓励继续努力促进全球法律框架，以便能够在 GDPR 和欧洲理事会《108 号公约》的基础上进行数据转移；还注意到，利益相关方认为适当性决定是这种数据流动的重要工具，因为它们不附加额外条件或授权。然而，迄今为止，只有 9 个国家通过了适当性决定，尽管还有许多第三国最近通过了新的数据保护法，其规则和原则与 GDPR 类似；注意到，迄今为止，没有任何一个欧盟和美国之间合法转移商业个人数据的机制在欧洲联盟法院经受住了法律挑战。

(3) 敦促委员会公布其对根据 1995 年指令通过的适当性决定的审查，不要有不适当的拖延；强调在没有适当性决定的情况下，标准合同条款(SCC)是国际数据传输中最广泛使用的工具；注意到欧盟法院维持了关于 SCC 的第 2010/87/EU 号决定的有效性，同时要求评估对转移到第三国的数据所提供的保护水平，以及该第三国法律制度中关于公共部门获取所转移的个人数据的相关方面[15]。

2.5　《欧盟非个人数据自由流动框架条例》

2.5.1　《欧盟非个人数据自由流动框架条例》概述

欧盟一直致力于数据在欧盟范围内的自由流动，推动私营部门和公共部门在任何他们认为欧盟范围内有需求的地方进行数据的存储和处理。欧盟充分认识到，在数字经济时代欧盟统一数字经济越来越依赖数据：数据可以对现有服务增加重要的附加值，刺激新的商业模式的发展。鉴于欧盟已经通过《通用数据保护条例》确保个人数据在欧盟成员国之间的跨境自由流动，欧盟委员会为了最大化发展欧盟统一数字经济的市场就必须确保非个人数据的跨境自由流动。因此，欧盟委员会在 2018年 11 月通过了《欧盟非个人数据自由流动框架条例》。

2.5.2　《欧盟非个人数据自由流动框架条例》的出台目的

作为《欧盟非个人数据自由流动框架条例》的起草者，欧盟委员会指出，该条例的立法目的包括：一是确保非个人数据在欧盟范围内的自由跨境流动，让每一个组织可以在欧盟任何地方存储和处理非个人数据；二是提供监管所必要的数据，欧盟境内的权力机关能够保障对数据的获取，不论这些数据是存储在欧盟的任何地方，包括在另一成员国或者云服务上；三是允许用户更便利地更换云服务提供商，包括通过行为准则的方式来规范云服务提供商的数据转移处理规范；四是明确网络安全或者其他安全要求在非个人数据处理领域的连贯性和协同性，不论这些非个人数据是存在于欧盟其他成员国还是在云上。

2.5.3　《欧盟非个人数据自由流动框架条例》的主要内容

2.5.3.1　明确非个人数据的范畴

《欧盟非个人数据自由流动框架条例》旨在确保个人数据以外的非个人数据的自由流动。该条例并未对"非个人数据"直接进行界定，相反是对"数据"界定为"GDPR 第 4 条第 1 款'个人数据'之外的数据。"而 GDPR 将"个人数据"界定为"与已识别或可识别的自然人有关的任何信息；可识别的自然人是指可以直接或间接识别的人，尤其是通过姓名、身份证号码、位置数据、在线标识等识别符号或者通过该自然人的身体、生理、基因、心理、经济、文化或社会特征的特定的一个或多个因素而识别的个体。"可见，个人数据的定义是相当宽泛的。在研究等领域，通常会假名化个人信息以掩饰个人身份。假名化是个人数据的处理过程，假名化之后不使用额外的信息就不可能将数据指向特定的个人。这些额外信息是分开保存的并通过组织或技术措施(例如加密)保护。尽管如此,如果可以通过使用其他信息将假名化的数据指向某个人,那么这些数据仍然被认为是可识别之人的信息。根据 GDPR,这些数据构成个人数据。

如数据并非 GDPR 所界定的个人数据,则属于《非个人数据自由流动条例》规制下的"非个人数据"。非个人数据可分为两类:

(1)与已识别的或可识别的自然人无关的数据,例如由安装在风力发电机上的传感器产生的天气状况数据或有关工业机械维护需求的数据,及设备到设备的数据。

(2)起初被认为是个人数据,但之后被匿名化的数据(以下简称匿名数据)。匿名化的个人数据与假名化不同。适当匿名化的数据不能被归因于特定的个人,即使附加数据也是如此,因此其是非个人数据。个人数据是否被适当匿名化地评估,取决于每一个案精确的、独一无二的情况。被认为已经匿名化的数据被重新识别的几个案例表明,这样的评估可能要求很高。为了确认个体是否可能被识别,必须研究所有合理的、可能被控制者或者他人使用的、直接或者间接识别个人的手段。

当个人事件(如个人出国旅行或可能构成个人数据的旅行模式)无法被识别时,可以将其归类为匿名数据。匿名数据可以被用于例如统计或者销售报告(比如评估产品的畅销度及其功能)。此外,金融部门的高频交易数据,或有助于监测和优化农药、营养和水使用的精准农业数据等,也都属于非个人数据的范畴。

但是,如果非个人数据可以任何方式与个体相连,导致他们直接或间接地被识别,则此类数据必须被视为个人数据。例如,如果生产线上的产品质量控制报告能够将数据与某个特定的工厂工人(例如设置生产参数的工人)相联系,则这些数据将被视为个人数据且适用 GDPR。当技术和数据分析的发展使匿名数据转为个人数据成为可能时,应当适用相同的规则[15]。

由于个人数据的定义是指"自然人",因此包含法人姓名和联系方式的数据原则上被认为是非个人数据。然而,在某种条件下,它们也可能是个人数据。例如,如果法人的姓名与拥有该法人的自然人的姓名相同或者该信息与已识别或可识别的自然人相关,则是这种情况。

2.5.3.2 保障非个人数据的自由跨境流动

欧盟数字单一市场中数据流动的障碍已被确定为核心问题,而问题产生的原因则是数据本地化限制:各成员国出于获取本地数据便利的原因立法和行政规则设置的本地化限制;企业因对法律不确定性和市场缺乏信任而采取的数据本地化。客观地说,数据本地化在客观上限制了企业处理、存储和接入信息的能力,增加了经营的时间和经济成本,并且影响最终用户选择最佳技术和信息的自由,同时对贸易造成阻碍。

针对此情形,《欧盟非个人数据自由流动框架条例》第 4 条第一款明确规定:"数据本地化的要求应当被禁止,除非以公共安全为理由且符合比例原则。本款第一段不影响第 3 款以及现有欧盟法律规定的数据本地化要求。"第二款进一步规定:"任何立法草案引入新的数据本地化要求或对现有数据本地化要求做出修改的,成员国应当根据欧盟 2015/1535 指令第 5、第 6 和第 7 条规定的程序向欧盟委员会报告。"

综合条文规定来看,数据本地化并非被完全禁止,但在必要的范围内应当被更改或者修订。该举措的目标是为数据存储和处理活动培育更具竞争力的欧盟市场,具体而言,这意味着减少数据本地化要求的数量和范围,进一步增强法律的确定性。

值得注意的是,根据《欧盟非个人数据自由流动框架条例》的第二条第二款的规定,在一个由个人和非个人数据组成的数据集里,保证个人数据自由流动的 GDPR 规定将适用于该数据集中的个人数据,而非个人数据自由流动规则将适用于其中的非个人数据。

2.5.3.3　保障执法机构可在欧盟范围内跨境调取数据

确保数据在欧盟境内可因监管目的而被跨境使用,也是《欧盟非个人数据自由流动框架条例》的重要内容。该条例第五条专门规定了"主管部门的数据可用性",明确提出:"本规定不得影响主管部门根据欧盟或成员国法律要求、获取或访问执行公务所需数据的权力。主管部门要求访问数据时,不得以该数据由另一成员国处理为由而遭到拒绝。在主管部门提出访问用户数据的要求后未能获得访问权限,且欧盟法律或国际协议下不存在不同成员国主管机构之间交换数据的具体合作机制,则该主管机构可根据第 7 条中规定的程序要求另一成员国主管机构提供协助。"该条文主要确保了有权机关监管控制中的数据可获取性。为此,用户不得以数据在另一成员国存储或以其他方式处理作为理由,拒绝向主管部门提供数据访问权。

2.5.3.4　推动非个人数据在云服务之间的自由迁移

《欧盟非个人数据自由流动框架条例》还鼓励制定云服务行为准则,由于数据在不同服务商之间转移涉及复杂的经济和竞争利益,因此欧盟委员会对此没有采取直接立法做出详细要求,而是鼓励在欧盟层面建立数据服务提供商"自我规制的行为准则",以便用户变更数据存储和数据处理服务提供商时更加容易,但又不对提供商造成过大的负担或扭曲市场。

如此是出于保障专业用户能够自由地迁移数据的目的,本质上即为确保专业用户的数据可携带权。在该条例正式通过后的 12 个月内,云服务行业就应该制定行为准则。且该条例要求:该行为准则应当是全面的并且至少应当涵盖数据传输过程中的重要方面,例如数据迁移的最佳实践、签订合同前云服务商就数据迁移方面的信息披露、数据备份的进程(processes)和位置;可用的数据格式和支持;所需的 IT 配置和最小的网络带宽；在数据移植前所需的时间和数据可用于移植的时间；以及在服务提供商破产的情况下可访问数据的保证。

2.5.3.5 明确成员国主管部门之间的合作程序

条例的实施不得影响主管部门根据欧盟法或国内法访问或获取履行公共职责所需数据的权力。主管部门不得以有关数据的处理服务发生在另一成员国为由而拒绝访问数据。主管部门要求访问用户数据后，未取得访问权，且根据欧盟法或国际协定，不同成员国主管部门之间不存在交换数据的具体合作机制的，该主管部门可按照条例规定的请求协助程序获取相关数据。

参 考 文 献

[1] Kirby M. The history achievement and future of the 1980 OECD guidelines on privacy. International Data Privacy Law, 2011, 1(1): 6-14.

[2] OECD. Privacy Expert Group Report on the Review of the 1980 OECD Privacy Guidelines. Paris: OECD Publishing, 2013.

[3] OECD. The OECD Privacy Framework. https://www.oecd.org/sti/ieconomy/oecd_privacy_framework.pdf. 2013.

[4] United Nations Conference on Trade and Development. Data protection regulations and International data flows: Implications for trade and development. http://unctad.org/en/Publications Library/dtlstict2016d1_en.pdf. 2017.

[5] Council of Europe. Amendments to Convention 108. https://www.coe.int/en/web/data-protection/convention108/amendments. 1999.

[6] Council of Europe. Additional protocol to Convention 108 regarding supervisory authorities and transborder data flows (ETS No. 181). https://rm.coe.int/1680080626. 2001.

[7] Council of Europe. Chart of signatures and ratifications of Treaty 223. https://www.coe.int/en/web/conventions/full-list?module=signatures-by-treaty&treatynum=223. 2022.

[8] European Data Protection Board. Guidelines 3/2018 on the territorial scope of the GDPR (Article 3) Version 2.1. 2019: 19.

[9] European Commision website. Adequacy decisions. https://ec.europa.eu/info/law/law-topic/data-protection/international-dimension-data-protection/adequacy-decisions_en. 2022.

[10] Article 29 Data Protection Working Party. Working Document Setting Forth a Co-Operation Procedure for the approval of "Binding Corporate Rules" for controllers and processors under the GDPR, WP263 rev. 01. 2018.

[11] European Commission. On standard contractual clauses for the transfer of personal data to third countries pursuant to Regulation (EU) 2016/679 of the European Parliament and of the Council,

C（2021）3972 final. 2021.

[12] Information Commission's Office. Guide to the General Data Protection Regulation（GDPR）. https://ico.org.uk/for-organisations/guide-to-data-protection/guide-to-the-general-data-protection-regulation-gdpr/codes-of-conduct-detailed-guidance/. 2022.

[13] European Data Protection Board. Guidelines 1/2018 on certification and identifying certification criteria in accordance with Articles 42 and 43 of the Regulation（Version 3.0）. 2019.

[14] Hickman T, Sharp K. Guidelines on the certification mechanisms under the GDPR. https://www.whitecase.com/publications/alert/guidelines-certification-mechanisms-under-gdpr. 2019.

[15] 胡苗苗, 胡代芳. 欧盟非个人数据自由流动框架条例指南. 北外法学, 2020（1）: 153-175.

第3章

美国话语权下的数据跨境流动规则

3.1 APEC 数据跨境系列文件

3.1.1 APEC 合作框架简介

亚洲太平洋经济合作组织（Asia-Pacific Economic Cooperation，APEC）是亚太区内各地区之间促进经济增长、合作、贸易、投资的论坛。亚太经济合作组织始设于1989 年，成立之初是一个区域性经济论坛和磋商机构，目前共有 21 个成员。APEC是经济合作的论坛平台，其运作是通过非约束性的承诺与成员自愿，强调开放对话及平等尊重各成员意见，不同于其他经由条约确立的政府间组织。经过十几年的发展，到 2011 年已逐渐演变为亚太地区重要的经济合作论坛，也是亚太地区最高级别的政府间经济合作机制[1]。

目前来看，以虚拟网络为载体的电子商务中的商业个人数据正逐渐演变成商家疯狂追逐的核心利益要素，商业个人信息的收集、整理、贩卖已经逐渐形成完整链条。特别是随着电子商务中的跨境交易日益活跃，跨境网络隐私权将是重要商业化规则。APEC 跨境商业个人数据隐私权的保护进程如图 3.1 所示。如何协调统一跨境交易中各国和地区的数据传输规则和标准、实现跨境电子交易中商业个人数据的有效保护已经引起研究者和相关机构的广泛关注。2014 年 APEC 北京会议批准通过《促进互联网经济合作倡议》，首次将互联网经济引入 APEC 合作框架。在随后的 4年里，APEC 成员围绕互联网和数字经济开展了一系列务实合作项目，为加强亚太各方数字经济能力建设发挥了积极作用。2017 年 APEC 岘港会议形成《互联网和数字经济路线图》，路线图包含了数字基础设施、电子商务、信息安全、包容性、数据流动等 11 个重点领域，将作为指导未来 APEC 互联网和数字经济合作的重要规划。

图 3.1　APEC 跨境商业个人数据隐私权的保护进程

3.1.2　《APEC 隐私保护框架》

《APEC 隐私保护框架》[2]制定于 2004 年，以平衡相互竞争的数据保护与流动模式及其背后的价值观为目的，包括保护个人信息和促进发展中国家的信息自由流动。该框架协议完全基于自愿，并不强制每一个 APEC 成员都加入其中，更类似于一种合作性安排。

2015 年修订的新版《APEC 隐私保护框架》平衡了成员间电子商务政策和监管框架的差距，以确保信息、数据的跨境自由流动与个人信息的有效保护，尤其在电子商务方面提升了彼此信任与合作信心。

《APEC 隐私保护框架》原则上适用于个人信息，该信息被定义为"关于已识别或可识别的个人的任何信息"。根据相关解释性说明，该框架协议将在查阅 APEC 成员内部法律规定的基础上进一步定义其应当涵盖的内容。该框架将个人信息控制者定义为"控制个人信息的收集、持有、处理、使用、披露或传输的个人或组织"。这一定义包括指示另一人或组织代表其收集、持有、处理、使用、转让或披露个人信息的个人或组织，但不包括按照他人或组织的指示执行这些职能的个人或组织，也不包括收集、持有、处理或使用与个人、家庭或家庭事务有关的个人信息的个人。

《APEC 隐私保护框架》将理论与实践相结合，涵盖九大原则、国内法实施、国际合作等部分，以促进信息在成员间流通，从而继续扩大商业机会、降低成本、提高效率、提高生活质量和促进小企业更多地参与全球商业。

3.1.2.1　九大原则

（1）预防伤害（Preventing Harm）：重视对个人隐私的法律保护，防止收集者滥用个人信息，关注信息泄露的潜在损害风险，提前制定相关补救措施。

这一原则承认，该框架的主要目标之一是防止滥用个人信息对公民造成伤害，包括借助行业自律组织、普及教育活动、创设法律法规和完善执法机制等方式。然而，隐私保护与伤害预防应旨在针对不当收集和滥用个人信息对公民造成的伤害，因此，预防与控制应与收集、使用或转移个人信息所造成任何伤害的可能性及严重程度相称。

(2) 通知(Notice)：个人信息控制者应以易于获取的方式提供关于其在个人信息方面的行动和政策的明确陈述，包括：收集个人信息的事实；目的；可能向其披露个人信息的人员或组织的类型；个人信息控制者的身份、定位、联系方式和其处理个人信息的方式；个人信息控制者为个人提供的限制使用、披露、访问和纠正其个人信息的选择和方式。同时，个人信息控制者应采取一切合理可行的步骤，确保在收集个人信息之前或收集之时提供此种通知，否则应在可行的情况下尽快提供此种通知。但如果个人信息不是直接从个人处获得，而是从第三方获得，可以允许在收集信息之后再发出通知，比如保险公司为了提供医疗保险服务而向雇主收集雇员的个人信息。这一原则旨在确保个人信息收集者通知个人其个人信息已被收集，以及收集的信息将会用于何种目的。通过提供通知，个人在选择服务时会对其将交付的个人信息的流向有更明确的了解，从而做出更明智的决定。

(3) 收集限制(Collection Limitation)：个人信息的收集应限于与收集目的有关的信息，任何此类信息都应通过合法公平的手段获得，并在适时通知有关个人取得其明示同意。

这一原则通过将个人信息的收集范围限定在与其收集目的相关，从而控制收集信息的程度。具体而言，个人信息收集必须符合收集目的必要性或至少符合比例原则。然而，该原则同时承认，在某些特殊情况下要求信息收集者必须通知个人或获得个人的同意是不适当的。例如，在爆发食物中毒的情况下，有关卫生防疫部门可以直接从餐馆收集顾客的个人信息以便告知其潜在的健康风险。

(4) 个人信息使用限制(Uses of Personal Information)：所收集的个人信息应仅用于实现所收集的目的和其他兼容的或相关的目的，但经过个人同意、为提供个人要求的服务所必要、法律部门和其他法律文书公告和法律效力声明所必需的情况除外。

本原则明确个人信息的使用应限于实现收集的目的和其他兼容或相关的目的。判断某一目的是否与收集目的相兼容，应综合考虑个人信息的性质、收集背景、个人期望和信息的预期用途来判断。

(5) 选择(Choice)：信息收集者应酌情为个人提供明确且明显、易于理解与获得的选择机制，以便公民在收集、使用和披露个人信息方面做出选择。值得注意的是，这一选择机制对已经公开的个人信息并不适用。

这一原则的目的是确保个人在收集、使用转让和披露个人信息方面获得选择的权利。无论这一选择机制是以电子方式、书面方式还是以其他方式传达，这种选择的通知都应措辞明确，并清楚和明显地显示出来，同时行使选择权的机制在考虑便利因素的基础上应能够为个人所负担得起。

　　同时，该原则要求选择机制应当依据信息收集对象而改变，以求更便于信息收集对象理解该选择机制。例如，如果信息针对儿童，应当以适合儿童年龄理解的方式提供相关语言解释。然而，这一原则也承认在某些情况下信息收集者可以不必提供选择机制，特别是在收集可公开获得的信息时，勒令信息收集者提供一种信息选择机制是完全不必要且不实际的。例如，在从公共记录或报纸上收集个人姓名和地址时，没有必要再要求信息收集者花费时间精力与金钱针对已经公开了这些信息的个人提供选择机制。

　　(6) 个人信息完整性(Integrity of Personal Information)：应当保证个人信息是准确、完整的，并在使用所需目的的范围内保持最新。

　　这一原则认为，个人信息控制者有义务保持记录的准确性和完整性，并根据需要随时更新记录，以实现收集时所明确的目的。根据不准确、不完整或过时的信息做出关于个人的决定可能不符合个人利益以及信息收集者的收集目的。

　　(7) 安全保障(Security Safeguards)：个人信息收集者应采取适当的保护措施，保护其所持有的个人信息，以防范如丢失或第三方未经授权访问个人信息、未经授权销毁、使用、修改或披露信息或其他滥用个人信息的风险。这种安全保障措施应与所威胁伤害的可能性和严重程度、信息的敏感程度以及整体背景成比例，并应定期审查和重新评估。这一原则同时承认，个人信息被委托给他人的公民有权要求其信息得到合理的安全保障。

　　(8) 查阅和更正(Access and Correction)：个人应能够：①向个人信息收集者确认该个人信息是否在收集者处存放；②在已与信息收集者确认身份的情况下，可以在不违反交易习惯的情况下在合理的时间以合理的方式收取合理的价款；③质疑与他们有关的个人信息的准确性，并在适宜的情况下，纠正、完成、修改或删除信息。除非：①这样做会令信息收集者负担不合理或与具体情况中个人隐私所面临的风险不相称的费用；②该信息系根据法律或安全原因或保护商业秘密需要而不应披露的信息；③会侵犯他人隐私。在前述三种拒绝查阅更正个人信息的情况下，信息收集者应当为查阅当事人提供拒绝理由，并给予当事人对该拒绝及理由提出质疑的权利。

　　查阅和更正个人信息的能力虽然被普遍认为是隐私保护的一个核心方面，但并不是一项绝对的权利。本原则包含了在提供信息时被认为是合理的具体条件，包括与时间、费用以及提供信息的方式和形式有关的条件。在这些领域中，什么被认为是合理的，将根据不同的情况而有所不同，例如信息处理活动。获取信息也将以安全要求为条件，这些要求排除了直接获取信息的可能性，并将要求在获取信息之前提供充分的身份证明。

　　为与提供查阅与更正路径的基本目的相统一，个人信息收集者应始终尽最大努力向个人提供这种访问，而不是借由本原则的排除条款减少自己应当承担的义务。

　　(9) 问责制(Accountability)：个人信息收集者应当负有遵守和落实前述 8 大原则

的义务。当个人信息被转移到另一个(无论是在国内还是在国外)个人或组织时，个人信息收集者都应征得个人的同意或至少完成对接收个人或组织的尽职调查，并采取合理步骤确保该个人或组织将按照上述原则保护个人信息。

这一原则的规定考虑到了当下数字型经济的基本特征，即高效、低成本的商业模式往往需要在不同地点、不同关系的不同类型组织之间进行信息传输。在转移信息时，个人信息收集者应负责确保在未取得个人同意时，接收者将按照本原则对所接收的个人信息提供不低于原来保护程度的保护。

根据这一原则，信息控制者应采取合理措施，确保信息在转移后按照本原则得到保护，但在某些情况下，这种尽职调查可能是不现实或不可能的。例如，当个人信息控制者与信息接收者之间不存在持续的关系。在这类情况下，个人信息收集者可以选择使用其他方法以确保信息的转移与后续保护符合本原则。例如，再次为个人提供是否同意个人信息转移给特定第三方的选择。但由于隐私框架的性质系自愿加入而非强制实施，本条款很可能因受国内法影响而无法得到切实落实。例如，在部分成员本地法明确允许相关信息自由转移的情况下，个人信息控制者将被免除任何尽职调查或获得个人同意的义务。

3.1.2.2 实施指导

为保证上述九条原则在各加入协议的成员经济体间得到充分尊重与落实，《APEC 隐私保护框架》特别规定了具体实施规则，包括境内实施与跨境实施两部分。其中，实施部分规定，考虑到限制国内法相关信息流通规则的制定权限，应将成员间的信息机制设计限制在相对有限且具有基础安全保证程度的范围内，为成员经济体间信息的自由与安全流通打下基础。同时又考虑到成员本地法因不同国情、发展需要与政策导向引发的必然差异，通过对国际跨境信息流通基础规则做出规定，可以弥合不同成员经济体间信息传输机制的差异。

《APEC 隐私保护框架》要求各成员经济体在采取成员内部执行措施时应考虑以下基本理念：

(1)最大限度兼顾隐私保护和信息流动的平衡。个人信息的收集、持有、处理、使用、转移和披露应以保护个人隐私的方式进行，并使个人能够最大限度地从其个人信息的内部利用和跨境流动中获得好处。因此，为了建立、审查隐私保护政策从而落实亚太经合组织的隐私框架，成员经济体应采取一切合理和适当步骤，查明和消除对信息流动的不必要障碍，并避免造成任何此类障碍。

该条作为《APEC 隐私保护框架》国内实施指导部分的第一条，再次强调了信息跨境流动的核心宗旨，即保护个人隐私与保护信息流动并重。诚然，任何有关数据跨境的规则始终意图在隐私保护这一公民基本权利与信息流动这一现代国际电子商务的重要推动力之间做出平衡，APEC 虽然在价值取向上更倾向于推进区域跨境商贸，但仍然宗旨性地强调了个人隐私保护方式。然而不论采取何种方法，都应符合亚太经合组织区域开发尊重个体经济的要求，实施符合框架标准的隐私保护政策。

(2) 灵活实施亚太经合组织的隐私框架。协议建议的实施《框架》和确保个人隐私保护有如下几种选择：立法、行政、行业自律或这些政策的组合。在实践中，协议期待各成员经济体以灵活的方式落实上述九项原则。协议可容纳各种执法模式，可以通过成员经济体认为适当的专门隐私执法机构、多行政机构联合执法、指定行业机构或自律组织、法院及司法系统或任意几种模式的结合。成员经济体应考虑提供建立和维护隐私执法机构的必要条件与保障，已设立的隐私执法机构应当提供资源和技术专业知识，以便其有效行使权力，客观、公正并一致地做出决定，达到《APEC 隐私保护框架》所期望的国内信息治理水平。

该条为国内执法机构提供了建议性指导，该机构可以由现有行政、司法机构兼任，也可以创设专门隐私执法机构，同时，各成员经济体应设置应有的具体的内部机构与规定。负责机构应有足够的权力专门控制此方面事务，以保证隐私保护与信息流通。同时根据权责一致理念，赋予相关机构信息控制权的同时，也应使该机构承担保障个人隐私的义务。这一机构的落实与设立是《APEC 隐私保护框架》中其他实施指导方案条款的基础。

(3) 隐私管理计划。个人信息控制者可以通过提供有效的隐私管理方案，证明其遵守了框架中实施隐私保护的措施。隐私管理方案应：①根据个人信息控制者的业务结构和规模及其控制下的个人信息数量与敏感性而定；②根据风险评估提供适当的保障，同时考虑到对个人的潜在伤害；③建立内部监督机制，并对调查和事件做出反应；④由指定的受过相关培训负责的人员监督；⑤受到监管并定期更新机制运行情况。

该条在第二条建立负责机构的基础上，进一步为如何管理保障隐私信息提供了指导性建议。强调了信息管理过程中应当进行信息风险评估，对信息的敏感程度有足够认识，以期匹配相应程度的保护。虽然本条仍在强调协议对隐私管理与保护的重视，但风险评估与适当保障等建议明显突出了《APEC 隐私保护框架》推动跨境信息流动的目的。

(4) 升级保护隐私的技术措施。技术措施可以作为隐私安全法律保护的补充，进而对各成员经济体内部法下隐私制度的总体效用和影响做出重大贡献。因此，对于成员内部的具体实施办法，《APEC 隐私保护框架》建议各方应促进有助于保护隐私的技术研发与应用。

该条从科学技术发展角度给予成员经济体以指导，建议各方重视隐私保护技术的发展。同时提议主体可以利用个人信息控制者的便利地位，提供一个促进、鼓励控制者积极投入研发相关保护技术的环境，支持在隐私保护系统的实践中嵌入最佳的隐私技术标准。

（5）公共教育与传播。要使该框架具有实际效果，公众必须知悉相关个人信息收集与隐私保护策略的基本知识。因此，协议建议成员经济体：①向公众进行隐私制度相关的宣传教育，如有条件也应当尽力普及国内其他相关政策安排，如信息收集管理部门，个人隐私保护机制，如何报告侵权行为，如何寻求补救等；②安排相关宣讲活动，提高个人信息控制者对隐私保护意义的认识并提升其责任意识；③鼓励或要求隐私执法部门和其他有管理责任的国内隐私保护机构(例如，CBPR 体系①问责机构或为实施自我监管计划而设立的机构)酌情公开情报。

隐私保护是与公民日常生活息息相关的内容，也是需要公民知悉相关知识、与有关部门进行配合才得以高效有序推进的项目。无论是公民缺乏隐私意识或是权力者不作为都会导致整个隐私保护机制停转，进而引发隐私信任危机并长远影响由个人信息为基础建立的数字经济的发展。本条指导性建议正是建立在对这一情形的深切担忧之上，体现出对隐私保护中公民配合的深刻理解。若无良好的公共教育、科普传播为隐私保护机制打下群众基础，数据的收集、保护、流通进程将在高危中缓慢推进。反之，群众对隐私保护的认识与对数据传播与保护的配合与监督将对一个良好的数据流动生态的建构起到事半功倍的效果。

（6）公私合作。非政府组织在隐私保护与信息传播过程中的积极参与将有助于确保实现《APEC 隐私保护框架》的目标。因此，成员经济体在起草、确定和完善相关机制的过程中，应与非政府利益相关者，包括公民、消费者、工业界以及技术界和学术界的代表进行对话，以获得关于隐私保护和信息流问题的意见，并寻求合作以促进框架的目标。此外，尚未建立国内隐私保护制度的成员经济体在构建发展隐私保护机制时，更应充分关注非政府利益相关者的需求，并以此为导向。同时应鼓励这些实体积极参与促进和支持个人的隐私利益，如将投诉提交给隐私执法部门，并公布这些投诉的结果。还应考虑在公共和私营部门以及与非政府利益攸关方开展协商和能力建设工作，如建立或支持机构内部负责隐私管理与保护的个人的监督网络、安排经验分享活动等。

本条强调了在政府相关隐私机构与机制建设前、中、后时期均应重视非政府组织的参与，不应在任一时期忽视其诉求。因为公民、消费者、工业界等其他实体是隐私保护机制运行的最终受益者，同时也是参与者和建设者。考虑非政府组织对该机制的需求并将之满意程度纳入考量机制成熟与否的重要标准之一是十分有必要的。

（7）补救措施。成员经济的隐私保护制度应包括对侵犯隐私行为的适当事后措施，其中可包括补救措施、阻止侵权行为继续发生的能力以及其他措施。在确定侵犯隐私的补救措施范围时，成员经济体应考虑到一些因素，包括：①该成员经济体提供隐私保护的特定制度，例如，立法赋权予个人和有关组织，其中可能包括个人采取法律行

---

① 关于 CBPR 体系的介绍，参见 3.1.3 节。

动的权利、行业自律或其他各种制度等；②必须有一系列补救措施，能够弥补或至少与这种侵犯行为对个人造成的实际或潜在伤害的程度相称。成员经济体应考虑鼓励或要求个人信息控制者在发生影响其控制下的个人信息的重大安全漏洞时，酌情向隐私执法部门或其他相关部门发出通知。如果有理由认为违背义务的行为可能影响到个人，应要求其在任何合理可行的情况下及时直接通知受影响的个人。

《APEC 隐私保护框架》较为重视补救措施的制定，明确要求这一内容应当事先同隐私保护与信息流动机制的构建一起纳入成员经济体考虑的范围。APEC 系列规定均重视事后救济胜于事前规制，某种程度上也体现其更重视信息流通的价值取向：GDPR 文件倾向于在潜在事故发生之前就对隐私保护机制进行严格规定，要求对流通信息进行筛查并制定严格程序。这一行为固然会降低事故发生、侵犯个人信息相关隐私权利的风险，但同时也为信息流通设置了重负，为信息收集者、传输者设下较高的成本门槛，也即信息安全的代价。在事故发生前将较多的自由规制权、制度构设权分散至具体成员方，而对事后补救措施有较为细致的指导性要求则与前者恰好相反。这种倾向于事后救济型的规则设计在很大程度上将风险交由各成员主体的立法者控制，以保证信息在流通过程中无需遵照极其严苛的准入转移标准，降低信息流通成本。同时，为了防止这一成本经由个别偏颇的隐私保护与数据流通机制完全累加给个人承担，补救措施的设计能够最大程度上弥补这一缺陷，合理平衡风险与成本。

(8) 隐私框架国内执行情况报告机制。成员经济体应定期更新关于信息流通与隐私保护的具体立法、司法、行政计划，并向 APEC 通报该隐私框架的国内执行情况。

这一报告机制有助于 APEC 全面了解各成员内部相关机制的构建，为此后从宏观上调整、协调各方以便为区域性、国际性的数据跨境流动打下基础。同时也对各自愿加入的成员经济体产生监督和促进作用，确保隐私框架不会因其自愿加入、规则制定的自由空间较大而被成员闲置。

此外，《APEC 隐私保护框架》在实施部分同时为国际交往提出一些建议：

(1) 成员经济体间的信息交流。协议鼓励成员间就对隐私保护、数据流通相关的重要信息、调查、研究进行分享与交流；鼓励就与隐私保护有关的问题进行相互指导，并分享和交流有关公众宣传、教育和培训项目的信息，以提升公众对隐私保护重要性的理解和遵守相关法律法规的认识；鼓励分享在调查侵犯隐私的各种技术方面经验，以及在解决涉及此类侵犯隐私行为的争端方面的管理策略。例如，投诉的处理和替代性争端解决机制。

(2) 成员经济体应指定公共部门并由其向其他成员经济体通报本国管辖范围内负责促进经济体之间在隐私保护方面的跨界合作和信息共享。各成员经济体应鼓励制定国际化的具有可比性的衡量标准，以便为有关隐私保护和数据跨境流动的决策进程提供信息。

(3)调查与执法方面的跨境合作。考虑到目前的国际安排(包括 CPEA)和现有、将有的跨境行业自律监管方法,在国内法律和政策允许的范围内,成员经济体应扩大对现有合作安排的使用,并考虑在必要时制定额外的合作安排或程序,以促进执行隐私法方面的跨境合作。这种合作安排可采取双边或多边安排的形式,但成员经济体有权以合作请求不符合国内法律、政策或优先事项,或以资源限制,或以对有关调查没有共同利益为由,拒绝或限制对特定调查或事项的合作。

在个人信息隐私相关的民事执法过程中,合作跨境安排可包括以下方面:①针对不符合隐私框架规定并可能影响到其他经济体的个人或个人信息控制者的行为,及时、系统、高效地向其他成员经济体的指定公共部门通报相关信息,并建立一系列配套的落实调查与隐私执法措施的机制;②有效分享跨境隐私调查、案件合作、措施执行所需信息的机制;③他国隐私执法案件相关调查的援助机制;④根据非法侵犯隐私的严重程度、所涉实际或潜在损害以及其他相关考虑因素,优先处理与其他成员经济体公共部门合作的案件;⑤采取相应技术对根据合作安排交流的信息保持适当程度的保密措施。

(4)跨境隐私保护机制。协议期待成员经济体努力支持、发展、承认、接受跨境隐私保护机制,用以在亚太地区建立相对安全、自由的个人信息传输系统,同时各组织仍有责任遵守当地隐私规则、其他相关适用的法律以及《APEC 隐私保护框架》中提及的原则。

为落实上述机制,各成员经济体制定了 CBPR 系统;为在国际、跨界的背景下执行《APEC 隐私保护框架》,该系统为参与经济体提供了切实的实践机制,并为各组织提供了一种能够令个人相信其个人信息在进行跨国传输时能够得到有效保护。同时,成员经济体应与适当的利益相关者合作,开发 PRP 认证系统,以补充 CBPR 系统,帮助个人信息控制者提升其有效处理个人信息以及完成相关义务的能力。

(5)跨境传输业务。成员经济体应避免对自身与另一成员经济体之间个人信息的跨境流动进行限制,其中:①另一经济具有实施该框架的立法或监管工具;②存在足够的保障措施,包括个人信息控制人员采取的有效执行机制和适当措施,如CBPR,以确保与该框架和实施该框架的法律或政策一致的持续保护水平。对个人信息的跨境流动的任何限制都应与转让所产生的风险相称,同时考虑到信息的敏感性,以及跨境转让的目的和背景。

(6)隐私框架之间的相互可适用。成员经济体应鼓励、支持国际安排,以促进隐私框架发挥实际作用,进一步提升隐私框架在全球的各国、各体系间的相互适用,改善个人信息跨区域流动现状。该条从更加宏观的角度审视《APEC 隐私保护框架》,并点明全球数据跨境流动的发展趋势:各个规则体系必将探索出一条兼顾价值选择和保证数据跨境自由流通的全球化道路。

3.1.3　APEC 数据隐私探路者倡议

为使 APEC 成员经济体能够共同执行《APEC 隐私保护框架》，APEC 电子商务指导小组（Electronic Commerce Steering Group，ECSG）联合 13 个 APEC 成员经济体意图为区域内个人数据的自由流动及其隐私保护责任制定一个框架。该框架的重点是企业使用数据过程中的跨境数据流通与隐私保护规则。2007 年 9 月澳大利亚悉尼举行的 APEC 第 19 届部长级会议签署了《APEC 数据隐私探路者倡议》（APEC Data Privacy Pathfinder），首次提出建立简单透明的 APEC 跨境隐私规则体系（Cross Border Privacy Rules system，CBPR），用以落实数据隐私权保护，加强消费者对个人信息控制者的信任，进而促进跨境数据的流通。同时，该体系也回应了众多跨国大型企业发展电子商务的需求，降低企业数据合规成本，同时为消费者提供有效的隐私保护措施，使监管机构能够有效运作并最大限度地减少监管负担。在 2006 年 APEC 部长级会议声明及领导人宣言中均提到：跨境数据传输推动了信息时代的进步，也是实现茂物目标（Bogor Goals）①、釜山路线图（Busan Roadmap）②之河内行动计划（Hanoi Action Plan）③的方式之一。

具体来说，《APEC 数据隐私探路者倡议》的主要目标为：

（1）概念框架原则。通过与这些规则潜在的实施和执行中参与各方的协商，推动建立一个概念性的关于跨境数据如何在各经济体规则之间运作的原则框架。

（2）咨询程序。推动构建与隐私框架配套的相关咨询程序，讨论如何最好地让利益相关方包括监管者、负责机构、立法机构、行业自律组织、第三方隐私解决方案提供商和消费者代表都参与到规则和程序的创设修订及其运行的审查优化中来。

（3）实用性文件。推动支撑跨境隐私规则的实用文件和程序的制定，如经济体自评表、审查标准、认可/验收程序和争议解决机制。

（4）执行。探讨如何在实践中以灵活、可信赖、可执行、可预测的方式执行各种文件和程序，减少官僚主义的出现，并适当考虑有关各方的任务及其运作的法律框架。

（5）教育宣传。促进实现区域隐私框架所需的教育和宣传，让利益相关方和潜在参与者考虑如何参与经济体中实现负责任的数据流动。

同时，《APEC 数据隐私探路者倡议》还确定了九个侧重于促进跨境数据流动的项目，包括：自我评估商业准则、问责代理准则、组织 CBPR 合规性审查、编制合

---

① 茂物目标是在 1994 年印尼茂物召开的亚太经合组织峰会上提出的。该目标要求发达成员在 2010 年前、发展中成员在 2020 年前实现贸易和投资的自由化。

② 釜山路线图是 APEC 于 2005 年签署的对茂物目标的中期总结性展望计划。

③ 河内行动计划于 2006 年在 APEC 会议签署通过，全称为"关于执行'釜山路线图'的河内行动计划"。

规企业名录、编制数据保护机构和隐私管控保护专员名录、制定数据保护机构(Data Protection Authority，DPA)执法合作框架、创建援助请求相关的表格模板、建立有关 CBPR 争议的处理体系，并根据上述项目的结果，建立一个在 APEC 地区测试和预备实施 CBPR 体系的项目试点。

截至 2020 年，APEC 共实行"探路者行动计划"15 项，其中 6 项涉及数字经济，涵盖数字贸易、规则制定、隐私保护等领域。其中成效最突出的便是由澳大利亚率先提出的"数据隐私探路者行动计划(2007—2012 年)"，该计划在制定之初即明确认识到，各经济体在其经济体内发展和实施隐私框架的水平各不相同。在该计划的推动下，APEC 确定了"APEC 隐私探路者原则"，最终正式建立了"跨境隐私规则体系"。这些相关规则的优越性体现在世界上有越来越多的经济体考虑遵守，如 CBPR 现在已被纳入《美国墨西哥加拿大协定》。这标志着亚太地区的信息隐私保护取得了重要进展，"数据隐私"探路者也顺利完成由探路者行动向 APEC 集体行动计划的过渡。与此同时，这也意味着美国主导的数据跨境流动规则话语权逐渐确立，隐隐有与欧盟这一数据流动既有的先进规则制定者的话语权分庭抗礼之势。

目前，APEC 的"探路者计划"已建立完备的运行机制，包括明确的指导原则、优先领域、行动方式及筛查评估机制。在实施过程中，APEC 总结经验教训，根据数字经济发展的最新态势，定期对指导原则进行更新。"探路者计划"是 APEC 在运行机制领域的重要创新，并成为 APEC 单边和集体行动计划的有力补充。

3.2 跨境隐私规则体系

为推动《APEC 隐私保护框架》的实施，2011 年 APEC 开发了一个简单、透明的系统，即"跨境隐私规则体系"。想要参与 CBPR 体系的组织要经过 APEC 认可的责任代理的审查，以确定其是否符合 CBPR 规则的要求。随后，该组织将接受相关年度审查，以保留其作为经认证的 CBPR 参与者地位。

APEC 层面的实施包括如下两个方面：一是建立 APEC 跨境隐私权保护规则联合监督小组。二是设立 CBPR 认证目录网站。该网站将公布 APEC 认可的 CBPR 责任代理机构，以及 CBPR 认证的商业机构名录。

在各经济体层面，APEC 指导建立了以下三个保护机制：一是隐私保护执法机构；二是 APEC 认可的责任代理机构(Accountability Agent，AA)；三是参与 APEC 跨境隐私保护规则体系的认证目录网站的联络点。

3.2.1 CBPR 体系构成文件

CBPR 体系的运行主要由以下五个文件进行规范：

(1)《基于〈APEC 隐私保护框架〉隐私原则的详细自我评估问卷》；

(2)《基于〈APEC 隐私保护框架〉隐私原则的最低项目要求》；

(3)《亚太经合组织经济体问责机构审批标准》；

(4)《跨境隐私执法安排》（CPEA）；

(5)《CBPR 联合监督小组（JOP）章程》。

通过上述文件，CBPR 体系旨在实现下列目标：一是提供一个在国际跨境背景下实施《APEC 隐私保护框架》的实用机制；二是为成员经济体在国内法律下继续管理数据库流动与隐私保护的处理提供具体建议；三是提供参与经济体之间数据跨境流通的具体方式与平台体系，使个人可以相信其个人信息受到充分的保护。

3.2.2　CBPR 规则

CBPR 体系是一个自愿的认证体系，也是 APEC 跨境商业个人隐私保护的核心内容。该体系旨在促进 APEC 框架内实现无障碍跨境信息交换，推动在参与该体系的 APEC 成员经济体中经营业务的公司就形成保护数据隐私的常规惯例达成一致。

加入该体系需相关机构就跨境隐私程序制定符合该体系的内部业务规则：

(1)自我评估。各经济体的责任代理机构对预参与的商业机构进行评估。通常由责任代理机构根据 APEC 跨境隐私权保护规则提供问卷，由预参与商业机构来对照回答。完成认证机构提供的该份问卷后，提交给认证机构以便其根据 CBPR 体系标准进行审查。由认证机构确认符合标准的组织(或企业)，并将这一认证在 APEC 网站上进行公告。

(2)合规审查。合规审查包括两个层面：第一，对于欲成为经认可的责任代理机构，需要通过 APEC 跨境隐私权保护规则的审查标准。第二，欲成为 APEC 认可的遵守隐私权保护的商业机构，则需要通过责任代理机构的合规审查。得到责任代理机构资质认证的组织必须发布匿名的案例说明和投诉统计，并应尽可能回应 APEC 及其成员经济体相关政府机构的要求。同时，被认可为责任代理机构的企业应在可能的情况下，在处理与 CBPR 相关的投诉时努力相互合作。CBPR 体系提供了对责任代理机构进行认证所需要的最低标准，如果某一认证机构想要使用自己的调查表或要求标准，则该标准必须与 CBPR 体系审核标准具有可比性。

(3)认可/接受。APEC 各经济体将建立一个可以让公众访问的目录网站，把经认可的责任代理机构及其认证通过的商业机构列入网站目录。这一公共目录包括该被认证为责任代理机构的组织或企业、其认证机构和相关隐私执法机构(Privacy Enforcement Authority，PEA)及联系方式。该目录将由亚太经合组织秘书处托管，并可扩展至包含常见问题解答以及有关 CBPR 体系的额外相关信息，以便供潜在的申请人和消费者使用。

（4）争议解决和执行。由 APEC 跨境隐私权保护规则体系建立的如责任代理机构、隐私保护执法机构、APEC 隐私权保护联合监督小组等组织能够通过有效协调和信息共享解决在隐私权保护方面出现的各种投诉问题。在 CBPR 体系下，各机构应能够主要通过合同、成员经济体内部法律以及隐私协议框架及相关 APEC 成员间文件执行该制度。

亚太经合组织部长级会议于 2009 年批准的《APEC 跨境隐私执法安排》（APEC Crossborder Privacy Enforcement Arrangement，CPEA）旨在促进隐私执法机构之间的信息共享，提供一个促进组织成员之间在执行 CBPR 规则和个人信息法律保护方面的有效跨境合作机制，并鼓励在隐私调查和执法方面的信息共享和合作。

美国是 CBPR 体系的首个参与成员经济体。2013 年 1 月 16 日，墨西哥成为 CBPR 的第二个成员经济体。加入 CBPR 体系将帮助加入成员与 APEC 成员经济体通过更加安全的方式有效地交换数据，保护消费者隐私。

3.2.3 CBPR 规则实施

3.2.3.1 CBPR 程序规则概述

（1）APEC 成员经济体参与、停止参与 CBPR 体系的程序：加入 CBPR 体系时该经济体必须满足《APEC CBPRs 程序要求》中列明的要求，并提名一个或多个 APEC 认可的责任代理机构（或通知 ECSG 电子商务指导小组）。一旦该经济体提名了责任代理机构，该经济体内的各个组织或企业即可开始加入 CBPR 体系的程序。如某经济体要停止参与 CBPR 体系，应在正式停摆相关程序前一个月提前做出停止通知。

（2）认可责任代理机构的程序：在提名一个责任代理机构时，经济体应报告其适用于责任代理机构相关审批活动的全部国内相关法律法规，并确定隐私执法机构。如果隐私执法机构自身也是一个责任代理机构，提名时可确认隐私执法机构是 CPEA 的参与者，并概述其如何满足计划的要求。如果某一成员经济体使用另一成员经济体的责任代理机构对其境内组织的认证，则该经济体应当通知 CBPR 联合监督小组，并对相关的国内法律和执行机构进行说明。此外，申请必须包括一份由责任代理机构签署的证明。

在完成审查后，CBPR 联合监督小组将向 APEC 成员经济体发出建议。如果没有收到反对意见则意味着建议被接纳，申请就获得了批准。

APEC 成员经济体可以对责任代理机构的行为进行投诉（这部分投诉内容将由 CBPR 联合监督小组代为接收与处理），并可以要求隐私执法机构或该经济体的其他机构进行调查。该经济体可根据国内法进行先一步的调查并采取补救行动。CBPR 联合监督小组也可以在满足特定条件下建议暂停对某机构或责任代理机构的认可。

APEC 的认可以一年为限，允许重新申请。在考虑向亚太经合组织经济体提出建议时，联合调查组必须考虑任何相关信息，包括投诉。

(3) 组织的认证程序：申请组织应借助于位于其主要营业或登记地点的责任代理机构，或应按上述规定通知 CBPR 联合监督小组。申请组织与符合条件的责任代理机构联系后，责任代理机构必须提供自我评估问卷，并根据其评估准则、APEC 认可的标准文件和审查程序对答案进行审查。申请过程允许申请者和责任代理机构之间进行多次讨论。

责任代理机构负责认证过程中的自我评估和审查阶段，申请者负责制定其隐私政策和实践程序。只有经责任代理机构认证为符合 CBPR 规则的企业才能参与 CBPR 制度（问卷及评价指南为公开文件）。此外，责任代理机构可能制定更多的额外文件来概述审查过程。

(4) CBPR 规则和国内法律法规：CBPR 规则不会改变一个经济体的法律。在没有国内隐私保护法律、数据流动与保护条例或其他相关法律法规的地区，CBPR 规则旨在提供最低程度的隐私数据保护。CBPR 规则的构建并不试图取代 APEC 成员经济体的国内法律，任何组织或企业在 CBPR 体系下的义务与在该国家或地区内部法律的义务是分开的。任一责任代理机构的核查只适用于审查该组织或企业基于 CBPR 体系及 APEC 相关规定项下的合规性，并不意味着该组织或企业一定符合其所属的国内法要求。但在考虑是否参加 CBPR 体系时，APEC 成员经济体可能需要考虑是否创设、修改其国内法律以达到与 APEC 相关跨境隐私保护及数据流通要求接轨的目的。

(5) CBPR 体系满足如下这四个方面的要求：程序简化、透明度高、低成本以及具备问责机制。为处理隐私问题而设立的 APEC 机构数据隐私小组（每年仅有两次开会的机会）负责相关的管理规制工作。由于 APEC 的员工人数较少，CBPR 体系的管理不会给秘书处或经济体带来繁重的负担。

CBPR 相关管理的基本工作包括：

- 制定员工的工作内容并维护员工的工作环境及秩序；
- 发展并维持员工及组织收入以支持 CBPR 体系的运作；
- 管理 APEC 的合规目录；
- 促进 APEC 经济体的参与；
- 评估及监察各责任代理是否符合相关代理问责标准；
- 管理 CPEA；
- 编写宣传普及的教学材料，以促进更多经济体对 CBPR 体系的了解。

(6) 联合监督小组：CBPR 要求各成员经济体建立一个联合监督小组，由数据隐私小组批准的指定经济体组成。联合监督小组的核心职能载于《APEC 跨境隐私规则体系联合监督小组章程》第 6.2 条。为了协助履行其核心职能，将根据需要成立认证、执行和其他工作组，同时建立一个程序，使数据隐私小组能够通过该程序监测、评价、审查整个 CBPR 体系，并使各经济体能够根据需要发展、变更该系统的相关规定。

(7)CBPR 体系的成功标准：CBPR 体系是成员国家间协定实施"探路者"计划的产物，因此其必须承认并纳入 APEC 组织的核心原则，即自愿性、全面性、基于共识的决策、灵活性、透明度、开放的区域主义等宗旨，以及发达经济体和发展中经济体具有不同的落实能力、立法水平、法律体系完备程度的事实。

CBPR 制度必须满足"探路者"目标：

(1)推广 APEC 组织各经济体跨境隐私规则如何运作的原则概念框架；

(2)制定和支持利益攸关方之间的协商进程；

(3)编制用以支持 CBPR 体系运作的实体文件及程序性文件；

(4)研究讨论如何在实践中执行各种文件和程序；

(5)促进关于 CBPR 体系运作相关知识的普及与教育。

判断单个项目与"探路者"计划成功与否的三个关键标准是：

(1)在消费者信任的系统中有效地保护消费者的个人信息隐私；

(2)执行工作足够灵活，能够适应 APEC 组织经济体特定的国内法律环境，同时为参与者提供确定性；

(3)尽量减少企业的合规负担，同时允许企业制定和遵守有效和一致的跨境个人信息流动规则。

3.2.3.2 APEC 组织跨境隐私规则体系联合监督小组章程

(1)文件特点：该宪章应结合《APEC 隐私保护框架》进行解读，其内容均无意对 APEC 成员经济体产生任何义务或影响其在国内国际法律法规或协议下既有的权利或义务；也无意妨碍国内或国际法律法规协议授权的官方行为，或产生超过 CBPR 参与方的权利和管辖范围、非参与政府机构的合作义务。

(2)参与跨境隐私规则体系的开始：在 ECSG 主席通知 APEC 组织经济体满足以下条件后，该经济体即成为 CBPR 体系的参与者：①经济体的电子商务指导小组代表向电子商务指导小组主席提交一封表明其参与意向的信函，并确认经济体中至少有一个隐私执法机构是 CPEA 的参与者；②经济体明确承诺将会使用至少一个 APEC 组织认可的责任代理；③经济体的电子商务指导小组委托方在与联合行动小组协商后，向电子商务指导小组主席提交一份声明，具体解释说明如何在该经济体内部达到 CBPR 体系计划的要求。

联合行动小组向电子商务指导小组主席提交一份报告，说明该经济体将如何满足上述三个条件。

(3)透明度：CBPR 体系的参与者必须通知电子商务指导小组主席有关其内部任

何新的或修订的有关隐私保护与跨境数据流通的法律规定的动态，以及任何其他可能影响 CBPR 体系运作与执行的变化情况。

（4）终止参与：CBPR 参与者可在一个月前书面通知电子商务指导小组主席后停止参与相关规则的运行，主席将立即通知 APEC 各个成员经济体。部分经济体中止或暂停参与时，该经济体的任何责任代理的人都将被自动暂停或终止，同时这些责任代理本身的代理认证权限也将被终止。

（5）暂停或终止的原因：APEC 成员经济体在 CBPR 体系中的行为活动可经由其他经济体应 CBPR 的要求，在满足以下任何条件的情况下经过一致决定而暂停或终止：①国内仅存的隐私保护或数据流动相关的法律被废除或修订，使之参与系统成为不可能；②参与者被持久性就业协议禁止参加；③该经济体此前得到 APEC 承认的、唯一责任代理资格被解除或取消。

（6）联合监督小组：电子商务指导小组特别设立联合监督小组，由 APEC 组织三个经济体的代表组成，任期两年。电子商务指导小组将从这三个经济体中选出一位主席，任期同样也是两年。为协助实施 CBPR 制度，联合监督小组可以应电子商务指导小组的要求或 CBPR 参与者的提议更加频繁地召开会议。

联合监督小组主要履行下列职能：

- 与表示有意参与 CBPR 体系的经济体进行沟通，并告知如何满足参与条件；
- 向 APEC 成员经济体建议责任代理的申请是否符合要求；
- 考虑或建议随时暂停对某一责任代理的资质认可；
- 收集责任代理根据其 CBPR 认证标准所收到的所有案例具体记录，并分发 APEC 成员经济体传阅；
- 收集责任代理的投诉统计数据，并分发 APEC 成员经济体传阅；
- 告知责任代理潜在的利益冲突，并询问其是否要退出特定的协议；
- 核实每一个被认可的认证机构是否符合相关认证的程序；
- 审查任何问责认证机构的重大变化，并向 APEC 成员经济体提出这种变化是否影响到认证机构合规性的具体建议；
- 必要时，与 APEC 成员经济体一道，协助审查和编辑与 CBPR 体系相关的主要文件；
- 履行 APEC 成员经济体确定的所有其他职能，以保证 CBPR 体系的运作。

联合监督小组的建议通常通过投票提出。当责任代理是成员经济体中的公共部门或当该经济体是联合监督小组成员时，联合监督小组成员在任何条件下均不得参与上述要点中描述的任何活动。在这种情况下，数据隐私小组主席将指定另一个 APEC 成员经济体暂时作为联合监督小组成员发挥作用。联合监督小组可以成立具体的工作组来处理上述各项职能，并在必要时请求 APEC 秘书处或其他成员经济体的协助。联合监督小组的建议将在电子商务指导小组批准后生效。

联合监督小组主席将在每次数据隐私分组会议前一个月左右提供上述活动的总结报告。最初，联合监督小组由一名主席（任期两年）、一名成员（任期 18 个月）和一名成员（任期一年）组成。此后，每次任命的任期为两年，可重新任命。

当一个 APEC 成员经济体加入 CBPR 体系时，它就能确定自己在其管辖范围内参与的数据流动监管利益与隐私保护义务。举例来说，CBPR 制度在美国被视为关于数据跨境流动与隐私保护的最佳做法，而在日本则被纳入法律，作为数据流通的基本规则。对于任何一个特定经济体来说，成为参与 CBPR 体系的经济体的三步程序始于适当的政府代表向 APEC 电子商务指导小组主席、数据隐私分组主席和联合监督小组提交参与该系统的意向书。该意向书必须明确该经济体参与 CBPR 体系的目的与意向，并要求该经济体承诺至少使用一个 APEC 认可的责任代理。同时，这份文件还必须描述经济体内部可以适用于责任代理评估审批活动的法律法规。下一步是由该经济体的隐私执法机构通知 CPEA 管理员其参与该系统的意图。该通知应当确认该机构参与 CBPR 的意向并包括实践、政策和参与后相关活动的声明。同时需附上一封由适当的政府官员发出的信件，以验证该机构的权威地位。最后一步是通过提名或通知的方式，明确在该经济体内存在一个实体申请成为责任代理，申请书将被寄给联合监督小组。因此，该申请书必须提供该实体在经济体中的位置信息（或其在该经济体中哪一管辖范围内）、描述其将如何满足 APEC 的责任代理认可标准、证明其接收和审查程序如何满足 CBPR 体系的要求。

3.2.3.3 《APEC CBPR 体系项目要求》

《APEC CBPR 体系项目要求》（APEC Cross-Border Privacy Rules System Program Requirements）是由 APEC 发布的一份文件，其目的是提供 CBPR 体系的基础要求，以协助 APEC 组织认可的责任代理在申请人合规评审过程中提供支持，并确保这一程序在所有参与 CBPR 的 APEC 经济体中保持一致。责任代理负责接收申请人提交的文件，核实申请人是否符合 CBPR 体系的要求，并在适当情况下，协助申请人修改其政策和实践，以满足 CBPR 体系的要求。责任代理将对符合文件规定的最低参与标准的申请人进行认证，并负责根据该标准监督参与者对 CBPR 体系的遵守情况。该文件应与《APEC CBPR 接收文件》①（APEC CBPR Intake Document）一并阅读[3]。

1. 通知（Notice）

评估以确保个人了解申请人的个人信息政策（受任何资格限制）为目的，包括个人信息可能转移的对象和个人信息可能用于的目的。通知评估标准如表 3.1 所示。

---

① 其中，《APEC CBPR 接收问卷表》（APEC Cross Border Privacy Rules Intake Questionnaire）罗列了下文中提到的通知、选择、访问与纠正机制下可适用的资质。

表 3.1   通知评估标准

问题	评估标准
1. 您是否提供了有关管理个人信息的做法和政策的明确易懂的声明(隐私声明)？如果"是",则提供所有适用的隐私声明的副本和/或超链接。	如果申请人回答"是",责任代理必须核实申请人的隐私落实情况和政策(或其他隐私声明),包括以下方面: • 申请人网站上提供的内容,如网页文本、URL 链接、附加文档、常见问题(FAQ)或其他内容(必须指定); • 符合《APEC 隐私保护框架》(2015 年版本)中规定的九项原则; • 便于找到并获得; • 适用于所有个人信息,无论是在线收集还是离线收集; • 声明了隐私协议发布的有效日期。 如果申请人回答"否",并且没有确定其可适用的资质,那么责任代理必须告知申请人,此处所述的通知是为遵守本原则所必需的。如果申请人确定了其适用的资质,责任代理必须核实其适用的资质是否合理。
1. a) 这份隐私声明是否描述了个人信息是如何收集的？	如果申请人回答"是",责任代理必须核实: • 该声明描述了申请人收集声明书中所有个人信息的实践和政策; • 隐私声明中指出了收集了哪些类型的个人信息,无论是直接收集的还是通过第三方或代理人收集的; • 隐私声明报告了收集的所有个人信息的类别或具体来源。 如果申请人回答"否",那么责任代理必须告知申请人,此处所述的通知是为遵守本原则所必须的。
1. b) 本隐私声明是否描述了收集个人信息的目的？	如果申请人回答"是",责任代理必须核实申请人是否向个人提供了收集个人信息的目的通知。 如果申请人回答"否",且没有在 CBPR《组织自我评估准则》第二部分所列的资质中选择自己所适用的,那么责任代理必须告知申请人,申请人应当提示其收集个人信息的目的,并将该目的明确表述并包括在其隐私声明中。
1. c) 本隐私声明是否告知个人其个人信息是否以及出于什么目的提供给第三方？	如果申请人回答"是",责任代理必须核实申请人是否通知个人他们的个人信息将可能提供给第三方,确定这部分信息的类别以及是否存在特定第三方,以及提供或可能提供给第三方个人信息的目的。 如果申请人回答"否",也没有确定适用的资质,责任代理须告知申请人,给第三方传输个人信息一事必须告知个人且须在隐私声明中写明。如果申请人确定了适用的资质,责任代理则必须核实适用的资质是否合理。
1. d) 本隐私声明是否披露了申请人公司的名称和地址,包括若遇到收集、使用个人信息相关问题时,申请人的联系方式？如果"是",则需要进行具体描述。	如果申请人回答"是",责任代理必须核实申请人提供姓名、地址和有效的电子邮件地址。 如果申请人回答"否",并且没有确定适用的资质,责任代理必须告知申请人,为了遵守 CBPR 体系相关原则这些信息是必须披露的。
1. e) 本隐私声明是否提供了有关个人信息的使用和披露的信息？	如果申请人回答"是",责任代理必须核实申请人的隐私声明是否包括有关使用和披露所收集的所有个人信息的信息。关于允许使用个人信息的指引,请参阅问题 8。 如果申请人回答"否",没有确定适用的资质,责任代理必须告知申请人,这些信息是遵守本原则所必需的。如果申请人确定了适用的资质,责任代理必须核实适用的资质是否合理。

问题	评估标准
1. f)此隐私声明是否提供了关于个人是否可访问、如何访问及更正其个人信息的信息?	如果申请人回答"是",责任代理必须核实隐私声明包括: • 个人访问其个人信息的程序(包括电子或传统非电子手段)。 • 个人为纠正其个人信息必须遵循的程序。 如果申请人回答"否",且没有确定适用的资质,责任代理必须告知申请人必须提供有关访问和纠正的信息,包括申请人的访问和纠正求的典型响应时间。如果申请人确定了适用的资质,责任代理必须核实其适用的资质是否合理。
2. 根据资质清单,在收集个人信息时(无论是直接或是通过第三方),您是否针对此信息的收集通知个人?	如果申请人回答"是",责任代理必须核实申请人向个人发出通知,说明他们的个人信息正在被收集(或已经收集完毕),并且个人可以合理地获得通知。如果申请人回答"否"并没有确定适用的资质,责任代理必须告知申请人,收集个人信息的通知是遵守本原则所必需的。如果申请人确定了适用的资质,责任代理必须核实其适用的资质是否合理。
3. 在符合其他条件的前提下,在收集个人信息时(无论直接或通过第三方),您是否指明收集个人信息的目的?	如果申请人回答"是",责任代理必须核实申请人向个人解释收集个人信息的目的。目的必须口头或书面传达,例如在申请人的网站上,或从 URL、附加文档、弹出窗口或其他网站链接上的文本。 如果申请人回答"否",而没有确定 CBPR《组织自我评估准则》第二部分所载的适用资质,责任代理必须告申请人,需要向个人通知收集个人信息的目的。如果申请人确定了适用的资质,责任代理必须核实其适用的资质是否合理。
4. 在符合其他条件的前提下,收集个人信息时,您是否会通知个人,他们的个人信息可能会与第三方共享?	如果申请人回答"是",责任代理必须核实申请人向个人提供了他们的个人信息将或可能与第三方分享的通知,并且指明了这种分享系出于何种目的。 如果申请人回答"否",而没有指明 CBPR《组织自我评估准则》第二部分所载的适用资质,责任代理必须告知申请人向个人发出通知,通知他们所收集的个人信息可与第三方分享。如果申请人确定了适用的资质,责任代理必须确认其适用的资质是否合理。

2. 收集限制(Collection Limitation)

评估目的是确保信息收集仅限于收集时所述的具体目的,并且收集信息应与这些目的相关。目的与手段的相符程度是否符合比例原则是确定什么是"相关"的一个重要因素。在任何情况下收集方法必须合法且公平。收集限制评估标准见表 3.2 所示。

表 3.2　收集限制评估标准

问题	评估标准
5. 您如何获得个人信息: 5. a)直接从个人那里获得 5. b)从第三方 5. c)其他(需简单描述)	责任代理必须核实申请人是否表明了他们从谁那里获得个人信息。如果申请人对任何子部分的问题的回答为"是",责任代理必须核实申请人在这方面的具体做法。 对于这三个问题,至少应该有一个肯定的答案。如果没有,责任代理必须告知申请人其不正地填写了调查问卷。
6. 您是否将个人信息收集(无论直接或通过第三方)限制为与实现其收集的目的或其他兼容或相关目的相关的信息?	如果申请人回答"是",并表示只收集与所确定的收集目的或其他兼容或相关目的相关的个人信息,责任代理必须要求申请人确定: • 其收集的数据所属的类型; • 每类数据收集的目的;

续表

问题	评估标准
6. 您是否将个人信息收集(无论直接或通过第三方)限制为与实现其收集的目的或其他兼容或相关目的相关的信息?	·每类数据的用途; ·说明每一指定用途与所述收集目的的兼容性或相关性; 通过以上信息,责任代理将核实申请人是否将个人信息的数量和类型限制在与实现所述目的相关的范围内。 如果申请人回答"否",责任代理必须告知申请人,其须将对个人信息的使用限制在为实现收集目的有关的使用范围内。
7.您是否以合法且公平的方式收集个人信息(无论是直接或通过第三方),同时符合管辖收集此类个人信息的法域的法律法规要求? 如果回答为"是",请具体进行描述。	如果申请人回答"是",责任代理必须要求申请人保证其知道并遵守管辖收集这些个人信息的相应法律法规的要求,以公平且诚信的手段收集信息。 如果申请人回答"否",责任代理必须告知申请人遵守 CBPR 体系相关原则需要合法且公平的程序。

3. 个人信息的使用限制(Uses of Personal Information)

评估目的是确保个人信息的使用仅限于满足收集的特定目的和其他兼容的或相关的目的,包括个人信息的使用、传输和披露。这一原则的应用需要考虑信息的性质、收集的背景和信息的预期用途。确定一个目的是否与所述目的兼容或相关的基本标准是,更多的扩展用途是否源于或是为了达成这种目的。例如,将个人信息用于"兼容或相关用途"可扩展到以下事项:通过建立并应用中央数据库实现高效管理人员;转交第三方处理雇员工资单;使用申请人收集的信息来授予信贷,以便申请人之后收取债务。个人信息的使用限制评估标准见表 3.3 所示。

表 3.3　个人信息的使用限制评估标准

问题	评估标准
8. 您是否将您收集的个人信息(无论直接或通过第三方)在您的隐私声明中、在收集信息时提供的通知中确定数据的用途限制在收集信息的目的以及其相关目的的范围内? 如果答案为"是",请具体进行描述。	如果申请人回答"是",责任代理必须核实是否存在相关的书面规则或程序,以确保直接或通过第三方代理人间接收集的所有个人信息都是按照收集时合法有效的规则进行的。所有信息均符合申请人隐私声明中确定的收集信息的目的或为其他兼容或相关目的收集的。 如果申请人回答为"否",责任代理必须考虑申请人对下述问题 9 的回答。
9. 如果您的回答为"否",遇到下列情况之一时,您是否将您收集的个人信息用于与服务无关的目的? 请在下方简单描述。 9. a)是基于个人的明确同意的吗? 9. b)是基于法律强制要求的吗?	如果申请人对问题 8 没有答复,则必须列明在什么情况下会将个人信息用于与收集目的无关的目的,并对这些目的进行具体的说明。在申请人选择回答 9. a)的情况下,责任代理必须要求申请人提供如何获得这种同意的具体说明。此外,责任代理必须核实申请人使用的个人信息确实是基于个人的明确同意而获取的(9. a),例如: ·通过线上收集点; ·通过邮件; ·通过首选项/配置文件页面; ·通过电话; ·通过邮政快递; ·通过其他方式;

问题	评估标准
9. 如果您的回答为"否",遇到下列情况之一时,您是否将您收集的个人信息用于与服务无关的目的?请在下方简单描述。 9. a)是基于个人的明确同意的吗? 9. b)是基于法律强制要求的吗?	如果申请人回答 9. a,责任代理必须要求申请人提供如何获得该同意的说明。同意书必须满足以下问题 17、19 中规定的要求。如果申请人选择 9. b,责任代理必须要求申请人提供根据法律强制收集的如何共享、使用或披露的个人信息的描述。如果申请人没有回答 9. a 或 9. b,责任代理必须告知申请人,除非符合本问题所列的情况,否则必须将收集的信息限制为确定的收集目的或其他兼容的或相关目的。
10. 您是否向其他个人信息控制者披露您收集的个人信息(无论是直接或是通过第三方)?如果答案为"是",请在下方提供简单说明。 11. 是否将个人信息传输到个人信息处理器?如果答案为"是",请在下方提供简单说明。 12. 如果您对问题 10 或问题 11 的回答为"是",披露或转让是为了实现最初的收集目的还是其他兼容或相关的目的?请在下方提供简单说明。	如果申请人在问题 10 和 11 中回答为"是",责任代理必须验证如果个人信息披露给其他个人信息控制器或转移给处理器,此种披露和/或转移必须达到原始收集目的或其他兼容或相关目的,除非基于个人提供个人要求的服务或产品的明确同意。 此外,责任代理必须要求申请人确定: (1)披露或转让的每种类型的数据; (2)为每种类型的披露数据收集的相应声明目的; (3)实现所确定目的的披露方式(如订单履行)。 使用上述方法,责任代理必须核实申请人披露或转移所有个人信息仅限于收集的目的或其他兼容或相关的目的。
13. 如果您对问题 12 的回答为"否",或者以其他方式符合了问题 12 的否定性答案所描述的情况,披露和/或转让是否发生在下列情况之一? 13. a)基于个人的明确同意? 13. b)提供个人要求的服务或产品的必要条件? 13. c)由适用的法律组成?	如果申请人对问题 13 没有回答,申请人必须澄清在什么情况下,它为无关的目的披露或转移个人信息,具体说明这些目的。如果申请人回答是 13. a,责任代理必须要求申请人说明个人如何同意将其个人信息披露和/或转让给无关用途,例如: • 在线收集点; • 通过电子邮件; • 通过偏好/概况页; • 通过电话; • 通过邮政快递; • 通过其他方式。 如果申请人对 13. b 的回答为"是",责任代理必须要求申请人说明如何披露以及转移收集到的个人信息来提供个人要求的服务或产品。责任代理必须核实披露或转让对于提供个人要求的服务或产品是必要的。 如果申请人对 13. c 的回答为"是",责任代理必须要求申请人说明如何按照法律的强制规定分享、使用或披露所收集的信息。申请人还必须概述其被迫分享个人信息的法律要求,除非申请人受保密要求的约束。责任代理必须核实法律要求的存在和适用性。 如果申请人对第 13. a、13. b 和 13. c 的回答均为"否",责任代理必须通知申请人,除非本问题所列的情况允许,否则必须将披露或转移收集的信息限制为确定的收集目的或其他兼容的或相关的目的才能符合本原则。

4. 选择(Choice)

评估目的:确保个人在收集、使用和披露个人信息方面保有选择权。然而,在某些情况下，可能明确暗示同意，或者没有必要提供一种行使选择的机制。这些情况详见 CBPR 组织自我评估准则第二部分。请参阅《APEC CBPR 接收问卷表》，以了解提供选择机制的可接受资格清单。选择的评估标准如表 3.4 所示。

表 3.4　选择的评估标准

问题	评估标准
14. 在符合以下条件的前提下，您是否提供了一种机制，让个人在收集个人信息方面进行选择？如"是"，请对这种机制进行描述。	如果申请人回答"是"，责任代理必须核实申请人提供给个人的机制的描述，以便他们可以就收集其个人信息进行选择，例如： • 在线收集点； • 通过电子邮件； • 通过偏好/概况页； • 通过电话； • 通过邮政快递； • 通过其他方式。 责任代理必须核实这些机制是否到位并正在运作，而且收集的目的是否有明确的说明。 如果申请人回答"否"，申请人必须确定适用的资质，而责任代理必须核实其适用的资质是否合理。如果申请人回答"否"，且没有确定适用的资质，责任代理机构必须告知申请人，其须提供给个人就收集其个人信息进行选择的机制
15. 根据以下条件，您是否提供了一种让个人就使用其个人信息行使选择的机制？	如果申请人回答"是"，责任代理必须核实申请人提供了向个人提供的机制说明，以便他们可以在使用个人信息方面作出选择，例如： • 通过电子邮件； • 通过偏好/概况页； • 通过电话； • 通过邮政快递； • 通过其他方式。 责任代理必须验证这些类型的机制是否到位并可以运行，并确定使用这些信息的目的。如果适用资质，应在收集时向个人提供行使选择的机会，以供随后使用个人信息。在适用资质的情况下，提供行使选择的机会可以在收集之后，但要先于： (1) 若使用的目的与收集信息的目的无关或不兼容，能够使用个人信息时； (2) 个人信息可被披露或分发给服务提供商以外的第三方时。 如果申请人回答"否"，申请人必须确定提供选择时所适用的资质，并提供说明，责任代理必须核实其适用的资格是否合理。 如果申请人回答"否"且没有确定可适用的资质，责任代理必须向申请人提供个人就使用其个人信息行使选择的机制。
16. 根据以下条件，您是否提供个人披露个人信息选择的机制？如果是，请在下面描述此类机制。	如果申请人回答"是"，责任代理必须核实申请人说明个人如何在披露其个人信息方面作出选择，例如： • 通过电子邮件； • 通过偏好/概况页； • 通过电话；

续表

问题	评估标准
16. 根据以下条件，您是否提供个人披露个人信息选择的机制？如果是，请在下面描述此类机制。	• 通过邮政快递； • 通过其他方式。 责任代理必须核实这些类型的机制是否已到位并已开始运作，并确定披露信息的目的。在符合下列条件的情况下，应在收集时向个人提供行使选择权的机会，以便随后披露个人信息。在符合以下条件的情况下，可在收集后，但在如下时间之前，向个人提供行使选择权的机会： • 向服务提供者以外的第三方披露个人信息以达到与此无关的目的，或者当责任代理发现申请人的选择机制没有以清晰和醒目的方式显示或与收集信息的机制兼容时。 如果申请人回答"否"，申请人必须确定提供选择的适用资质，并提供说明，责任代理必须核实适用资质是否合理。 如果申请人回答"否"且没有确定可接受的资质，责任代理必须通知申请人，必须提供个人就披露其个人信息行使选择的机制。
17. 当向个人提供限制收集（问题14）、使用（问题15）和/或披露（问题16）其个人信息的选择时，是否以清晰和醒目的方式显示或提供？	如果申请人回答"是"，责任代理必须核实申请人的选择机制是否以清晰和醒目的方式显示。 如果申请人回答"否"，或责任代理发现申请人的选择机制没有以清晰和明显的方式显示，责任代理必须通知申请人，所有允许个人在收集、使用和/或披露其个人信息方面行使选择的机制都必须清晰和明显，以符合此原则。
18. 当选择提供给了提供限制收集能力的个人（问题14）、使用（问题15）和/或披露（问题16）的个人信息时，它们是否措辞清晰且易于理解？	如果申请人回答为"是"，责任代理必须核实申请人的选择机制措辞清晰，易于理解。 如果申请人回答"否"，和(或)当责任代理发现申请人的选择机制措辞不清楚和不容易理解时，责任代理必须通知申请人，所有允许个人在收集、使用和(或)披露个人信息方面进行选择的机制必须措辞清晰，易于理解，以遵守这一原则。
19. 当向个人提供限制收集（问题14）、使用（问题15）和/或披露（问题16）其个人信息的选择时，这些选择是否容易获得和负担？如果"是"，请进行描述。	如果申请人回答为"是"，责任代理必须验证申请人的选择机制是否容易获得和可负担。 如果申请人回答"否"，或当责任代理发现申请人的选择机制不容易获得和可负担时，责任代理必须通知申请人，所有允许个人在收集、使用和/或披露个人信息方面进行选择的机制必须易于获得和可负担，以遵守这一原则。
20. 有哪些机制可以在适当时得到有效迅速地兑现履行？请进行描述，必要时在下方或附件中提供说明。	如果申请人回答"是"，确实有相关的机制，责任代理必须要求申请人提供相关的政策或程序，说明通过选择机制所表达的偏好（问题14、15和16）如何得到尊重。 如果申请人回答"否"，没有适当机制，申请人必须确定选择提供的适用资质并提供说明，责任代理必须验证适用的资质是否合理。 如果申请人回答"否"且不提供可接受的资质，责任代理必须通知申请人，必须提供一种机制，以确保在提供选择时能够得到尊重。

5. 个人信息的完整性（Integrity of Personal Information）

个人信息的完整性评估标准如表 3.5 所示。

表 3.5　个人信息的完整性评估标准

问题	评估标准
21. 您是否采取步骤,以核实您所持有的个人信息是最新的、准确的和完整的,在使用目的所必需的范围内?如果"是",请进行描述。	如果申请人回答"是",责任代理必须要求申请人提供申请人现有的程序,以验证和确保所持有的个人信息是最新、准确和完整的。责任代理将核实是否有合理的程序,使申请人能够在使用所需的范围内保持最新、准确和完整的个人信息。 如果申请人回答"否",责任代理必须告知申请人,需要核实并确保所持有的个人信息是最新的、准确的和完整的。
22. 您是否有一个机制,以纠正不准确、不完整和已过时的个人信息以及必要的使用目的?如有必要,在下面的空格或附件中提供说明。	如果申请人回答"是",责任代理必须要求申请人提供申请人纠正不准确、不完整和已过时的个人信息的程序和步骤,其中包括但不限于允许个人质疑信息的准确性的程序,例如通过电子邮件、邮寄、电话或传真、网站或其他方式接受个人的纠正请求。责任代理必须验证该流程是否到位并可正常运行。 如果申请人回答"否",责任代理必须告知申请人,为了遵守这一原则,必须有程序/步骤来核实和确保所持有的个人信息是最新的、准确的和完整的,在使用的必要范围内。
23. 如果不准确、不完整或已过时的信息将影响使用的目的,并且在信息传输后对信息进行了更正,您是否将这些更正传达给个人信息处理者、代理人或其他个人信息被转移到的服务提供商?如果"是",请进行描述。	如果申请人回答"是",责任代理必须要求申请人提供申请人向接收个人信息的个人信息处理者、代理或其他服务提供商传达更正的程序,并提供配套程序以确保代表申请人行事的处理者、代理或其他服务提供商也会进行更正。责任代理必须验证这些程序是否到位和运行,并有效确保代表申请人的处理者、代理或其他服务提供商做出更正。 如果申请人回答为"否",责任代理必须通知申请人,需要向接收其传输个人信息的个人信息处理者、代理或其他服务提供商传达更正的程序。
24. 不准确、不完整或已过时的信息将影响使用的目的,并且在披露该信息后对该信息进行了更正,您是否将更正传达给披露该个人信息的其他第三方?如果"是",请进行描述。	如果申请人回答"是",责任代理必须要求申请人提供申请人已有的程序,以便向披露个人信息的其他第三方传达更正。责任代理必须核实这些程序是否已经到位并开始运作。 如果申请人回答"否",责任代理必须通知申请人,为了遵守这一原则,需要向披露个人信息的其他第三方传达更正的程序。
25. 您是否要求个人信息处理者、代理或代表您行事的其他服务提供商在发现信息不准确、不完整或已过时时通知您?	如果申请人回答"是",责任代理必须要求申请人提供申请人已制定的程序,以接受个人信息处理者、代理人或其他服务提供者对个人信息被转移或披露的更正,以确保个人信息处理者、代理人或其他服务提供者对已知不完整或已过时的个人信息向申请人通报。责任代理将确保程序到位并可运行,并在适当情况下确保申请人、处理器、代理或其他服务提供商做出纠正。 如果申请人回答"否",责任代理必须告知申请人,为了遵守本原则,需要接受个人信息被转移或披露的个人信息处理器、代理或其他服务提供商的更正程序。

6. 安全保全措施(Security Safeguards)

评估目的旨在确保当个人将其信息提供给申请人时,申请人将采取合理的安全保障措施,以保护个人的信息免受丢失、未经授权的访问或披露以及其他滥用。安全保全措施的评估标准如表 3.6 所示。

表 3.6 安全保全措施评估标准

问题	评估标准
26. 您是否实施了信息安全策略？	如果申请人回答"是"，责任代理必须核实该书面政策的存在。 如果申请人回答"否"，责任代理必须通知申请人，为了遵守这一原则，必须执行书面信息安全政策。
27. 描述您为保护个人信息免受损失或未经授权访问、销毁、使用、修改或披露信息或其他误用等风险而实施的物理、技术和行政保障？	如果申请人提供了用于保护个人信息的物理、技术和行政保障措施的说明，责任代理必须核实是否存在这种保障措施，其中可能包括： • 身份验证和访问控制(如密码保护)； • 加密； • 边界保护(如防火墙、入侵检测)； • 审核记录； • 监控(如外部和内部审核、漏洞扫描)； • 其他。 申请人必须实施合理的行政、技术和物理保障措施，适合申请人的规模和复杂性、其活动的性质和范围，以及其收集的个人信息和/或第三方个人信息的敏感性，以保护该信息不受泄露、丢失或未经授权的使用、更改、披露、分发或访问。 这种保障措施必须与危害的概率和严重程度相称，威胁到信息的敏感性和信息的保存背景。 申请人必须采取合理措施，要求接收个人信息的信息处理者、代理人、承包商或其他服务提供商，防止信息的泄露、丢失或未经授权的访问、销毁、使用、修改或披露或其他滥用。申请人必须定期审查和重新评估其安全措施，以评估其相关性和有效性。 如果申请人表示没有保护个人信息的物理、技术和行政保障措施，或保障措施不足，责任代理必须通知申请人，为了遵守这一原则，必须执行这些保障措施。
28. 描述您在回答问题 27 时确定的保障措施如何与受到威胁的伤害的可能性和严重性、信息的敏感性以及信息所处的场景相匹配。	如果申请人提供了对用于保护个人信息的物理、技术和行政保障措施的描述，则责任代理必须验证这些保障措施是否与所识别的风险相匹配。 申请人必须实施合理的行政、技术和物理保障措施，符合其活动的性质和范围、其收集的个人信息的机密性或敏感性，以保护该信息免受未经授权的泄露、丢失、使用、更改、披露、分发或访问。
29. 描述您如何让您的员工意识到维护个人信息安全的重要性(通过定期的培训和监督进行)。	责任代理必须核实申请人的雇员是否认识到通过定期培训和监督维护个人信息安全的重要性和义务，这些程序可能包括： • 员工培训计划； • 定期员工会议； • 其他由员工签署的沟通安全规则等。 如果申请人回答，没有通过定期培训和监督使雇员意识到维护个人信息安全的重要性和义务，责任代理必须通知申请人，为了遵守这一原则这种程序必须存在。

续表

问题	评估标准
30．您是否实施了与受到威胁的伤害的可能性和严重性、信息的敏感性以及通过如下与持有信息的场景相匹配的保障措施： 30．a) 雇员培训和管理或其他保障措施进行的情况？ 30．b) 信息系统和管理，包括网络和软件设计，以及信息处理、储存、传输和处置？ 30．c) 检测、预防和应对攻击、入侵或其他安全故障？ 30．d) 人身安全？	如果申请人回答"是"（问题 30．a 至 30．d），责任代理必须核实每项保障措施的存在。 保障措施必须与受到威胁的伤害的可能性和严重程度、信息的机密性质或敏感性以及持有信息的场景相匹配。申请人必须使用适当和合理的手段，如加密，以保护所有的个人信息。 如果申请人回答"否"（问题 30．a 至 30．d），责任代理必须告知申请人，为遵守本原则，需要存在各类保障措施。
31．您是否实施了安全处理个人信息的政策？	如果申请人回答"是"，责任代理必须核实安全处理个人信息的政策的执行情况。 如果申请人回答"否"，责任代理必须告知申请人，为了遵守本原则，需要存在安全处理个人信息的政策。
32．您是否实施了检测、预防和应对攻击、入侵或其他安全故障的措施？	如果申请人回答"是"，则责任代理必须验证是否存在检测、预防和响应攻击、入侵或其他安全故障的措施。 如果申请人回答"否"，责任代理必须告知申请人，为了遵守这一原则，需要采取措施来发现、防止和应对攻击、入侵或其他安全故障。
33．您是否有测试上述问题 32 所述保障措施有效性的流程？请进行描述。	责任代理必须核实这些测试是在适当的间隔内进行的，申请人必须调整其安全保障以反映这些测试的结果。
34．您是否使用风险评估或第三方认证？请进行描述。	这些认证或风险评估中的一个问题例举如下：是否由申请人进行隐私合规审计，如果进行审计，责任代理必须向申请人逐一核实审计中提出的建议是否得到执行。
35．您是否要求向您传输个人信息的个人信息处理器、代理、承包商或其他服务提供机构，通过以下方式防止信息丢失、未经授权访问、销毁、使用、修改或披露或其他信息滥用： 35．a) 实施与所提供信息和服务的敏感性相匹配的信息安全程序？ 35．b) 在发现申请人客户的个人信息发生违反隐私或安全的行为时，应立即通知您？ 35．c) 是否立即采取措施纠正/解决导致隐私或安全漏洞的安全故障？	责任代理必须核实申请人是否采取了合理措施（如包含适当的合同条款）要求信息处理器、代理、承包商或转移给个人信息的其他服务提供商，以防止泄露、丢失、未经授权的访问、破坏、使用、修改或披露或其他滥用信息。申请人必须定期审查和重新评估其安全措施，以评估其相关性和有效性。

7．访问与纠正（Access and Correction）

评估旨在确保个人能够访问与纠正其个人信息，本部分具体阐明了提供访问的合理情形。同时，访问也将受到安全要求的制约。根据安全要求，在访问之前需要提供充分的身份证明，从而排除了对信息的直接访问。并且，根据信息的性质和个人倾向的差异，提供访问和更正信息的能力、程序和细节之处会有所不同，因此在某些情况下，存在不可能、不可行或不必要改变或删除记录的不同情况。访问与纠正评估标准如表 3.7 所示。

表 3.7　访问与纠正评估标准

问题	评估标准
36. 根据要求，您能否确认有途径可以访问或纠正请求的用户的个人信息？请在下方简单描述。	如果申请人回答"是"，责任代理必须核实申请人是否有回应此类请求的程序。申请人必须在收到确认该个人身份的充分信息后，允许访问任何个人、收集或汇总的关于该个人的个人信息。考虑到个人信息请求的方式和个人信息的性质，申请人访问个人信息的过程或机制必须是合理的。个人信息必须以一种易于理解的方式提供给个人。申请人必须向个人提供一个时间框架，指示何时授予请求的访问权限。 如果申请人回答"否"，且没有确定适用的资质，责任代理必须告知申请人。为遵守本原则，需要存在书面响应程序。如果申请人确定了适用资质，责任代理必须核实适用资质是否合理。
37. 根据要求，您是否允许提供权限给个人访问您持有的个人信息？如果"是"，请回答问题 37. a~37. e，并描述申请人接收和处理访问请求的政策/程序。如果"否"，则继续进行问题 38。 37. a) 您是否采取步骤确认请求访问的个人的身份？如果"是"，请详细描述一下。 37. b) 您是否在个人请求访问后的合理时间范围内提供访问权限？如果"是"，请详细描述一下。 37. c) 信息是否以合理的方式方便理解（清晰的格式）？请进行详细说明。 37. d) 提供信息的方式是否与与个人的常规互动形式（例如电子邮件、相同语言等）兼容？ 37. e) 您需要收取提供访问权限的费用吗？如果"是"，请在下面描述费用的基础，以及您如何确保费用不过高。	如果申请人回答"是"，责任代理必须核实所提供的每个答案。申请人必须实施合理和适当的流程或机制，以使个人能够访问他们的个人信息，如账户或联系信息。如果申请人拒绝访问个人信息，则必须向个人解释为什么拒绝访问，并提供适当的联系信息在适当的请况下对拒绝访问提出质疑。 如果申请人回答"否"，且没有确定适用的资质，责任代理必须通知申请人，它可能需要允许个人访问其个人信息。如果申请人确定了适用资质，责任代理必须核实适用资质是否合理。
38. 您是否允许个人质疑其信息的准确性，并将其纠正、完成、修改和/或删除？在下面描述申请人您的政策/程序，并回答问题 38. a~38. e。 38. a) 您的访问和纠正机制是否以清晰和明显的方式呈现？必要时在下方或附件中提供说明。 38. b) 如果个人证明有关他们的个人信息不完整或不正确，您是否进行要求的更正、添加或适当地删除？ 38. c) 您是否在个人请求更正或删除后，在合理的时间范围内进行此类更正或删除？ 38. d) 您是否向个人提供副本或确认数据已被更正或删除？ 38. e) 如果访问或更正被拒绝，您是否向个人提供为什么不提供访问或更正的解释，以及进一步询问拒绝访问或更正的联系信息？	如果 38.a) 的回答为"是"，责任代理必须核实这些政策在主要的目标经济实体中是可用的和可理解的。 如果申请人拒绝对个人的个人信息进行纠正，它必须向个人解释为什么拒绝纠正请求，并提供适当的联系信息，以便对拒绝纠正提出质疑。所有的访问和纠正机制都必须是简单和易于使用的，以清晰可见的方式呈现，在合理的时间框架内运行，并向个人确认不准确的错误已被纠正、修改或删除。这些机制可以包括但不限于接受书面或发送电子邮件的信息请求，并让员工复制相关信息并发送给提出请求的个人。 如果申请人对问题 38. a~38. e 回答为"否"，并且没有确定适用的资质，责任代理必须通知申请人，为了遵守本原则，需要存在书面程序来回应这些请求。如果申请人确定了适用资质，责任代理必须核实适用资质是否合理。

访问与纠正个人信息的能力，虽然通常被视为隐私保护的核心，但并不是一项绝对权利。虽然应该始终真诚地尽力提供访问权限，但在某些情况下，也有必要拒绝有关访问权限和纠正权限，并拒绝由此而引发的索赔。CBPR 组织在自我评估指南第二节中规定了可拒绝接受的条件和标准，比如当基于上述条件和标准拒绝访问请求时，应该向请求的个人解释拒绝原因及相关信息，然而，当上述解释违反法律和司法秩序时则例外。有关提供准入和纠正机制的可接受资格列表，请参阅《APEC CBPR 接收问卷表》。

8. 问责机制(**Accountability**)

评估旨在确保申请人对上述其他八个原则的遵守和落实采取了必要措施。在传输信息时，申请人应采取合理步骤，确保接收方在未获得个人同意时为所接收的个人信息提供符合本原则的保护。问责机制评估标准如表 3.8 所示。然而，在某些情况下，这种尽职调查可能是不切实际的或不可能进行的，例如，当申请人与数据接收方之间没有建立联系时，申请人无法完成上述义务。在这些情况下，可以选择使用其他方式，例如获得同意，以确保信息依据上述原则得到保护。然而，在成员经济体本地法要求披露的情况下，将被免除任何尽职调查或同意义务。

表 3.8 问责机制评估标准

问题	评估标准
39. 您采取哪些措施确保符合 APEC 组织信息隐私原则？请检查所有的申请和描述。 内部指南或政策（如适用，描述如何实施）_____ 合同_____ 符合适用行业或行业法律法规_____ 符合申请人自我监管准则和/或规则_____ 其他(请描述)_____	责任代理必须核实申请人是否表明其为确保遵守 APEC 信息隐私原则所采取的措施。
40. 您是否指定专人负责您全面遵守隐私原则？	如果申请人回答"是"，责任代理必须核实申请人是否指定了一名负责申请人全面遵守这些原则的员工。 申请人必须指定一人或多人对申请人整体遵守其隐私声明中所述的隐私原则负责，并必须执行适当的程序来接收、调查和回应与隐私相关的投诉，并解释任何补救措施。 如果申请人回答"否"，责任代理必须告知申请人，为遵守本原则，必须指定该员工。
41. 您是否有接收、调查和回应私人相关投诉的程序？请进行详细说明。	如果申请人回答"是"，责任代理必须核实申请人是否有接收、调查和回应隐私相关投诉的程序，如： (1)关于个人如何向申请人提交投诉的描述。电子邮件、电话、传真、邮政邮件、在线表格； (2)指定员工，处理有关申请人遵守 2015 年《APEC 隐私保护框架》和/或个人要求获取个人信息的投诉； (3)一个正式的投诉解决程序； (4)其他途径(但必须进行详细说明)。

续表

问题	评估标准
41．您是否有接收、调查和回应私人相关投诉的程序？请进行详细说明。	如果申请人的回答"否"，则责任代理必须告知申请人，为遵守本原则，需要执行此类程序。
42．您是否有相关程序来确保个人信息主体能够及时收到对其投诉的回复？	如果申请人回答"是"，责任代理必须核实申请人是否有程序，以确保个人对其投诉得到及时的回应。 如果申请人回答"否"，责任代理必须告知申请人，为遵守本原则，必须执行这些程序。
43．如果问题 42 的回答为"是"，此答复是否包括对与其投诉相关的补救行动的解释？请描述。	责任代理必须核实申请人是否表明了哪种补救措施。
44．您是否有针对员工的隐私政策和程序的培训程序，包括如何回应与隐私相关的投诉？如果答案为"是"，请具体描述。	如果申请人回答"是"，责任代理必须核实申请人就其隐私政策和程序是否有培训员工的程序，包括如何回应与隐私相关的投诉。 如果申请人回答说"否"，培训员工隐私政策和程序的程序，包括如何回应隐私相关的投诉，责任代理必须告知申请人，遵守本原则需要存在这些程序。
45．您是否有回应司法或其他政府传票、逮捕令或命令的程序，包括那些要求披露个人信息的程序？	如果申请人回答"是"，责任代理必须核实申请人是否有响应司法或其他政府传票、权证或命令的程序，包括要求披露个人信息的程序，并向员工提供必要的培训。 如果申请人回答"否"，责任代理必须告知申请人为遵守本原则需要此类程序。
46．您是否有与个人信息处理器、代理、承包商或其他服务提供商代表您处理的个人信息相关的机制，以确保您对个人的义务得到履行（检查所有适用的信息）？ 内部指南或政策＿＿＿＿ 合同＿＿＿＿ 遵守适用的行业或行业法律法规＿＿＿＿ 符合申请人自我监管准则和/或规则＿＿＿＿ 其他(请描述)＿＿＿＿	如果申请人回答"是"，责任代理必须验证所描述的每种协议的存在。 如果申请人回答"否"，责任代理必须告知申请人，为遵守本原则，必须执行此类协议。
47．这些协议是否通常会要求个人信息处理器、代理、承包商或其他服务提供商： 遵守隐私声明中符合亚太经合组织的隐私政策和程序？ 实施与隐私声明政策或隐私声明中所述的隐私实践基本相似的隐私实践？ 按照您提供的有关您个人信息的处理方式的说明？ 除非经您同意，否则是否限制分包？ 是否在其管辖范围内获得 APEC 组织责任代理的认证？ 如违反申请人客户的个人信息，是否应通知申请人？ 其他(请描述)	责任代理必须核实申请人是否使用了适当的方法来确保其义务得以履行。

续表

问题	评估标准
48. 您是否要求您的个人信息处理器、代理、承包商或其他服务提供商为您提供自我评估，以确保符合您的指示和/或协议/合同？如果答案为"是"，请具体说明。	责任代理必须核实这种自我评估的存在。
49. 您是否会对您的个人信息处理器、代理、承包商或其他服务提供商进行定期的抽查或监控，以确保其遵守您的指示和/或协议/合同？	如果申请人回答"是"，责任代理必须核实申请人是否存在相关程序，如抽查或监控机制。 如果申请人回答"否"，责任代理必须要求申请人说明为什么不使用这种抽查或监控机制。
50. 在尽职调查和合理措施确保其遵守 APEC 规定不可行或不可能情况下，您是否向其他收件人或组织披露个人信息？	如果申请人回答"是"，责任机构必须要求申请人说明： (1) 为什么符合上述责任评估标准的尽职调查和合理步骤是不切实际或不可能执行的； (2) 申请人用于确保信息符合 APEC 组织隐私原则而得到保护的其他手段。如果申请人依赖个人同意，申请人必须向责任代理解释该同意的性质以及如何获得。

3.3　全面与进步跨太平洋伙伴关系协定

原美国主导的《跨太平洋伙伴关系协定》(TPP)，并没有因为美国的退出而丧失其在全球贸易规则制定中的巨大影响力。2018 年 12 月 30 日，以 TPP 为基础框架的《全面与进步跨太平洋伙伴关系协定》(CPTPP)生效。[①]

CPTPP 电子商务篇章第 14.11 条"通过电子手段进行的信息跨境转移"中第 2 款规定，当数据传输主体的行为属于商业行为时，成员国应允许其通过电子方式进行跨境传输。此处的数据包括个人信息。同时，第 3 款对跨境数据传输做了例外规定，允许在不构成任意或不合理贸易歧视或变相限制的情况下，为实现合法公共政策目标而进行必要限制[4]，即 CPTPP 不仅鼓励并促进各成员国在商业活动领域进行跨境数据传输，也认识到无限制的跨境数据传输将极大可能危及各成员国的国家安全和公共利益。

因此，CPTPP 认为各成员国应在能够保障其国内信息安全和公共利益的前提下，尽可能不限制跨境数据传输活动。与 14.11 条紧密相关的是第 14.13 条"计算机设施位置"的规定，其中，第 2 款规定任何缔约方均不得要求有关商业主体在有关成员国领土内使用或安置计算机设备，以作为在本国从事商业活动的条件，即禁止"计算机设施本地化"。同 14.11 条的逻辑一样，当事国为了实现本国合法的公共政策目标，可以在平等、合理的原则下，要求商业活动的实行者遵守计算机设施本地

---

① CPTPP 搁置了 TPP 的 20 项条款，保留了 95% 的项目。此 20 项条款主要是美国曾经主导加入的。

化规则。RCEP 在其电子商务篇章第四节第 14 条借鉴了 CPTPP 第 14 条关于计算机本地化问题的规则和第 15 条关于跨境传输电子信息的规则。

CPTPP 数字贸易规则是全球数字贸易规则发展到现阶段的缩影，其中关于数字贸易的相关规则基本上得到了大多数谈判国家的支持。CPTPP 数字贸易规则主体部分为第十四章，主要内容包括：减少数字贸易壁垒措施、保护数字贸易消费者权益措施、促进数字贸易便利化措施三个关键内容。其余的分散在第十章"跨境服务贸易"和第十三章"电信规则"中，主要内容包括市场准入和电信基础措施。

CPTPP 秉持的核心精神是寻求自由和开放的数字贸易，严格禁止各国采取贸易壁垒措施将缔约方的数字产品置于劣势地位，不得对跨境数据流动设置不必要的障碍。尽管在美国宣布退出 TPP 后，CPTPP 的经济体量和世界影响力大大缩减，但 CPTPP 涵盖的互联网覆盖范围、消费者数量、成员国经济水平、贸易市场范围依旧超越了此前大部分的区域贸易协定，CPTPP 对于 21 世纪世界数字贸易规则的构建仍然具有引领作用。

3.3.1　CPTPP 数字贸易规则内容

3.3.1.1　减少数字贸易壁垒措施

数字贸易不仅遭受着源自传统贸易而产生的管控措施和不平等待遇，还面临着更多来自于国际社会新兴的限制措施。2017 年 3 月，美国贸易代表办公室(the Office of the United States Trade Representative，USTR)将数字贸易障碍分为：数据本地化障碍、技术障碍、网络服务障碍和其他障碍等 4 个类型。按照上述分类，数字贸易目前面临最大的障碍无疑是各国对于跨境数据流动的规制，数据对于围绕着以信息流为中心的数字贸易至关重要，为了限制上述数字贸易壁垒，打破各国数字保护主义，减少互联网企业全球化的障碍，CPTPP 以倡导数字自由贸易为目标设定了禁止关税、非歧视性待遇、禁止数据本地化及源代码条款等一系列重点条款。

1. 禁止关税原则

关税是增加国家财政收入的重要来源和维护本国市场稳定的重要工具，对于各国来说都非常重要。随着数字贸易带来的经济利益不断扩大，围绕着数字贸易征税问题的讨论也日益激烈，与传统贸易模式大多数由线下操作完成所不同的是，数字贸易的进出口通关、国际运输、国际货款结算、税务报送等流程都可以通过线上操作，但现行关税的征收对象主要是有形货物(跨国输电除外)，所以数字化交易在现行体制下难以找到自己的定位。从数字贸易的形式来看，我们可以发现数字贸易涉及的特殊之处：一是数字化的交易手段，二是数字化的交易产品，二者时而独立时而交叉，如果对其征税，则有可能涉及双重征税问题。此外数字贸易的主要交易对象——数字产品，是通过互联网进行传输和贸易，模糊了货物和服务的界限，因此，对于数字产品属于货物还是服务的归类都存在不同观点,然而,无论是对数字产品还是数字服务征税,都不符合现行海关征税标准。

除了美国等少数国家明确表明对数字产品免征关税外,各国围绕着数字产品征收关税的问题持有不同立场,国际社会自然也缺乏相应的法律规定。1998 年,在日内瓦举行的第二次 WTO 部长级会议上通过了《全球电子商务宣言》,宣布对电子传输不予征收关税。之后的部长级会议决定该项承诺不断延期,最新决定延期至下一次部长级会议,目前下一次部长级会议定于 2023 年 12 月 31 日。

CPTPP 第 14.3 条规定任何一方不得对跨境电子传输(包括电子传输的内容)征收关税。然而,为了提高确定性,不排除一方对以电子方式传输的内容征收内部税、费或其他费用,前提是此类税、费或其他费用的征收方式符合本协议。由此可以看出,CPTPP 特意强调此处仅禁止双方对数字产品的跨境电子传输征收关税或其他费用,但是不排除各方征收国内税收。CPTPP 宣称消除数字产品和电子传输的关税壁垒是促进自由贸易区成员之间数字贸易的关键措施,并且承诺签署国将逐步消除与其他成员的其他关税和非关税贸易壁垒,对于不同国家,关税削减会以不同的税率逐步实施,但为了促进绝大多数产品的自由贸易,95%的关税细目最终会被削减到零。

此项条款对于国际社会,尤其是对发展中国家未来的数字贸易条款将造成剧烈冲击。由于发达国家在互联网服务、云计算、电子商务领域处于全球主导地位,所以推行"电子传输"零关税对其是极为有利的,因此该条款普遍应用于美国、日本、欧盟等国家和地区签署的自由贸易协定中;发展中国家一般作为数字产品的净输入国,为了提高本国数字产品的竞争力和减少关税损失,通常主张对国际数字产品贸易征收关税。随着数字产品的价值逐渐增大,占据全球贸易的比重越来越高,全球对于数字产品的关税问题的讨论也势必会提上日程。

2. 非歧视性原则

非歧视性原则是 WTO 的基本原则之一,是指 WTO 框架下各成员应公平、公正、平等、一视同仁地对待其他成员的货物、服务、企业、投资等在内的与贸易有关的主体和客体。非歧视性原则主要包含最惠国待遇和国民待遇。数字产品的非歧视待遇大多要求缔约方所获待遇不得低于其他国待遇,该项条款最早出现于美国与智利签订的 FTA 中,并在之后的美国 FTA 中予以延续,这项措施有利于美国数字企业拓展国际市场,美国是其主要推广者。但欧盟却对该项条款持有保守态度,欧盟认为在区域贸易协定的"投资"章节已经设立该项条款,无需再另外设立,因此在其 TISA 谈判草案中的"数字贸易"章节并未设置此项条款。而面对数字产品归类的不确定性,该项条款的设置也存在一些争议。

CPTPP 第 14.4 条明确规定对进口数字产品采取非歧视性待遇是一项基本措施,禁止缔约方强迫提供服务的公司以本地化作为进入条件,不得以转让技术、生产信息、专利等行为作为进入市场的条件,不可以通过阻止跨境信息流自由流动让本国的数字产品置于优势地位，支持缔约方之间互相开放数字经济。在数字贸易领域增加非歧视性待遇可以减少数字贸易壁垒，方便外国数字产品和服务进入他国市场，但是对于发展中国家来说，非歧视待遇可能会带来竞争压力，不利于本地数字企业的发展，但同时也能够反向增强本地数字产业的国际竞争力，从而实现逆境发展。

3. 禁止数据本地化

随着数据跨境流动的价值超过货物贸易的价值，维持数据跨境自由流动自然成为各国或者经济组织之间谈判的目标。据统计，跨境数据流自 2005 年至 2016 年增长了 45 倍之多，预计到 2025 年可再增长 8 倍，仅 2014 年其对世界 GDP 的贡献就达到了 28000 亿美元。美国认为，21 世纪贸易协定的关键是数字和信息的自由流动，这是全球市场的基础。跨境数据流动自然重要，但在经济全球化的推动之下，跨境贸易日益频繁，数据泄露问题也日益严重，因此为了保护个人隐私和国家安全，部分国家出台数据本地化要求，要求数据处理主体、数据储存地址等数据相关要素必须定位在当地。根据美国国际贸易委员会(United States International Trade Commission，USITC)的统计，包括中国、印度、巴西等国在内，全球至少有 65 个国际贸易主要市场都存在某种形式的数据本地化政策。一方面数字本地化措施能够维护个人数据安全和国家网络安全，但另一方面也会增加互联网企业的成本，阻碍互联网经济的发展。美国作为全球互联网大国，对于数据自由流动持支持态度，反对数据本地化，因此在各项多边双边区域协定谈判中引入跨境数据流动条款；而欧盟基于保护人权的历史，对于数据自由流动持谨慎态度；作为数字经济第二梯队的俄罗斯、印度尼西亚等国则推行数据本地化措施。目前在国际层面各国并未就跨境数据的自由流动政策达成一致意见，但在多边协定层面则进行了不同尝试。在亚洲，虽然在标准较高的美韩 FTA 中已经包括了商业数据跨境自由传输条款，但是 CPTPP 是亚洲区域协定中第一次引进该类条款的区域贸易协定，并首次将其列为具有强制性的条款，认为要求计算机设备本地化和禁止数据跨境自由流动的行为是对开放网络的重要威胁。

在数据本地化方面，CPTPP 第 14.13 条规定任何一方均有权利对计算机设施提出监管要求，但不得要求计算机设施服务方在该方领土内使用或定位计算设施作为在其领土内开展业务的条件，但缔约方为实现合法的公共政策目标除外。实施数据跨境自由流动的重要意义体现在促进数据利用效率，符合自由贸易的要求，但同时也应认识到对于涉及敏感的国家安全和个人数据保护的问题，完全的数据开放将更加难以协调。

对此，CPTPP 采取了"软硬兼施"的措施作为解决数据跨境自由流动的中立办法。一方面，通过"合法政策目标"设置缓冲区，为维护各国政策主权留出缺口；另一方面，强调数据跨境自由流动，督促各国制定法律规则促进自由贸易。这两个条款将有助于确保数字交易不会被各国政府随意阻止，也减少了各国政府对于互联网平台进行相互割据的威胁，禁止强制技术转让以及促进技术自由选择等原则可以联合缔约方形成数字贸易的多边框架，同时也为缔约方国内政府提供自主权，以采用最适合当地需求的国内数字贸易规则。

4. 源代码条款

软件的源代码或源代码中表达的算法通常包含商业秘密和赋予拥有方竞争优势的信息，是当前数字产品或者服务中的关键技术。随着通过黑客攻击网络进行的网络间谍活动的升级，保护"商业秘密"已成为数字领域的一个关键问题，如果所有者被要求披露其软件或相关算法的源代码作为交易条件，就有失去其技术专有权的风险，从而导致全球市场的"不公平竞争"。源代码是企业的核心，属于商业秘密，国家也需要它来掌控本国网络安全。从各国目前的实践来看，并未有国家制定明确的法律来规定如何利用源代码。以美国为例，源代码如果被窃取，将会对本国企业造成巨大损失，因此，在其主导的大型区域贸易协定 TISA 中明令禁止缔约方不得把要求交出源代码作为缔约方企业进入市场的前提条件。

CPTPP 是第一个包含源代码条款的区域协定，承袭了美国所坚持的技术中立原则，对于源代码问题，CPTPP 第 14.17 条规定缔约国不得要求转让或获取另一方个人拥有的软件源代码，作为在其境内进口、分销、销售或使用此类软件或包含此类软件产品的条件，但该要求仅限于大众市场软件或包含此类软件的产品，不包括用于关键基础结构的软件。该条款还给出了一些例外情形，包括不禁止政府要求对软件源代码进行修改以符合法律要求，不禁止在商业合同中要求对源代码进行披露，并且允许法院在具备保护措施的情况下在专利争端事件中要求予以披露。该条款实际上赋予了企业对于源代码的绝对控制权，保护了提供大众市场软件或包含该软件商品商家的知识产权，提高了企业的创新积极性。但是该条款也存在部分不足，例如并未对"大众市场"和"关键基础设施"给出明确定义，对于获取源代码的范围不明确，会导致日后产生大量争端，此外，该条款还存在一定安全风险，不利于政府管控网络环境，易留下漏洞被犯罪分子利用。

3.3.1.2　保护消费者权益措施

上节所述的减少数字贸易壁垒措施强调个人数据不受限制地自由流动，而保护数字贸易消费者权益措施则从保护个人隐私出发，限制对个人数据的滥用。从表面上来看，两者可能存在冲突，但其实两者并非矛盾。其一，保护消费者权益能够增强消费者信心，从而促进数字贸易的发展，才能够源源不断获得足够多合法的个人数据；其二，要求各国制定政策，鞭策缔约国提高保护个人数据的水平，才能够为数据自由流动提供制度保障，进而带动数字贸易发展。保护是流动的前提，二者相互作用才能够建立有效的数据流动机制。

隐私权与个人信息相伴而行，属于一项基本人权，为各国国内立法所规制。CPTPP 中第 14.1 条所指"个人信息"是指关于已被识别或可识别的自然人的包括数据在内的任何信息。在大数据时代，每个人既是主动的信息生产者，也是被动的信息接受者。面对网络时代对于个人信息的全方位搜集，传统的个人信息保护法无法有效发挥作用，国际社会需要重新思考如何在数据经济利益和个人隐私中寻找平衡点。随着个人信息保护的重要性日益提高，在区域或全球范围内寻求达成个人信息保护的共识已成为国际社会关注的焦点，因此近些年来在国际多边和双边贸易谈判中，个人信息保护条例已成为关键议题被写入数字贸易章节之中。

个人信息保护对数字经济环境的营造有重要影响，过于严格或过于宽松的个人信息保护制度都有可能对数字经济产生不利影响。目前国际上并未出现一种兼具保护和限制个人信息跨境流动的管理模式。当前各国对于个人信息规则立场大致有以下两种：一种是从鼓励数据自由流动的立场出发的自由主义，另一种则是从保障当事人隐私权及国家安全角度出发的严格限制主义。

CPTPP 为了最大限度地利用在线环境中的商业机会，给消费者和企业提供一个安全且运行良好的互联网，要求缔约方通过立法为互联网用户的个人信息提供保护，并参照相关国际机构的原则和准则。此外各方应该认识到保护互联网用户个人信息的经济和社会效益，以及这对于增强消费者对数字贸易的信心所做的贡献，应努力采取非歧视性做法，保护用户免受在其管辖范围内发生的侵犯个人信息的行为，并对非歧视性、透明度以及各国体制的兼容性提出更进一步的要求，主要包括各国应该采取非歧视性待遇、公开个人信息保护机制和救济方式，就此机制的相关信息进行交流、建立跨境执法合作的多边协调机制。

CPTPP 希望在维护跨境数据自由流动的贸易环境的同时，各国能够共同打击侵犯个人数据和隐私权等违法行为，要求各国为加强合作多采用对话和协商机制来规制违法行为。随着贸易逐渐转移到线上，消费者在贸易中所处的地位也日益重要，以往以商家为主导的消费模式逐渐转变为以消费者为主导，因此也提升了对消费者的保护高度。如果要在保护个人隐私的同时不伤害企业利益，就必须竭力平衡数据自由流动与严格限制主义之间的关系。

CPTPP 并没有明确设立统一的强制性的个人信息保护标准，而是给予各国充分的选择空间，允许各国依据本国国情自由制定合适的保护标准，但期望各国通过相互合作在加强个人隐私保护的同时，竭力保持信息的可持续流动。消费者保护条款随着现实世界向网络世界不断迁徙，线上诈骗、信息泄露、黑客攻击、垃圾短信等互联网带来的消费者侵权问题越来越多。消费者目前作为数字贸易中不可或缺的主体，全球贸易规则想要构建一个完整的生态体系，势必需要考虑维护对消费者权益。许多国家和国际组织出台了专门的保护框架，对在线消费者的相关权益进行保护。

与其他的区域贸易协定简单提及该项条款不同的是，为了适应日益发展的跨境商务贸易，CPTPP 对消费者保护做出了更为全面、成熟的规定，主要包括在线用户保护、非应邀商业电子信息等条款，要求各国采取相关措施协调保护线上消费者的利益。

在在线用户保护方面，CPTPP 第 14.7 条规定，缔约国应该认识到采取和保持透明有效的消费者保护措施的重要性，以保护消费者在从事互联网贸易时免受第16.6.2 条中提及的欺诈和欺骗性商业活动的影响；同时各方应制定或及时维护消费者保护法，禁止对进行在线商业活动的消费者造成伤害或欺骗性商业活动；此外缔约方还应该积极与各国的消费者保护机构在跨境贸易方面保持合作关系，以增进消费者福利。

非应邀商业电子信息主要是指垃圾短信，最早出现在电子通信章节，大多数国家有专门立法明确运营商责任，该条款主要目的是减少未经用户同意的信息对于消费者可能产生的不利影响，以增加消费者对电信尤其是信息通信产业的信心。近年来随着数字贸易的蓬勃发展，数字贸易所涉及的要素逐渐丰富，该项条款也逐渐过渡至数字贸易章节。CPTPP 首次将非应邀商业电子信息作为独立要素纳入电子商务章节，并做出了一系列规定，规定缔约方要求非应邀商业电子信息提供方提高接收人阻止继续接收此类信息的能力，并最大限度地减少非应邀商业电子信息，鼓励各方在适当事件中进行合作，并规定了救济措施。

目前美国正在进行的 TISA 和 TTIP 协定的谈判中，同样出现了上述条款。从总体来看，消费者保护和非应邀电子信息条款与数字产业发展密切相关，大部分国家政府将各项保护措施分散于个人信息保护立法或者消费者保护立法中，CPTPP 在协定中予以统一规定有利于督促各国进一步提高治理垃圾信息的重视程度，加大对于消费者的保护立法，从而为数字贸易提供可信赖的环境。

3.3.1.3　促进数字贸易便利化措施

得益于各国多年来在单边、双边、多边和区域贸易协定上的不懈努力以及 WTO制度的规范化，全球范围内的国际贸易规则基本走向成熟，阻碍国际贸易的障碍也日益减少，国际贸易规则日渐统一，数字化更是给国际贸易注入"强心剂"，让国际贸易效率达到新高度。但数字化的出现也导致各国政府频出新政策和新规则，原本因为政策和规则不同而导致的沟通障碍"重出江湖"。竭力统一各国数字贸易规则，提高数字贸易的便利化程度成为各国在制定多边、区域贸易协定中的新议题。CPTPP自然不能例外，率先提出了关于标准化规定、网络合作、争端解决措施等多项规定，促进缔约方之间的沟通交流。

1. 数字贸易标准化规定

数字贸易标准化措施主要包括国内电子交易框架、电子认证、电子签名、无纸化贸易等多项交易措施，确立统一的数字贸易标准化措施有利于各国之间畅通数字贸易渠道，提高贸易效率，加速贸易自由化。

国内电子交易框架是指自由贸易区成员采用的管理电子交易的国内法律框架。CPTPP 第 14.5 条规定各方共同管理电子交易的法律框架，同时符合 1996 年通过的

《电子商务示范法》的原则。CPTPP 鼓励各方对电子交易不增设不必要的监管，并推动各方参与国内法律框架的制定。

电子认证是指一项用来证明交易用户完成电子签名过程或者行为的电磁记录。电子签名是一种电子代码，指以电子形式识别签名人身份，1996 年的《电子商务示范法》既不是国际条约，也不是国际惯例，只是对电子商务中基本法律问题做出的示范性规定。

电子认证和电子签名是国际经贸协定中非常普遍的一项条款，主要要求各国相互承认对方电子签名的法律效力。CPTPP 第 14.6 条对电子认证和电子签名做出了详细规定，认为双方应鼓励使用可互操作的电子认证；除非其法律另有规定，一方当事人不得仅以签字为电子形式为由，否认签字的法律效力，除非该签字不符合某些性能标准或未经授权机构认证。

无纸化贸易就是电子数据交换（EDI），是指在电子通信（包括以电子形式）交换贸易数据和文件的基础上进行的货物贸易。无纸化贸易是数字贸易领域的重要规则，尤其是目前电子商务和电子政务的大量出现，国际贸易的运作方式也向无纸化贸易发展，使无纸化规则更为必要。CPTPP 同样引入了该项条款，要求缔约方之间应该努力提供电子交易文件并且接受双方电子文件互通。与传统的国际贸易相比，无纸化贸易大大减少了传统贸易操作过程中产生的纸质文件，同时有效避免因人工核对产生的差错，简化了传统的贸易流程，节约因纸质文件互送沟通产生的贸易成本，提高了双方的贸易效率，还可以及时获得最新的商业信息，获得更多的贸易机会。随着数字贸易全球市场的不断拓展，经济全球化进一步开放，全球互联网服务商和消费者激增，在双边、多边乃至区域内构建完整统一透明的数字标准化框架是必需措施，能够打通各国之间的数字贸易规则，确保客户之间的交易更加顺畅，为数字贸易的跨越式发展提供了源源不断的新动力。

2. 网络安全事务合作条款

近年来，随着互联网深入大众生活，除了传统的贸易风险之外，网络安全问题变得越来越重要，在数字贸易环境下，网络暴力犯罪、知识产权侵权、网络恶意攻击愈发频繁，特别是在某些国家，恶意软件、垃圾邮件攻击、大规模数据泄露以及窃取商业秘密的威胁越来越大。由于网络攻击对数字贸易参与者构成重大风险，各个贸易协定都希望缔约方各自负责确保网络安全，相互合作建设网络安全区，以应对网络安全威胁、减轻恶意侵权行为、保护网络安全利益。

CPTPP 规定，缔约方应共同努力帮助各国中小企业克服障碍，相互交流有关数字贸易的法规、政策、执法的合规性信息和经验，并在各缔约方之间就消费者获得在线提供的产品和服务进行信息和意见交流，积极参与区域和多边论坛，促进数字贸易的发展。在网络安全事项上的合作上，各缔约方更应认识到建设互联网安全事件响应机制的重要性，并使用现有的协作机制进行协作，以识别和减轻恶意入侵或恶意代码的传播，这些入侵或传播会影响到双方的电子网络。

CPTPP 鼓励各方致力于为数字贸易建设更具包容性和安全性的世界，协助各国企业克服使用自由贸易协定的障碍，并让各方参与开发自我监管网络安全工具。虽然这两个条款都不是强制性条款，但却首次提出了合作帮助各方克服使用自由数字贸易的障碍要求，并且要求在消费者保护等方面相互交流分享经验，利用合作机制规避数字贸易风险，共同打造互利共赢的互联网环境，为消费者提供安全和便利。不仅如此，CPTPP 更寄希望于各国摒弃由于互联网管制不同而造成的贸易壁垒，确保互联网的开放性和自由性。从协定角度上来说，尽管 CPTPP 的网络合作条款只是一项倡议性条款，但对于缔约方携手共建和谐网络环境、减少网络攻击行为来说仍是一次有益的尝试。

3. 争端解决措施

现有的不少自贸协定并未单独规定数字贸易的争端解决方式，例如在中韩 FTA 和中澳 FTA 虽包含了单独的"数字贸易"专章，但都明确规定"该协定的争端解决机制不能适用于数字贸易领域"。相比之下，CPTPP 针对可能产生的数字贸易争端，原则上要求各成员国按照 CPTPP 争端解决措施处理，但对于部分成员国则允许采取更为灵活的方式。例如在第 14.18 条争端解决条款中为马来西亚和越南规定了两年过渡期限。此外，CPTPP 希望能够在源头上减少各国的纠纷和争端，鼓励各方互相开放网络，积极进行协商谈判，减少各国因为沟通不畅产生的矛盾。

3.3.1.4 跨境服务条款和电信条款

数字贸易除了通过互联网销售的数字产品之外，还包括在线服务、智能制造等跨境服务。CPTPP 在投资章节、跨境服务贸易章节和金融服务章节中所述的义务，同样适用于数字贸易。例如 CPTPP 第 10.6 条市场准入条款，要求任何一方均不得要求另一方的服务提供者在其境内设立代表处和任何形式的企业，或在其境内居住，以此作为跨境提供服务的条件。

2021 年底全球移动互联网用户达到 49 亿，约占全球人口的 63%。移动互联网作为数字经济的基础设施，其发展程度直接决定数字经济的发展规模，因此构建电信技术发展的电信规则也是数字贸易规则中必不可少的基础规则之一。电信规则主要涉及"电信章节"中针对电信服务部门、电子商务、跨境服务贸易等的相关规则。

CPTPP 电信条款内容全面，单独设立章节，超越了《服务贸易总协定》（GATS）所规定的《关于电信服务的附件》，是当前国际电信规则的集大成者。除了规定基本的 GATS 电信附件和参考文件中的典型规则之外，更新了电信服务的范围，强调监管的独立性，提高电信规则的透明度。CPTPP 的这些规则已经成为当前国际双边或区域贸易协定谈判时的参考要素，反映了电信规则谈判趋势。值得注意的是，在电信章节，CPTPP 为了平衡缔约国内部差异，用脚注和附件的方式规定不同国家的选择权，充分缓解了部分国家的压力。

3.3.2 CPTPP 数字贸易规则特点

从前文来看,可以得知 CPTPP 能够使众多成员在诸多问题上达成多边共识,从而针对数字贸易做出具有约束力的承诺,是区域协定谈判的成功表率,对于今后区域贸易协定甚至 WTO 的更新修订都有非常大的推动作用。当然,由于美国的退出,CPTPP 的影响力明显低于预期,而数字贸易本身具有复杂性且更新速度快,因此仍有进一步探讨的空间。

3.3.2.1 高层次的市场准入门槛

数字经济离不开全球互联网联动,数字贸易的关键在于数据和信息的跨境自由流动,占领数字贸易制高点的关键在于搜集、控制和处理信息。随着互联网的发展,十年前占据全球市值前十名的金融和石油公司早已被苹果、谷歌、亚马逊等互联网公司取代。目前,不仅跨国大公司依赖数据流动,依托于互联网平台的中小企业也需要数据来提供业务。为了推动贸易自由化,必须消除数字贸易壁垒,降低甚至消除关税,统一非歧视性待遇,扩大本国市场准入度[5]。

CPTPP 通过限制他国的数据本地化措施来保障互联网市场数据的自由流动,大幅度降低了数字贸易市场的准入门槛,削弱了数字贸易壁垒,使得外国数字产业和数字产品可以更方便地进入他国市场,从而拥有和当地企业相同的竞争机会,推动了数字贸易自由化,实现全面的数字自由流动。但同时对于数字经济弱国来说,也意味着削弱了本国数字贸易产业的竞争力,并且 CPTPP 通过对服务贸易设置负面清单放宽了市场准入,极大地拓宽了互联网贸易的产业分类,减少了对于服务模式分类的限制。

3.3.2.2 自由化的数字贸易体制

传统的贸易便利化是通过简化程序和手续,协调法律和政策,改善基础设施来促进贸易的发展。自 21 世纪以来,全球贸易逐渐转移到线上,数据的跨境移动已经成为各企业日常交易不可分割的部分,各国对于数字贸易便利化规则的需求愈发强烈。数字贸易的出现其实已经在本质上推动了传统货物的便利化,但是为了打造一个支撑全球数字贸易的便利贸易环境,CPTPP 在基于数字贸易的数字化特点基础上对便利化措施提出了更高要求。目前实行的数字贸易便利化措施主要以简化数字产品的通关手续、推动无纸化交易、数据互联互通、政府互通信息等。

CPTPP 要求缔约国的国内贸易措施符合联合国标准,即《电子商务示范法》和《国际合同使用电子通信公约》中的电子交易措施,在此之外,还要求缔约方参照国际标准致力于无纸化贸易,为数字贸易创造便利。CPTPP 增加了网络安全事务合作条款,以团结成员国力量维护和谐的营商环境,有利于成员国之间进行商务活动,保护消费者和商家的利益。可以说,CPTPP 致力于构建深度的互联网自由贸易规则,在促进数字贸易自由化方面做出了极大努力。

3.3.2.3　全方位的个人权益保护

数据时代最重要的参与者就是网络用户，用户可以随时登录网络，在使用互联网进行交易的同时也为互联网提供源源不断的数据，使互联网服务提供商能够更加便利地搜集和处理个人数据。网络时代，用户作为消费者面临的风险多为个人数据泄露、信息不对等、电信诈骗等。数字贸易最大的不同点在于个人在贸易过程中的深度参与，个人数据成为个人身份信息代码，而贸易既需要利用数据也需要保护数据，如何界定商家对于个人数据的合理利用也成为目前立法的重点。

CPTPP 采用软法规定，要求缔约方颁布或者维持消费者权益保护法维护消费者个人权益，同时确立了商家责任，禁止互联网垃圾信息的传播，减少互联网电信诈骗，期望通过缔约方携手建立和谐的互联网环境，增强消费者信心，提高数字贸易的发展活力。大数据时代个人数据成为宝贵的"金矿"，个人数据的上传、储存、使用早已遍布全球，只依靠某一地区或者单一政府的力量无法彻底解决跨境数字流动和个人数据保护之间的矛盾，CPTPP 呼吁更多国家共同建立个人数据保护规则，在多边层面上进行有益探索。

3.4　美墨加协议

2020 年 1 月 16 日，美国参议院投票通过了美国、墨西哥、加拿大之间新的贸易协议——美墨加协议[6]（United States-Mexico-Canada Agreement，USMCA），并送至总统处正式签署。该协议包含了可能与未来美国隐私法相关的条款。美墨加协议正式承认了 APEC 的 CBPR（Asia Pacific Economic Cooperation Cross-Border Privacy Rules）的有效性。

根据 USMCA，任何新的联邦隐私法都必须考虑并采用 CBPR 及与此类似的正式问责机制，例如隐私行为准则和认证，以充分履行美国在数字贸易章节下的义务。此类正式的隐私计划和认证是有效遵守法律的重要工具，可作为数据流向和来自需要此类传输机制的国家或地区的跨境传输机制，并提供许多其他优势。

3.4.1　USMCA 提倡数据自由流通

USMCA 关于数字贸易章节（第 19 章）中的第 19.8 条要求美墨加三国"采用或维持法律框架，以保护数字贸易用户的个人信息"，并在制定这一法律框架时"应考虑到相关国际机构的原则和指南，例如《APEC 隐私保护框架》和《OECD 关于保护隐私和个人数据跨境流动的指南的建议》（2013 年）"。协议鼓励每个国家在保护个人信息的不同法律制度之间发展"促进兼容的机制"。除了认可 CBPR 之外，协议还支持在美国隐私法中认可更广泛的问责工具概念，如隐私行为准则和认证。

USMCA 在如下章节都涉及数据跨境流动：

(1) 金融服务（第 17 章）：首次引入禁止本地数据存储要求的条款。

(2)数字贸易(第19章):确保数据的跨境自由传输、最大限度减少数据存储与处理地点的限制以促进全球化的数字生态系统;为促进数字贸易,缔约方应确保产品供应商在应用数字化认证或签名时不受限制;确保应用于数字市场的可落实的消费者保护措施,包括隐私与未经同意的通信;为更好地保护数字供应商的竞争力,限制政府要求披露专有计算机源代码和算法的能力;促进打击网络安全挑战的合作并推广行业最佳实践来实现网络与服务安全;促进政府公共数据的开放;限制互联网平台对其托管或处理的第三方内容的民事责任。

(3)知识产权(第20章):USMCA 特别增加了"知识产权"保护的内容。具体内容包括:为生物医药等范围广泛的产品提供为期10年的数据保护。

3.4.2 当前建议的隐私立法和现有的美国隐私法中的示例

美国参议员威克提议的《2019 年美国消费者数据隐私法案》(United States Consumer Data Privacy Act)中就存在有关问责机制的相关规定。该法案授权美国联邦贸易委员会(FTC)有权批准第三方认证计划,以创建符合"本法的一项或多项规定"的标准或行为准则,包括整个隐私的遵从计划。任何通过批准的认证计划和认证组织,都将被视为遵守该计划所涉及法案的相关规定。事实上,第三方认证在美国现行的隐私法中已经有规定,例如在儿童隐私保护方面已经适用逾20年。《儿童在线隐私保护法》(COPPA)中的安全港条款,允许 FTC 批准的第三方认证机构对组织的隐私实践是否符合 COPPA 进行认证。如果一组织符合被批准通过的第三方安全港计划,则将被视为符合 COPPA。FTC 通常通过隐私同意命令,对组织实施全面的隐私管理和合规性计划,后者通常涵盖数据收集和使用的各个方面,以及组织问责制的所有要素。值得注意的是,组织问责制也存在于美国法律的许多其他领域,包括反腐败、企业欺诈、反洗钱和医疗等。美国的隐私法同样利用了这一概念,既要求公司实施全面的隐私保护计划,也要求公司实施正式的问责制,如行为准则和认证。

信息政策领导中心(CIPL)[①]发布了《USMCA 对美国联邦隐私法的意义白皮书》。白皮书最后得出结论,认为 USMCA 现已正式承认 CBPR 作为一种传输工具的有效性,并呼吁各方在各自不同的隐私制度之间开发互操作性或"兼容性"机制。因此,美国联邦隐私立法的起草者也应当同样承认并允许在任何新的美国隐私法中使用 CBPR 作为一种传输机制,并普遍允许认证和行为准则。

3.5 美国跨境数据流动的国内法

随着全球经济一体化进程加快和数字经济的快速发展,数据跨境流动的需求日

---

① CIPL 是一家位于美国华盛顿特区的全球隐私和安全智库。

益迫切,但与之相关的国家安全、个人数据保护等问题和挑战也日益突出,成为各国贸易、产业、经济、政治、社会的核心议题。目前,美国虽然没有统一综合性的数据跨境流动法典,但在国内建立了严密完整多层次的数据主权保障体系,采取允许境外数据自由流入却限制国内数据流出的跨境数据流动政策。

美国境外数据自由流入主要依据"数据控制者标准"实现对境外数据的管辖,限制境内数据流出主要通过数据保护、数据本地化存储与集中管理来实现。联邦层面关于跨境流动的立法多为原则性立法(Principle based Law),留给各州较大的立法空间,同时也给各行业协会与企业留有余地。

3.5.1 美国数据跨境流动国内法体系概况

美国有多个针对特定行业的国家隐私或数据安全法律,包括适用于金融机构、电信公司、个人健康信息、信用报告信息、儿童信息、电话营销和直销的法律法规。

美国在其 50 个州和领地中还有数百项隐私和数据安全措施,例如保护数据、处理数据、隐私政策、适当使用社会安全号码和数据泄露通知的要求。仅加利福尼亚州就有超过 25 项州隐私和数据安全法,包括 2018 年颁布的《加州消费者隐私法》(California Consumer Privacy Act,CCPA)。CCPA 对个人信息的收集、使用和披露施加了实质性的要求和限制。

美国其他一些州目前也在提议和考虑州级隐私立法。一般而言,此类立法在某些方面与 CCPA 相似,但也包括一些额外的或不同的要求。

3.5.2 个人数据定义

"个人数据"的定义因法规而异。FTC 现在将链接到或合理链接到特定个人的信息(可能包括 IP 地址和设备标识符)视为个人数据。CCPA 将个人信息定义为识别、关联、描述、能够合理地与特定消费者或家庭直接或间接关联的任何信息。该定义具体包括姓名、别名、联系方式、政府 ID、生物特征、基因数据、位置数据、账号、教育历史、购买历史、在线设备 ID,搜索和浏览历史以及其他在线活动。根据法律,消费者被广义地定义为加利福尼亚州的任何居民。《统一个人数据保护示范法》(UPDPA)将"个人数据"定义为通过直接标识符识别或描述数据主体的记录,该术语不包括去识别化的数据。相比之下,州层级的现有立法通常更狭隘地定义个人信息,重点关注更敏感的信息类别。

"敏感个人数据"的定义因部门和法规类型而异。通常,个人健康数据、财务数据、信用数据、学生数据、生物识别数据、从 13 岁以下儿童在线收集的个人信息以及可用于进行身份盗用或欺诈的信息都被视为敏感信息。

3.5.3 监管机构

FTC 对大多数商业实体拥有管辖权，并有权在特定领域(例如电话营销、商业电子邮件和儿童隐私)发布和执行隐私法规，并有权采取执法行动保护消费者免受不公平或欺骗性贸易行为的侵害。具体而言，FTC 有权发布法规、执行某些隐私法并采取执法行动调查商业实体的如下行为：

(1)未采取合理的数据安全措施；

(2)做出实质性不准确的隐私和安全声明；

(3)未能遵守加入的行业自律原则；

(4)通过隐私政策中未明确披露的方式向破产或并购交易中的收购实体转移或试图转移个人信息；

(5)违反 FTC 的消费者隐私框架或某些国家隐私法律法规，收集、使用、共享个人信息，或者未对所处理个人信息提供充分保护。

许多州检察长对不公平和欺骗性的商业行为拥有类似的执法权力，包括未能实施合理的安全措施和侵犯消费者隐私权，从而损害其所在州的消费者。比如，加州总检察长有权执行 CCPA 和大多数加州消费者隐私法。

此外，范围广泛的特定行业监管机构，尤其是医疗保健、金融服务、电信和保险行业的监管机构，有权针对其管辖范围内的实体发布和执行隐私和安全法规。

3.5.4 境外数据自由流入

1. CLOUD 法的内容

2018 年 3 月，美国总统特朗普签署 CLOUD 法，确立了美国行使境外数据管辖权的"控制者标准"，为美国快速获取存储在本国地理范围之外的数据打下基础[7]。

CLOUD 法的核心是只要美国数据服务提供者所拥有、监管或控制的数据，无论该数据是否存储于美国境内，政府均有权要求数据服务提供者向其披露该数据[8]。根据《CLOUD 法白皮书》的解释，CLOUD 法旨在使外国和美国的调查人员获得服务提供商持有的电子信息的访问权，该电子信息对于各国调查恐怖主义、暴力犯罪、儿童性剥削和网络犯罪等严重犯罪至关重要[9]。

在提供美国调取域外数据的法律基础和制度渠道的同时，该法也考虑到互惠原则，允许满足一定条件的"适格外国政府"调取位于美国境内的数据，并为此消除了程序障碍[10]。截至目前，美国分别与欧盟、澳大利亚进行了 CLOUD 法谈判，并发表了联合声明。

2. CLOUD 法的立法起因

1)美国诉微软案

在 CLOUD 法出台前，美国国内法对政府是否有权要求本国企业提交受其控制且存储于海外的数据一直存在争议，并引发了轰动一时的"美国诉微软案(United States v. Microsoft Co.)"。在该案中，美国政府在调查毒品走私罪犯时，向联邦地方法院请求签发搜查令，责令微软公司提供有关犯罪嫌疑人的电子邮件信息。微软公司提供了存储于美国境内的电子邮件信息，但拒绝提供储存于爱尔兰境内的电子邮件信息。2013 年 12 月 18 日，微软向地方法院提起诉讼，要求驳回地方法院的搜查令。地方法院于 2014 年判决微软败诉，理由是微软对涉案电子信息具有控制权，所以需要进行司法协助提供数据，微软后上诉至联邦第二巡回法院。2016 年，巡回法院做出有利于微软的判决，认为美国《存储通信法》并未有明确的域外适用的立法目的。最终，美国司法部上诉至联邦最高法院。在联邦最高法院判决之前，美国政府紧急通过 CLOUD 法，确立了美国政府对境外数据的管辖权，解决了案件的核心争议[11]。

2)《储存通信法》

CLOUD 法生效前，美国获取数据的国内法依据主要为 1986 年出台的《储存通信法》(Stored Communication Act，SCA)。该法案第二章规定了电子通信隐私相关法律，但并未明确授权对境外数据进行访问。数据的快速移动、第三方控制以及被储存在与犯罪活动无关的其他位置的可能性，都让管辖权界定变得更加困难[12]。因此，《储存通信法案》对适用数据范围的规定已不能满足数据跨境储存、传输的飞速变化环境，改革《储存通信法案》的呼声日渐高涨。

3)《司法互助条约》

美国获取跨境数据信息，主要依靠《司法互助条约》(Mutual Legal Assistance Treaties，MLAT)。MLAT 程序非常复杂，涉及外国政府、美国国际事务司法办公室、美国法院以及数据信息存储者等，流程如图 3.2 所示。获取境外数据从提交申请到最终获得所需时间平均为 10 个月。因此，程序耗时过长以及内部效率低下，导致跨境犯罪案件的解决难度加大。如果境外数据存储国未与美国签订司法互助条约，不确定性进一步加大。为解决跨境犯罪问题，程序改革或新型途径十分必要。

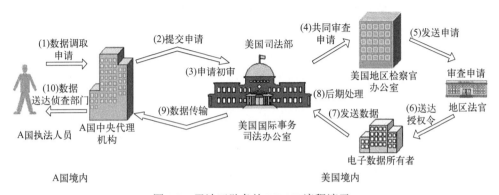

图 3.2　司法互助条约 MLAT 流程演示

3. CLOUD 法的理论依据

互联网技术的出现，将国家疆域扩展到了网络空间，传统物理主权观念难以应对新技术冲击，主权理论由此延伸至虚拟的网络世界。随着数据主权重要性的不断凸显，在秩序与自由、发展与安全的博弈下，如何保障本国主权安全、占据数据主权竞争优势成为各国关注的热点。当前，各主权国家已开始通过立法、立规、司法及行政实践等丰富方式，打造以数据主权为核心的新国家安全战略体系，力图保障本国主权不受侵犯，同时提升在国际数据争夺中的话语权。

在跨境数据的法律管辖争议中，存在"数据储存地标准"与"数据控制者标准"。

"数据储存地标准"是指根据储存数据的地理位置确定法律管辖，被认为是属地管辖。这种理论遵循了主权国家传统领土的法律管辖概念。在此理论下，被认为实际控制数据的网络服务提供商无法对数据的管辖产生影响。

"数据控制者标准"强调了数据的属人管辖，突破了传统地理意义上的主权管辖范围，将管辖权确立为云服务提供商所在地。数据的跨境流动性，让地理位置成为数据管辖权考量中的一个方面而非全部。相较于"数据储存地标准"，"数据控制者标准"更符合互联网时代下的数据流动特征，但可能会引起管辖权争议，造成法律实践矛盾。

美国 CLOUD 法体现了"数据控制者标准"，是美国在新的数据跨境流动背景下的数据主权战略新选择。但该法与众多国际法惯例相抵触，具有明显的美国单边主义色彩与向数据霸权演化的趋势，不论是动议程序设定的发起理由与时间限制，还是撤销或变更异动的条件均需符合美国利益。此外，相较于《司法互助条约》（MLAT），CLOUD 法生效后，美国获取境外数据的复杂程序被缩减。但是，在实践中，当外国政府要求调取美国境内数据时，各项资格审核、实质性检视、听证、审查等步骤仍相当烦琐和复杂。

4. CLOUD 法在实践中的优势与弊端

1）实践优势

CLOUD 法排除了美国获取跨境电子数据取证的部分障碍，提升了国家获取跨境数据的快捷性。CLOUD 法通过两国间的行政协定，取代了以往烦琐的审查步骤，获取跨境数据无须再经过双方政府或美国国际事务司法办公室等部门的审批，电子数据实际拥有者可以直接向侦查人员提供数据信息。CLOUD 法流程演示如图 3.3 所示。

此外，CLOUD 法在实践中对需要披露重要数据的企业做出了妥协。按照"数据控制者标准"，美国数字企业将会陷入合规困境。一方面，企业有义务向美国政府披露所持有的境外数据；另一方面，数据储存地所在国可能会存在涉及隐私保护或国家安全的数据限制出境法律。在国与国争夺数据管辖权的博弈中，企业不得不权衡利弊，决定是否移交数据。正如"微软案"中，美国政府要求披露的微软数据，受到爱尔兰和欧盟的数据隐私立法保护。

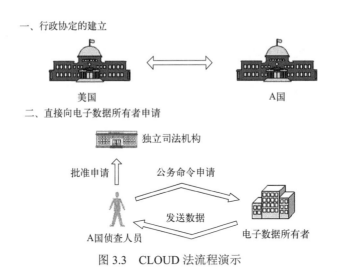

图 3.3 CLOUD 法流程演示

因此，在 CLOUD 法的制定过程中考虑到了企业会面临的困境，于是做出了实质妥协。CLOUD 法规定，只有在危害美国国家安全的犯罪、严重的刑事犯罪等重大案件中，美国政府才可以依据本法跨境调取数据，并且明文规定了调取数据范围最小化原则，行政协议的签署并不能使公司数据解密，在该法实施过程中披露的数据权利应受到严格保护。该法中的"礼让分析（Comity Analysis）"也在一定情形下免除网络服务提供者的数据披露义务。"礼让分析"建议法官根据个案具体情况，并综合下列因素决定是否免除企业的数据披露义务：被要求披露信息的重要程度；美国与数据储存地所在国的利益关联；持有数据企业与美国的关联程度；涉案用户与美国的关联性；披露信息引发的外国法上的法律后果；是否存在更便捷的数据获取方式。

2）实践矛盾

CLOUD 法在实践中的矛盾主要体现在美国与国际公约、外国法之间的法律不相容。

国际上关于网络犯罪数据的管辖规定，以 2001 年开放签署的《网络犯罪公约》（Cybercrime Convention）为主。《网络犯罪公约》以"数据储存地标准"为原则，坚持地域管辖。当美国通过 CLOUD 法要求获取境外数据，可能会被视为影响他国主权完整的行为。

CLOUD 法还存在与外国数据保护法相抵触的情况。欧盟 GDPR 按照数据储存地标准严格保护个人数据，限制个人数据向境外流动。此外，德国、俄罗斯、澳大利亚、巴西、印度、马来西亚乃至我国都坚持数据储存地标准，确立了数据本地化政策以及相关立法。以俄罗斯为例，俄罗斯要求数据拥有者与运营者将公民数据收集并储存在俄罗斯境内的数据库；运营商通过互联网收集个人数据，也被要求使用俄罗斯境内的数据库。我国《网络安全法》第三十七条同样要求关键信息基础设施的运营者应将数据进行本地化存储。

因此，CLOUD 法突破传统"数据存储地标准"调取数据的新模式，在实践中会造成国际冲突与矛盾。

3）对 CLOUD 法的全面评价

从立法程序上讲，从 2018 年 2 月份提案到 3 月份签署通过，CLOUD 法的立法进程迅速，不仅省去了参众两院的听证环节，还被打包塞入待批准的《2018年度综合拨款法案》中，如此仓促的举措与应有的立法程序严重不符，结合数据调取问题在"微软案"中的备受争议，CLOUD 法对这一问题的态度值得商榷。再结合当前全球数据保护与本地化的大背景，CLOUD 法的快速出台很难不让人感到微妙，以至于有学者将 CLOUD 法比作是一项"走了后门的立法"（Backdoor Piece of Legislation）[13]，扩大了美国在数据资源获取方面的长臂管辖范围[14]。

从立法基础上讲，《司法互助条约》（MLAT）是当前各国之间获取跨境证据的主要渠道，最早能够追溯至 1896 年于海牙缔结的《民事诉讼程序公约》。之后，在 1961年的《取消要求外国公文书认证公约》、1965 年的《关于向国外送达民事或商事司法文书和司法外文书公约》等国际公约中都得到了认可，具有较为广泛的法律和国际基础。与此同时，MLAT 在促进各国之间司法界的国际交往、巩固国际之间相互尊重和互利等方面也发挥着重要作用。然而，CLOUD 法绕过现有的 MLAT 体系，自主构建一个全新的国际之间获取跨境数据证据的标准框架，无论从法律渊源还是国际认可层面上来讲，都是不被提倡的。

从法律内容上讲，CLOUD 法似乎一定程度上忽视了云服务提供商和数据权利人的应有权利。对于云服务提供商，CLOUD 法并没有为其提供足够的法律救助。尽管与之前的 SCA 相比更为明确，也赋予了云服务提供商申请撤销或变更调令的权利，但是这一权利的约束条件过于严格，范围和幅度都十分有限，从这一层面上来看，云服务提供商在拒绝数据调用指令方面的操作空间和余地其实是被大大缩小了。更主要的是，CLOUD 法与其他国家数据保护法之间的法律冲突将使云服务提供商不得不面临"选边站"的问题，尤其对于跨国的云服务提供商来讲，很难在二者之间寻得折中方案。对于数据权利人来讲，CLOUD 法缺乏一个程序化、组织化的标准以保障数据权利人的数据安全与隐私。并且，CLOUD法缺乏关于"通知"的规定，不管是对数据存储地还是对数据权利人的通知，都与现有个人数据保护法案的相关规定背道而驰。另一方面，CLOUD 法从性质上来说更偏向于实体法，缺乏相应的程序法作保障，对于数据调取的时限、类型、范围等内容缺乏细节性规定，虽然这在一定程度上增加了法律操作过程中的模糊性和解释上的灵活性，但是却降低了整部法案的公开度与透明度。最为重要的是，现有法案中并未对数据证据调用授权以及授权之后的监督机制作进一步解释,这加剧了侵犯个人数据权益的风险,将强化来自数据权利人方面对于数据安全和个人隐私的关切。

从司法管辖权来说,CLOUD 法与现有数据保护法存在冲突,其中最具代表性的当属欧盟的数据保护法 GDPR。GDPR 是对欧盟于 1995 年出台的《个人数据保护指令》(Data Protection Directive,简称 Directive 95/46/EC)的完善,目的是为欧盟各成员国提供更具凝聚力、普适性和平衡性的个人数据保护法律框架,自出台之日起就被学界和业界认为是史上最为严厉的数据保护法案,最高罚款金额将达到企业全球范围内收入的 4%或 2000 万欧元(取最高值)。当前,欧盟认定的符合上述标准的国家主要为欧盟成员和欧洲经济协会成员国,美国并不在其列。因此,根据 GDPR 第 48 条规定,美国想获取存储于欧盟的用户数据,只能通过 MLAT 进行。为此,欧盟数据保护委员会(EDPB)在 2018 年 2 月发布的《关于 GDPR 第 49 条的减损指南》中特别强调,在存在类似于 MLAT 国际协议的情况下,欧盟公司应该拒绝来自于第三方国家的直接数据请求,而将该数据请求转交给现有的 MLAT 程序[15]。CLOUD 法作为境外法,试图绕过 MLAT 直接获取位于欧盟的数据,很明显对于欧盟相关主体不具有法律效力。为解决 CLOUD 法与 GDPR 之间的冲突,EDPB 和欧洲数据保护监察局(European Data Protection Supervisor,EDPS)于 2019 年 7 月 10 日发布了一项针对 CLOUD 法及其影响的联合评估报告,该评估报告仔细分析了 CLOUD 法与现有个人数据保护法律框架之间可能产生的冲突和影响,认为应通过协商的方式解决两部法案之间的法律冲突[16]。

从全球范围内看,CLOUD 法的出台可能一定程度上加重了各国对数据保护议题的担忧。从根本上而言,CLOUD 法与现有数据保护法案的冲突可以看作是不同国家之间数据政策与治理观念的矛盾,美国主张数据全球化理念的实质目的是获取全球数据资源,基础是在第一轮数字化浪潮中所积累的产业与技术优势和强大的话语权,但势必会对他国的数据保护和治理体系产生不利影响。CLOUD 法的另一个影响是,其有可能会为其他国家在数据跨境获取方面的立法提供不受欢迎的先例,使那些有跨境数据需求的国家寻求仅仅基于该国的司法权威而强制调用存储在世界任何地方的数据。事实上,这种情况已经出现了:英国于 2019 年 2 月出台的《犯罪(海外生产订单)法》(Crime(Overseas Production Orders)Act 2019,以下简称 OPO)就可以看作是英国版的 CLOUD 法,该法允许英国执法部门向法院申请命令,以直接从非英国境内的通信服务提供商处获取用户数据。与 CLOUD 法相似,OPO 也试图创建一个英国主导的数据国际合作协议。

3.5.5　国内数据限制流出

3.5.5.1　个人数据的流动与保护

个人数据跨境流通广泛存在于跨境电子商务和国际贸易活动中，可以说现在已经成为最为正常的经济商业现象之一[17]。相较于欧洲对个人数据跨境流动的强保护，美国强调数据的自由流动，认为强行采取法律结构对其进行规制极有可能阻碍商业活动，主张以自律规范的形式对个人隐私进行有效保护，美国形成的是以联邦立法为原则，以宪法、普通法和各州立法为辅的立法体系，并形成了以个人救济为中心、市场调节为主导的信息保护机制[18]。一国或者区域的个人数据跨境流通制度，与一国或区域的信息保护法密切相关。虽然美国早在 19 世纪末就已开始了个人数据保护方面的理论研究和立法，但是在个人数据保护方面并没有一部统一的保护法。

自 20 世纪六七十年代以来，美国制定的与个人数据保护有关的法律有 1966 年的《信息自由法》（Freedom of Information Act）、1974 年的《隐私法》（Privacy Act）、1986 年的《电子通信隐私法》（Electronic Communications Privacy Act）等。其中对个人数据保护影响最大和最主要的是 1974 年的《隐私法》。《隐私法》于 1975 年 9 月开始实施，并于 1979 年被编入《美国法典》第五编"政府组织与雇员"。该法对联邦政府部级以上机构对个人信息的采集、使用、公开和保密问题做出了详细规定，平衡公共利益与个人隐私保护之间的矛盾[19]。此外，个人数据相关的立法遍布于各州对特殊领域的立法中，例如：《消费者隐私法》《儿童网上隐私保护法》等，这将在各州与各行业层面一节进一步说明。

美国为实现行业自律与商业灵活，采用分散立法的方式，通过联邦的原则性立法与特殊领域立法，对个人数据进行保护。一方面，这种方式可能减少信息有序流动的阻碍，促进商业活动，同时，特殊领域的详细立法规定会提供对消费者、儿童等更强有力的保护。另一方面，分散立法也存在弊端，导致个人数据无法得到全面保护，出现真空地带，法律交叉治理同样可能存在冲突与矛盾。

3.5.5.2　数据保护与国家安全

数据流动的控制与保护不仅关乎个人的合法权益，更关乎国家的安全问题。1998 年，美国首次提出"信息安全"概念，2000 年实施的《信息系统保护国家计划》作为美国 21 世纪总体信息安全战略和行动指南，提出将重要网络信息安全放在优先发展的位置，并综合、全面、现实地制订了发展规划[20]。同年，《国家安全战略报告》的颁布，将"信息安全"列为美国国家安全战略的正式组成部分，强调以安全、经济繁荣与民主作为国家安全战略的核心主轴[21]。

在"9·11"事件的影响下，美国对外战略的全球色彩逐渐明朗，在强调网络反恐战略的同时，明确了国家安全、生存利益与权力平衡方面的政策导向，并采取了各种有效措施加强网络信息安全防范工作。2002 年,《联邦信息安全管理法》(Federal Information Security Management Act,FISMA)通过,该法案作为政府信息电子化的一部分,要求各联邦机构制定并实施适用于本机构的信息安全计划,保障联邦的信息和信息系统安全[22]。联邦对信息安全计划提出了 8 个方面的要求:①定期实施风险评估;②制定有关政策和流程;③制定安全保障计划;④实施信息安全培训;⑤监测评估策略有效性;⑥明确整改措施、制定流程;⑦制定安全事件处理策略;⑧制定确保联邦信息系统持续运行的有关计划和流程。这八个方面贯穿信息流动的整个生命周期,对联邦机构维护信息及信息系统安全具有指导意义。但该法自通过之日起也因存在诸多漏洞而饱受批评,包括:所规定的网络安全标准不被广泛认可;对联邦机构相关授权的解释含糊不清;过于强调个人信息系统而忽视了整个联邦信息系统;过于强调程序性的报告制度,可操作性不强;对加强联邦机构间的协作缺乏明确的规定等。

2002 年以后,美国虽然提出了众多网络信息安全法,但很长一段时间内并没有通过一部综合性的网络安全法律,也没有形成网络安全立法的基本框架。2009 年颁布的《网络安全法》(Cybersecurity Act)赋权联邦政府设立专门的网络安全咨询办公室。2010 年,《作为国家资产的网络空间保护法》(Protecting Cyberspace as a National Asset Act)通过。2011 年,《网络安全增强法》(Cybersecurity Enhancement Act)通过,该法是 2009 年《网络安全法》的扩展。2013 年,《网络安全及美国网络竞争法》(Cybersecurity and American Cyber Competitiveness Act)和《网络信息共享和保护法》(Cyber Intelligence Sharing and Protection Act)颁布。2014 年通过了《联邦信息安全管理法》(Federal Information Security Modernization Act)和《国家网络安全保护法》(National Cyber Security Protection Act)《网络安全人员评估法》(Cyber Security Workforce Assessment Act)。2015 年,《网络安全情报共享法》(Cyber Security Information Sharing Act)正式通过。在这一时期,美国全面推进信息安全的立法工作。这一阶段的立法是全方位的,内容更广泛,立法进度加快,法律趋于完备[23]。

3.5.6　细分领域数据跨境流动的管理立法

通过美国国内立法对特定领域的数据向境外流出进行限制,也是影响数据跨境流动的重要方面。分析某些特定数据跨境流动的可能性,首先需要了解数据是否符合部分特殊领域立法规定。下文将从金融服务、儿童、健康、教育、消费者相关法案进行简要概述。

3.5.6.1　受控非密信息的管理
1. CUI 定义
美国针对受控非密信息(Controlled Unclassified Information,CUI)进行了专门

管理。CUI 是除涉密信息外的特定类型的非密信息。此类信息虽不属于国家秘密，但公开给个人、公司或政府将会造成损害或潜在损害，因此需要对受控非密信息采取访问分发控制以及保护措施。美国国防部在《信息安全计划》中对 CUI 做出了定义，即依照相关法律、规章和政府范围的政策，需要施以安全措施或分发控制的非密信息[24]。

2. CUI 内容

根据 2010 年第 13556 号行政命令建立的 CUI 计划将整个行政部门处理非机密信息的方式标准化，建立和实施 CUI 的登记备案及标识管理制度。美国 CUI 管理制度由美国文件和档案管理局负责制定并发布 CUI 识别指南、保护方法等文件，建立 CUI 登记系统。美国档案管理局将 CUI 分为 20 类、125 子类，如表 3.9 所示①。此外，对于非联邦机构，美国国家标准与技术研究院(NIST)在 NIST SP 800171《保护非联邦系统和机构的受控非密信息》文件中制定了相应的 CUI 信息标准、评估程序和方法[25]。

表 3.9　CUI 内容分类

类别	子类
1. 关键基础设施	硝酸铵、与化学恐怖活动相关的脆弱性信息、关键能源基础设施信息、应急管理、一般关键基础设施信息、信息系统漏洞信息、物理安全、受保护的关键基础设施信息、安全法案相关信息、有毒物质、水资源评估(共 11 项)
2. 国防	受控技术信息、国防部关键基础设施安全信息、海军核动力信息、与国防相关的受控非密核信息(共 4 项)
3. 出口管制	出口控制信息、出口控制研究(共 2 项)
4. 金融	银行保密信息、预算、总审计官、消费者投诉信息、电子转账、联邦住房金融非公开信息、金融监管信息、一般金融信息、国际金融机构、并购、净值、退休金(共 12 项)
5. 移民	难民庇护、受虐待配偶或儿童、永久居民身份、身份变更、临时受保护身份、人口贩运受害者、签证信息(共 7 项)
6. 情报	农业生产或土地相关信息、依据《外国情报监控法》采集的个人信息和解密信息、《外国情报监控法》商业记录、一般情报、地理测绘产品信息、情报财务记录、内部数据、行动安全(共 8 项)
7. 国际协议	国际协议信息(共 1 项)
8. 执法	事故调查、活动基金、承诺人、通信、受控物品、犯罪历史记录信息、基因信息、一般执法信息、线人、调查信息、青少年信息、执法财务记录、国家安全信件、记录/陷阱与追踪设备、奖励信息、性犯罪受害者、恐怖分子审查、举报人身份信息(共 18 项)
9. 法律	行政诉讼、儿童色情制品、儿童受害者/证人、集体谈判、联邦大陪审团、法律特权、立法材料、判决前报告、先前逮捕记录、保护令、受害者、证人保护(共 12 项)
10. 自然和文化资源	考古资源、历史遗产、国家公园系统资源(共 3 项)

---

① CUI. https://www.archives.gov/cui/registry/category-list。

续表

类别	子类
11. 北约	北约受限信息、北约非密信息(共 2 项)
12. 核	有关核反应堆、材料或安全的一般受保护信息,核推荐材料,核安全相关信息,安全保护信息,受控非密核能源信息(共 5 项)
13. 专利	提交专利申请的信息、受法律保护且使联邦政府受益的发明信息、因国家安全问题拒绝公布申请或授予专利的保密令(共 3 项)
14. 隐私	合同使用、死亡记录、一般隐私信息、遗传信息、健康信息、向任何执法机构的监察长报告的人员信息、军事人员记录、人事记录、学生记录(共 9 项)
15. 采购和收购	一般采购和收购、小企业研究和技术、来源选择(共 3 项)
16. 专有商业信息	一般专有商业信息、海运公共承运人和海运码头运营商协议、海运公共承运人服务合同、专营制造商、专营邮政、奖励管理系统(共 6 项)
17. 临时信息/协议信息	国土安全协议信息、国土安全部执法信息、DHS 内部信息系统的漏洞信息以及有可能损害其技术优势的信息、DHS 根据外国或国际信息共享协议或安排接收并被要求保护的信息、运营安全信息、可能导致 DHS 人员或 DHS 负责保护的其他人员面临人身安全风险的信息、DHS 物理安全、隐私信息、敏感的个人可识别信息(共 9 项)
18. 统计	投资调查、农药生产者调查、统计信息、人口普查信息(共 4 项)
19. 税收	联邦纳税人信息,税收协定,纳税人倡导者信息,以及裁决书、决议书、技术咨询备忘录等决议文件(共 4 项)
20. 交通运输	铁路安全分析记录、敏感安全信息(共 2 项)

近三年,美国预算管理局设置了对受控非密信息管理的专项预算,加强对受控非密信息管理的资金保障。此前,由于预算管理局没有要求各部门申报"受控非密"信息项目的专项预算,导致各部门的相应管理人员匮乏,影响了项目的全面实施。2017 年,信息安全监督局强调了设置受控非密信息管理的专项预算的必要性,美国预算管理局在 2018 年以后的预算中,加设了受控非密信息管理的专项预算。

3. CUI 中的出口信息管理

在 CUI 管理系统建立后,向外国政府和国际组织公开或披露受控非密信息时,应当按照国防部的要求以及分管政策的国防部副部长制定的其他政策和程序进行。类别 3 中的出口控制信息是指未经政府批准或获得《国际武器贸易条例》(ITAR)管制的许可,不得向外国国民或外国实体代表发布《出口管理条例》(EAR)控制的商品等信息。出口控制信息主要是包括某些物品、商品、技术、软件等非机密信息,这些信息的出口极有可能会对美国的国家安全和防扩散目标产生不利影响。这类信息主要包括双重用途项目、出口管理条例、《国际武器运输条例》和《军需清单》规定的物品,授权应用程序以及敏感的核技术信息,其在 CUI 中类别标记为"EXPT"。

在当前复杂的国际环境下,统一、共享和透明的 CUI 管理系统的建立有助于保障信息安全，形成对受控非密信息管理的共同理解，促进信息共享，加强现有的法律和条例，对明确制定我国重要数据识别和安全管理相关政策和标准提供了有益借鉴。

3.5.6.2 《儿童在线隐私保护法》

美国国会在 1998 出台的《儿童在线隐私保护法》（Children's Online Privacy Protection Act，COPPA）于 2000 年正式实行。该法生效后，要求众多网络服务提供商将涉及 13 岁以下儿童的信息数据清除。此后，在获取 13 岁以下儿童个人信息数据时，网络服务提供商需征得其父母同意，服务提供商不得将搜集到的儿童个人信息非法公开或允许外人自行获取。因此，13 岁以下儿童信息的跨境流动，除例外情形，需满足《儿童在线隐私保护法》对保护儿童相关法益的规定。COPPA 的处罚依照《联邦贸易委员会法》的规定。

3.5.6.3 《家庭教育权与隐私法》

《家庭教育权与隐私法》（Family Educational Rights and Privacy Act，FERPA）于 1974 年通过，适用于接受美国联邦政府资助的教育机构。该法强调学生对其教育记录享有隐私权，要求学校及相关机构只能为特定的、合法的目的公开学生个人信息。学生及家长享有隐私知悉权与修改权，在提出申请后，可以查阅教育档案信息，信息不准确可以要求修改。无需学生同意即可披露其信息的情形包括：学院内部的官员有合法的教育理由获得学生信息；向该学生要入读或转入的其他学院官员披露信息；向学生家长披露信息；涉及保护其他学生健康和安全的紧急事件所需而披露信息。如果美国境外政府机构要求调取数据，若涉及学生个人信息的调取，可能与此法相冲突。

3.5.6.4 《公平信用报告法》

《公平信用报告法》（Fair Credit Reporting Act，FCRA）于 1970 年由美国国会制定，1971 年开始实施，这项法律规范的主要对象为消费者信用调查或报告机构和调查报告的使用者。FCRA 具体指导了信用报告机构收集和验证信用的方法，并概述了可以披露信用的原因和情形，由此平衡了立法倾向对消费者隐私带来的潜在风险。可调查的信用报告内容包括：个人识别信息、诚信和信用历史、公共记录、诚信和信用查询、争议记录等。为保护个人隐私，内容不包括银行账户余额、宗教信仰、刑事犯罪记录、收入情况等。获取并使用信用报告，必须满足该法规定的使用人范围，如：信用交易的交易对方、承做保险的保险公司、负责颁发各类执照或发放社会福利的政府部门、依法院命令或联邦大陪审团的传票、依法催收债务的联邦政府有关部门、出于反间谍需要的联邦调查局（FBI）、经当事人本人同意并以书面形式委托的私人代表和机构等。信用报告信息的跨境流动，应考虑信用报告机构收集的信息内容以及使用信息的目的是否符合该法。

3.5.7　各州的数据跨境流动立法实践

3.5.7.1　《加州消费者隐私法》

加州作为先进科技与互联网等新兴科技产业的聚集地，有着海量的数据集合，2018 年 Facebook 继 2016 年后再次发生数据泄露，美国两党、民众以及主要科技公司在联邦层面就制定统一隐私保护立法达成了共识，加速通过了《加州消费者隐私法》(CCPA)，该法于 2020 年 1 月生效。CCPA 借鉴了《通用数据保护条例》(GDPR) 的立法模式，顺应世界个人信息保护立法潮流，将企业收集、储存、销售和分享消费者信息的若干控制权利授予消费者，同时保留了美国特有的个人信息保护特色，高度重视产业利益，进行权益衡量[26]。

1. CCPA 的适用范围

CCPA 适用于满足以下条件的加州企业：①年度总收入超过 2500 万美元；②为了商业目的，每年单独或组合购买、收取、出售或共享 50000 人甚至更多的消费者、家庭或设备的个人信息；③通过销售消费者的个人信息获得其年收入的 50%及以上。通过这一适用范围的规定，CCPA 试图将消费者隐私保护义务限定在比较大型、收集了数量较大消费者个人信息以及以消费者个人信息作为主要盈利手段的企业，而给予初创企业和因为其他业务目的而收集少量消费者个人信息的企业排除在适用范围之外，试图平衡产业发展与消费者个人信息保护之间的矛盾[27]。

2. CCPA 中个人信息的界定

较之于欧盟 GDPR 中个人信息的抽象界定，CCPA 采用对个人信息更为具体的界定方式。CCPA 对"个人信息"的定义极为广泛。"识别、关联、描述、能够与特定消费者或家庭直接或间接关联或合理关联的信息"都被视为个人信息，但另有规定的除外。这其中不仅包含现有隐私法律所定义的个人信息(姓名、社保号码、驾驶证和财务账号)，还包括商业信息、IP 地址、生物信息、教育信息、就业相关信息、互联网搜索记录、"音频、电子、视觉、热量、嗅觉或类似信息"等。此外，"从任何本条中已识别的任何信息中得出的推论中提取的用于创建消费者画像的信息"亦属于该定义范畴。

3. CCPA 赋予消费者的权利

CCPA 强调消费者对个人信息的控制，创建了一系列消费者个人信息权利。如访问权，消费者有权要求收集个人信息的企业向消费者披露其收集的信息类别和具体内容；删除权，消费者有权要求企业删除其所收集的任何个人信息；知情权，消费者有权知道其个人信息被转移到何处，企业必须发布有关消费者的个人信息出售或披露的范围、流向、方式等。企业需要遵守的义务包括需要根据消费者要求披露收集了哪些消费者的个人信息，根据消费者的要求删除相关数据；尊重消费者选择不出售个人数据的权利，不得通过拒绝给消费者提供商品或服务，或对商品或者服务收取不同的价格、费率的方式歧视消费者。

比较而言，GDPR 的"选择加入(option)"机制，将数据主体同意作为数据处理合法的条件，而 CCPA 采取了"选择退出权力(opt-out right)"机制，即消费者有权在任何时候指示向第三方出售消费者个人信息的企业不出售该消费者的个人信息。

3.5.7.2 《弗吉尼亚州消费者数据保护法》

2021 年 3 月 2 日消息，弗吉尼亚州州长拉尔夫 • 诺瑟姆(Ralph Northam)签署了《弗吉尼亚州消费者数据保护法》(Virginia Consumer Data Protection Act，VCDPA)，于 2023 年 1 月 1 日生效，该法案借鉴了此前通过的欧盟《通用数据保护条例》以及《加州消费者隐私法》中的成熟经验，将更好地要求企业保护消费者数据隐私并赋予消费者相关权利。

VCDPA 在很大程度上借鉴了拟议中的华盛顿州隐私法案，并包括了与《加州消费者隐私法》类似的内容。具体如下：

1. 适用范围

法案将适用于在弗吉尼亚州开展业务或向弗吉尼亚州居民提供产品或服务的主体，并且控制或处理至少 10 万名弗吉尼亚居民数据的企业，或者那些总收入的 50% 来自个人数据销售的企业，以及控制或处理至少 2.5 万名消费者的个人数据的企业。

2. 消费者权利

法案将赋予弗吉尼亚州居民以下权利：

(1)确认云服务提供商是否正在访问并处理个人数据；

(2)结合个人数据的性质和处理目的，纠正错误的个人数据；

(3)删除消费者提供的或者与消费者有关的个人数据；

(4)以可携带、技术上可行且便于使用的格式使消费者获得其提供的个人数据副本，并允许消费者将数据无障碍地传输给其他以自动化方式处理数据的控制者；

(5)在以下情形中有权选择拒绝使用个人数据：

• 个性化广告；

• 销售个人数据；

• 分析对消费者有法律影响或者其他类似影响的决策。

若消费者向云服务提供商提出修改或删除相关数据的请求，则云服务提供商必须在 45 天内对收到的请求给予回应，并可在"合理必要"的情况下将该期限再延长 45 天。如果请求被拒绝，云服务提供商必须将原因告知消费者，接受消费者上诉，并在 60 天内对任何此类上诉做出回应。

3.　云服务提供商责任

法案要求受约束的云服务提供商履行以下责任：

(1)必须将其数据收集范围限制在与向消费者提供服务相关且合理必要的数据上，并且未经明确同意不得将数据用于其他目的。

(2)未经消费者同意，云服务提供商不得处理与消费者有关的敏感数据，在处理与已知儿童有关的敏感数据时，要根据《儿童在线隐私保护法》处理此类数据。

(3)采取合理的安全措施来保护数据，并且不得因消费者选择退出数据收集或以其他方式行使其对数据的权利而歧视消费者(例如拒绝服务)。

(4)向消费者提供隐私声明，其中应披露收集的个人数据的类别，收集数据的原因以及消费者如何提交其访问、更正、删除数据的请求。

4.　数据处理协议

法案要求云服务提供商与数据处理者签订数据处理协议，该协议应：

(1)列明处理个人数据的指示，包括处理的性质和目的；

(2)确定要处理的数据类型，处理的持续时间以及双方的权利和义务；

(3)确保处理个人数据的每个人都应对数据保密。协议还需要使数据处理者在合作结束或将这些义务通过合同转移给分包商时删除或返还个人数据。

5.　数据保护评估

法案要求云服务提供商对涉及定向广告、数据销售、某些画像活动、敏感数据以及任何可能增加消费者风险的处理进行数据保护评估。总检察长可根据调查民事要求，要求云服务提供商披露与总检察长进行的调查有关的任何数据保护评估。数据保护评估应保密，并免于公众检查和复制。

6.　总结

《弗吉尼亚州消费者数据保护法》试图使数据隐私法更易于理解，且更容易为消费者所利用。法案实施之后，弗吉尼亚州的消费者将有权查看数据、更正错误、删除数据、并有权得知出售给其他方的确切信息，这可能会迫使企业专注于实施有意义的增强措施，从而为消费者提供更强有力的数据隐私保护。

该法案是美国州层面颁布的第二部全面的消费者隐私法案，法案的宣布将重新点燃对数据隐私和安全的关注。据悉，美国华盛顿州正在审议《华盛顿州隐私法案》，佛罗里达州、明尼苏达州、纽约州和俄克拉荷马州等也正在制定其消费者数据隐私法。

3.5.8　数据跨境流动的行业自律规则

除了上述分散的有关数据跨境流动的法律法规之外，美国还倾向于采取行业自律政策来规范数据跨境流动。

2018 年 7 月 20 日, Google 和 Microsoft 分别在各自的博客中公布了一项名为"数据迁移"的新项目(以下简称 DTP)[28],这个开源项目由谷歌、Facebook、微软和Twitter 联合发起,旨在帮助用户在服务提供商之间安全无缝地移动数据。这些领头企业呼吁更多的公司可以加入进来,认为"便携性的未来需要更具包容性、灵活性和开放性",并补充说"可移植性和互操作性是云创新和竞争的核心"。

虽然用户通常可以将其数据副本下载到本地或在线储存位置,但该项目有助于在云服务之间直接移植用户数据(使消费者能够将数据直接从一种服务转移到另一种服务,而无需下载和重新上传)。

这些互联网巨头承诺将 GDPR 核心权利扩展到全球所有消费者客户,并推动各自隐私设计,为用户在开源、包容、多利益相关方共同驱动的生态系统中创建工具,也将有助于服务提供商更有效地理解和实现数据可移植性。

目前,该系统通过 Google、Microsoft、Twitter、Flickr、Instagram、Remember the Milk 和 SmugMug 现有公开的 API 实现,可支持包括照片、邮件、联系人、日历和任务等垂直领域的用户数据传输。

作为 DTP 启动的一部分,几家互联网巨头共同发布了一份白皮书,并且确定了以下几项关于互操作性和可移植性的关键开发原则,以促进用户选择,鼓励负责任的产品开发,并为用户带来最大利益。

(1)为用户构建的数据可迁移工具需要开放并与行业标准兼容,易于查找,直观易用,并且随时可供用户轻松地在不同服务之间进行数据传输或下载。

(2)使用强大的隐私和安全标准:可移植性事项的每一方服务提供商都需要具有严格的隐私和安全措施(例如在传输中加密),以防止未经授权的访问、数据分流或其他类型的欺诈。需要以清晰简洁的方式告知用户传输的数据类型和范围、数据的使用方式以及目标服务的隐私和安全实践。

(3)关注用户的数据,而不是企业数据:数据可移植性需要关注单个用户具有实用性的数据,例如用户创建、导入或批准收集的数据,或者可以控制服务提供商的数据。每一企业的数据可移植性由该企业自己的内部政策控制。

(4)尊重每个人:我们生活在一个人人互联、相互分享和共同协作的世界中。数据可移植性应该只关注提供与请求转移的人直接相关的数据,以便在可移植性、隐私和尝试新服务的好处之间取得适当的平衡。这意味着服务提供商需要确保所提供的私人信息中涉及的超出数据主体的人亦受到尊重。

美国对跨境数据流动管理的国内法主要以境内数据的本地化储存与限制流出,境外数据的管辖权争夺与自由流入为手段,加强对信息的统一标准化分类与标识,对数据的产生、收集、共享、储存的全过程进行跟踪与限制。但总体而言,相较于欧盟国家,美国仍鼓励以行业自律为主的信息管理模式,这体现在联邦原则性立法以及特殊领域与行业立法中。近年来,面对国际间的数据流动带来的矛盾与争端,美国进一步提高了网络服务提供商共享信息的要求，并试图构建"数据控制者标准"原则下的数据归属新模式。

参 考 文 献

[1] APEC. https://www.apec.org/. 2022.

[2] Updates to the APEC Privacy Framework. http://mddb.apec.org/Documents/2016/SOM/CSOM/16_csom_012app17.pdf. 2022.

[3] APEC Cross-Border Privacy Rules System Program Requirements. https://www.apec.org/docs/default-source/Groups/ECSG/CBPR/CBPR-ProgramRequirements.pdf. 2022.

[4] Chapter 14: Electronic commerce. https://ustr.gov/sites/default/files/TPP-Final-Text-Electronic-Commerce.pdf. 2022.

[5] 陈靓. 数字贸易自由化的国际谈判进展及其对中国的启示. 上海对外经贸大学学报, 2015, 3: 28-35.

[6] What does the Usmca mean for a US federal privacy law? A white paper by the centre for information policy leadership. https://www.huntonprivacyblog.com/2020/01/17/cipl-issues-white-paper-on-the-usmcas-impact-on-federal-privacy-law/. 2022.

[7] 夏燕, 沈天月. 美国 CLOUD 法的实践及其启示. 中国社会科学院研究生院学报, 2019, 5: 105-114.

[8] 周梦迪. 美国 CLOUD 法: 全球数据管辖新"铁幕". 国际经济法学刊, 2021, 1: 14-24.

[9] 丁玮. 数据主义视角下美国跨境数据政策演进及我国的应对. 杭州师范大学学报. 社会科学版, 2021, 1: 120-129.

[10] 黄海瑛, 何梦婷. 基于 CLOUD 法的美国数据主权战略解读. 信息资源管理学报, 2019, 2: 34-45.

[11] Amicus Briefs. United States v. Microsoft. US Supreme Court. https://www.law.cornell.edu/supremecourt/text/17-2. 2022.

[12] Daskal J. Law enforcement access to data across borders: the evolving security and rights issues. Journal of National Security &. Policy, 2016(8): 472-501.

[13] Syed H, Genc S Y. European Union General Data Protection Regulation(GDPR)and United States of Americans Clarifying Overseas Use of Data(CLOUD)ACT, David Versus Goliath. Prodeecings Book, 128.

[14] CCBE Assessment of the U.S. CLOUD Act. https://www.ccbe.eu/fileadmin/speciality_distribution/public/documents/SURVEILLANCE/SVL_Position_papers/EN_SVL_20190228_CCBEAssessmentoftheUSCLOUDAct.pdf. 2022.

[15] EDPB Guidelines 2/2018 on Derogations of Article 49 Under Regulation 2016/679. https://

webcache. googleusercontent.com/search?q=cache:oliq5TxHM2IJ:https://edpb.europa.eu/sites/ edpb/files/files/file1/edpb_guidelines_2_2018_derogations_en.pdf+&cd=4&hl=zhCN&ct=clnk& gl= ph. 2022.

[16] Initial Legal Assessment of the Impact of the US CLOUD Act on the EU Legal Framework for the Protection of Personal Data and the Negotiations of an EUUS Agreement on Crossborder Access to Electronic Evidence. https://webcache.googleusercontent.com/search?q=cache:zSrie5yAd6MJ: https://edpb.europa.eu/sites/edpb/files/files/file2/edpb_edps_joint_response_us_cloudact_annex. pdf+&cd=5&hl=zhCN&ct=clnk&gl=jp. 2022.

[17] 丁浩霖. 浅议个人数据跨境流通制度之现状. 创业圈·大经贸, 2020, 1: 515-516.

[18] 舒慧. 个人数据跨境流动法律规制浅析. 科教导刊电子版, 2020, 14: 260.

[19] 张凤华. 美国的个人信息保护制度. 北京法院网. https://bjgy.chinacourt.gov.cn/article/detail/ 2012/05/id/885892.shtml. 2022.

[20] 马海群, 王茜茹. 美国数据安全政策的演化路. 特征及启示.现代情报, 2016, 1: 11-14.

[21] 杜友文, 王建冬. 美国国家信息安全政策综述. 晋图学刊, 2008, 6: 63-70.

[22] 杨碧瑶, 王鹏. 从《联邦信息安全管理法案》看美国信息安全管理. 保密科学技术, 2012, 8: 37-39.

[23] 魏波, 周荣增. 美国信息安全立法及其启示与分析. 网络空间安全, 2019, 5: 6.

[24] 吴瑞. 美军受控非密信息管理的新发展. 保密科学技术, 2014, 9: 51-61.

[25] 周亚超, 左晓栋. 美国受控非密信息分类与安全控制解析. 信息安全与技术, 2020, 3: 12-17.

[26] 魏书音. 从 CCPA 和 GDPR 比对看美国个人信息保护立法趋势及路径. 网络空间安全, 2019, 4: 102-105.

[27] 晋瑞, 王玥. 美国隐私立法进展及对我国的启示——以加州隐私立法为例. 保密科学技术, 2019, 8: 36-42.

[28] Introducing Data Transfer Project: An open source platform promoting universal data portability. https://opensource.googleblog.com/2018/07/introducing-data-transfer-project.html. 2018.

第4章

欧美话语权的规则间弥合

4.1 欧美《安全港协议》及其无效

4.1.1 《安全港协议》谈判背景

如果说 20 世纪 70 年代主政的吉米·卡特政府对于隐私保护有高度关注的话[①]，相比较，1981 年上台的罗纳德·里根总统对隐私保护问题可谓漠不关心，因为他致力于解救美国经济危机而大力发展经济。因此，在他的任期内，整个美国政府和企业事实上都未曾落实《OECD 指南》。在大西洋的彼岸，欧洲各国在为增强整个欧洲的经济实力而加强联合，并最终通过 1993 年生效的《欧洲联盟条约》正式成立欧盟。此后欧盟在数据跨境转移问题上的立场更加统一和强硬，并迫使美国做出让步。

因此，在 1994 年通过谈判成功在 WTO 框架下的 GATS 第 14 条中加入隐私例外之后，欧盟在 1995 年就通过《95 指令》明确要求个人数据跨境的提供必须以第三国通过了个人数据保护适当性评估为前提。而且，欧盟第 29 条工作组在 1999 年 1 月认定美国的个人数据保护机制未能通过第三国适当性评估，因此美国在欧企业不能将在欧盟收集的个人数据传输至美国。

[①] 吉米·卡特主政时期，在 1977 年商务部设立了隐私协调委员会，1978 年将该委员会升级为全国电信与信息局，负责隐私保护的研究和政策建议。但在里根总统上任后，这些机构就不再运转。参见世界隐私论坛. 商业与国际隐私活动：商业领域中的早年隐私保护. 2010. https://www.worldprivacyforum.org/2010/11/report-commerce-and-international-privacy-activities-early-years-of-privacy-at-commerce/。

这个结论对美国在欧企业是一个沉重的打击，因此这些企业联合起来要求美国商务部出面解决[1]。无奈的是，在现有国际法框架下，美国商务部并不能通过 WTO 争端解决机制来解决这个争议。GATS 第 14 条明确将个人数据处理和传输过程中的隐私保护问题作为例外留给成员国进行国内立法[2]。换言之，一国的隐私保护立法并不构成国际贸易的壁垒。这就迫使美国不得不让步，选择与欧盟委员会谈判[3]。

4.1.2 《安全港协议》主要内容

美国商务部谈判代表大卫·亚伦（David Aaron）提出"安全港协议（safe harbor framework）"的概念来解决欧美双方在隐私保护理念和机制上的不同。所谓的"安全港协议"，指的是美国商务部起草一个有关遵守欧盟有关数据转移要求的个人数据保护原则的框架，美国企业自评其隐私保护政策和措施并自愿加入这个框架，遵守框架规定的原则；而欧盟委员会一旦同意这个框架，就预设框架名单上的美国企业（即所谓的"白名单"）符合《95 指令》的要求，并自动得到欧盟和各成员国的认可，从而可以安全地将数据跨境转移至这些美国企业[4]。

对于这个提议，欧盟委员会表示担忧：框架草案里的原则设置了限制或例外，企业自评、自愿加入并没有办法保障企业遵守欧盟的规则，并且成员国数据监管机构的调查及其决定很难跨越国际法而在美国直接执行。因此，欧盟第 29 条工作组建议：首先，框架里的原则必须包括《OECD 指南》的所有原则，而且不能对这些原则设置限制或例外；其次，这个框架的加入虽然是自愿的，但一旦加入就要强制执行框架中的原则；再者，美国必须有对应的机构与欧盟委员会对接，公开哪些企业加入了这个框架，并配合欧盟开展调查；最后，美国要有专门机构来监督这些企业，欧盟公民的申诉也可以在美国直接获得救济，从而确保美国企业遵守《安全港协议》。

经过近两年的谈判，美国基本上满足了欧盟的上述要求，并在 2000 年 7 月 21 日提出了最终的《安全港协议》和执行这个框架的常见问题[5]。在 2000 年 7 月 26 日，欧盟委员会对《安全港协议》予以正式批准。

在操作上，整个《安全港协议》的落实有以下几大事项和步骤。

（1）美国企业必须遵守七项基本原则（见表 4.1）。

表 4.1 《安全港协议》的七项基本原则

序号	具体原则	主要内容
1	知情原则	告知数据主体数据被收集、收集范围以及数据使用目的
2	选择原则	消费者有权选择或者拒绝机构使用其数据；对于敏感性数据，当出于不同于原数据收集的目的而使用该数据时，消费者也可以选择加入或拒绝
3	向前转移原则	数据只能向遵守协议义务的第三方传输
4	安全原则	数据控制者必须采取合理、足够的措施保护个人数据，尽量削减数据受到侵害的可能性

续表

序号	具体原则	主要内容
5	数据完整原则	数据的收集目的应当与使用目的相匹配，并且不能超出收集目的的范围收集数据
6	接入原则	数据主体有权获得其个人数据；个人对自身数据享有更正权和删除权
7	执行原则	向个人提供可负担的追索与救济机制

(2)美国企业自评其隐私政策后以书信方式报告给美国商务部，该书信应由企业代表签署，内容应包括：①公开的隐私政策；②隐私政策执行有效时间；③联系人员信息；④发生纠纷的司法管辖；⑤加入哪些隐私协会；⑥内部或第三方评定的方法；⑦解决个人申诉的独立机制。

(3)美国商务部公开经自评的企业白名单，即美国商务部收到企业自评信后，将这些企业名单及其提交的自评信对外进行公布，企业要享受安全港福利必须每年提交自评信，商务部也应每年更新名单。

(4)欧盟及成员国自动承认白名单上的美国企业符合欧盟的要求。

(5)《安全港协议》的执行依靠美国行政监管部门的自愿参与予以保障：美国联邦贸易委员会参与执法，依照美国《联邦贸易委员会法》第五章(与商业有关的不正当或欺诈行为)来监管企业[①]，对于违反《安全港协议》的企业进行罚款或提起诉讼；美国交通部参与执法，对航空企业的跨欧数据转移进行监管[②]。

(6)欧盟成员国数据监管局有权依照《安全港协议》及常见问题暂停美国企业的跨境数据转移。

(7)欧盟对《安全港协议》的实施保有审查权，如果美国没有执行《安全港协议》，欧盟有权宣布该框架不符合欧盟有关数据跨境转移的适当保护要求。

这个框架是一个双赢的结果：一方面，使美国得以最大限度地保留其企业自律、分散立法的隐私保护模式，无需专门进行隐私保护统一立法来满足欧盟的跨境数据转移的要求，从而以最低成本、最简便的方式来方便美国企业(尤其是中小企业)进行跨越欧盟的数据转移[6]。所以，美国以退为进，成功维护了美国企业在欧洲的利益。另一方面，欧盟的主动出击也初见成效，通过《95指令》成功给美国企业的数据跨境转移设置门槛，同时也在缺乏有力司法域外法权的情况下，通过谈判让美国就欧盟成员国公民对于美国企业保护其个人数据不力的情形提供法律救济，并保留了对《安全港协议》有效性的否决权。由于美国监管金融、电信、非营利组织等部

---

① 美国企业在提交美国商务部自评信表示自愿遵守《安全港协议》之后，实际违反该框架的，构成虚假表示或欺诈。

② 由于美国联邦贸易委员会仅对一般商业性企业的不正当和欺诈行为具有监管权，美国交通部仅对航空企业有监管权，其他领域的数据跨欧转移，如金融数据、医疗数据，则还属于欧美谈判的领域。换言之，这个《安全港协议》仅在美国联邦贸易委员会和交通部具有监管力的领域有效，其他美国政府机构没有加入《安全港协议》执法体系的领域，则无效。个人数据向美国转移的安全港安排如何运作. 2022. http://ec.europa.eu/justice/policies/privacy/thridcountries/adequacy-faq1_cn.htm。

门并没有加入到《安全港协议》的执法机构之列，欧盟仍然不认为其在这三个领域提供了适当的个人数据保护水平[7]。

4.1.3 《安全港协议》的局限性

《安全港协议》在"棱镜门"事件中暴露了其局限性——难以自我调整协议的内容及其执行。2013 年 6 月 5 日，美国中情局前职员爱德华·斯诺登通过英国《卫报》披露美国法院批准美国中情局可以通过 Verizon 公司监控民众的电话的解密文件[8]。次日，他在中国香港接受《卫报》采访时指出美国中情局可以通过谷歌、苹果、脸书等美国互联网企业监控任何人，包括普通民众、议员和总统[9]。第三天，美国总统奥巴马辩护称这些监控项目有利于美国反恐，并指出，"你不可能同时拥有百分百的安全和百分百的隐私，因此我们不得不做出选择……当看到细节时，我认为我们做出了正确的选择"[10]。一石激起千层浪，该事件引发美国前所未有的信任危机。

对于"棱镜门"事件，欧盟委员会进行了系列研究和评估，对《安全港协议》仍抱有幻想，认为无需立即采取措施暂停或者节制欧美的跨境数据转移。其中，欧盟委员会在 2013 年 11 月 27 日发布的《欧盟委员会向欧盟理事会和欧盟议会通报：从欧洲公民和企业角度来考虑安全港协议的功能》中指出，截至 2013 年 9 月 26 日，美国共有 3246 家企业进入白名单，其中 40%的企业员工数量达到 250 人以上；行业领域涵盖计算机服务、医药、旅游、医疗和信用卡服务，但有 10%的企业没有公开其隐私政策。因此，欧盟成员国的数据监管机构表示担忧，指出美国企业高度依赖自我评估和自律，实际的执行缺乏一定的透明度和执行力。该报告还披露，在"棱镜门"事件以后，德国数据监管局曾要求一家美国企业汇报该企业是否向美国国土安全局移转过德国个人数据，如果没有，又是如何防止美国国土安全局访问这些数据的。尽管还存在这些问题，欧盟委员会仍然认为《安全港协议》有效，无需立即停止[11]。

此外，欧盟委员会在 2014 年中期发布的《欧盟委员会向欧盟理事会和欧盟议会通报：重建欧美跨境数据转移的信心》，认为"棱镜门"事件对欧美合作伙伴关系的互信是重大打击，有必要更新欧美《安全港协议》，重建欧美在数据转移方面的信心。欧盟委员会指出，在跨境数据转移方面，美国一些企业通过欧美《安全港协议》将欧盟公民的个人数据转移到美国，然后披露给美国政府，这严重侵害了欧盟公民的隐私权；而且，对于这种侵权，欧盟公民在美还无法享有美国公民同等的寻求司法保护的权利。因此，为了重建欧美战略合作伙伴的信心，有必要在短期内加强《安全港协议》的执行与监督，并严格限制美国《安全港协议》下的国家安全例外的适用，让其适用符合严格意义下的必要性和合比例性[12]。

由此可见，欧盟委员会还是认为可以通过《安全港协议》预留的定期评估机制和其他对话机制来解决《安全港协议》本身存在的问题，还不至于终止该协议。

4.1.4 《安全港协议》的无效

4.1.4.1 施雷姆斯的申诉

对于欧盟委员会的上述做法，奥地利一名法学院学生马克西米利安·施雷姆斯（Maximillian Schrems）认为只是敷衍了事，于是"揭竿而起"。作为脸书爱尔兰公司的用户，他基于"棱镜门"事件，在2013年6月25日向负责执行《爱尔兰数据保护法》的数据监管局局长（Data Protection Commissioner）提出申诉，要求后者调查脸书爱尔兰公司是否将其个人数据通过欧美《安全港协议》跨境转移到美国并透露给美国国家安全机构，从而违反了《95指令》对于跨境数据传输所规定的适当保护要求。在具体的调查请求上，施雷姆斯先生请求调查：①欧盟委员会第2000/520号有关欧美《安全港协议》的决议的有效性；②如有必要，他将请求欧盟法院对该决议做出临时裁决；③如有必要，他还将申请禁止脸书公司转移个人数据。

4.1.4.2 爱尔兰数据监管局驳回申诉

2013年7月23日，爱尔兰数据监管局局长很快驳回施雷姆斯的请求。驳回的三大理由：一是施雷姆斯没有证据证明美国国家安全机构获取了他的个人数据；二是任何涉及美国是否提供欧洲公民个人数据适当保护的问题都应当依据欧盟委员会第2000/520号有关欧美《安全港协议》的决议进行判定；而这个决议认定美国提供了个人数据的适当保护；事实上脸书公司也是在《安全港协议》下的白名单公司中；三是依据《爱尔兰数据保护法》，他没有任何权利去否决该决议，也没有权力向欧盟法院提出初步裁决[①]。

4.1.4.3 爱尔兰高等法院提出初步裁决请求

施雷姆斯先生不服该局长的决定，向爱尔兰高等法院提起诉讼，要求审查爱尔兰数据监管局局长的决定是否违法，以及法院是否应当发出裁定要求该局局长对其申诉进行调查。

2014年7月17日，爱尔兰高等法院霍根大法官判决认为，如果仅仅按照爱尔兰《数据保护法》和《宪法》，数据监管局局长是应当调查脸书爱尔兰公司在转移爱尔兰公民的个人数据上是否提供了适当保护；但本案同时受到欧盟法的约束，并且欧盟法应优先适用，因此应提请欧盟法院就涉案的欧盟委员会第2000/520号决议的适用问题做出初步裁决（preliminary ruling）[②]。

具体而言，爱尔兰高等法院提请欧盟法院审查下列问题：对于个人数据被转移到未提供个人数据适当保护的美国的申诉，成员国数据保护专员在判断该第三国是

---

① 引自马克西米利安·施雷姆斯诉数据保护专员，爱尔兰高等法院审议。档案号：2013/765 JR。
② 马克西米利安·施雷姆斯诉数据保护专员. [2014] IEHC 310 (2014)。

否提供恰当保护问题时，尽管已经考虑到了《欧盟基本权利宪章》第 7 条和第 8 条以及《95 指令》第 25 条第 6 款的规定[①]，是否仍必须受到欧盟委员会第 2000/520号有关美国提供了恰当保护的决议的约束？抑或是数据保护专员可以根据欧盟委员会第 2000/520 号决议颁布之后的事实发展而直接展开调查？

由此可见，借着"棱镜门"事件，施雷姆斯的一纸申诉让爱尔兰的数据监管局和高等法院左右为难，只能将"烫手的山芋"丢给欧盟法院。不过，应当指出的是，与爱尔兰数据监管局的刻意回避不同，爱尔兰高等法院其实在裁定中已经间接地质疑了安全港相关决议的有效性，只是无权否决它。

4.1.4.4 欧盟法院裁定《安全港协议》无效

欧盟法院终于在 2015 年 10 月 6 日对施雷姆斯案做出临时裁决：一是从《欧盟基本权利宪章》第 7 条、第 8 条和第 47 条的角度，《95 指令》第 25 条第 6 款必须解释为：有关为执行该条款而做出的决定（例如欧盟委员会第 2000/520 号决议），并不排除成员国的监管机构审查成员国公民有关其个人数据被转移到未提供适当保护的第三国的申诉；二是欧盟委员会第 2000/520 号决议无效。

对于成员国数据监管机构的权力，欧盟法院指出，成员国数据监管机构在数据转移到第三国问题上的权力是《95 指令》第 28 条第 1 款赋予的；并且，这样的要求也是"源自欧盟的主要法律渊源，特别是《欧盟基本权利宪章》第 8 条第 3 款以及《欧盟运行条约》第 16 条第 2 款中的相关规定。"因此，成员国数据监管机构的独立权力是有效保障个人数据得到保护的基石。

对于欧盟委员会在个人数据转移到第三国方面的权力，欧盟法院指出，《95 指令》第 25 条第 6 款赋予欧盟委员会有权做出第三国是否提供个人数据方面的适当保护的决议；而且按照《欧盟运行条约》第 288 条规定，这个决议对所有成员国都生效。欧盟法院进一步指出，"除非这个决议被欧盟法院认定为无效，任何成员及其下属机构均不得采取与该决议相反的措施。"然而，这样的决议并不能否定欧盟公民向本国数据监管机构提出申诉。同样，欧盟委员会的决议不得排除或者减损成员国数据监管局依照《欧盟基本权利宪章》第 8 条第 3 款和《95 指令》第 28 条明确赋予的权力。因此，即使欧盟委员做出过第三国提供了个人数据适当保护的决议，但成员国数据监管机构仍有权审理本国公民就个人数据向第三国转移方面的申诉；否则，《欧盟基本权利宪章》第 8 条第 1 款和第 2 款有关个人数据方面的基本权利就得不到保障[②]。

对于欧盟委员会第 2000/520 号决议的有效性，欧盟法院认为，在法律层面应当

---

① 《95 指令》第 25 条第 6 款规定，依据第三国有关个人隐私以及基本自由方面的国内法及其国际承诺，欧盟委员会有权认定该第三国是否提供了个人数据适当水平的保护。

② 欧盟法院第 362/14 号案。

依据其是否满足了《95 指令》第 25 条第 6 款的要求来判断。依据该指令第 25 条第 6 款的规定，基于第三国有关保护个人私生活和个人基本自由方面的国内法或者国际承诺，欧盟委员会可以认定该第三国提供了个人数据方面的适当保护。因此，该规定是履行《欧盟基本权利宪章》规定的义务，确保了欧盟个人数据继续在第三国得到高水平的保护。而且，欧盟法院指出，该规定使用的"'适当水平的保护'应当理解为要求第三国通过其国内法和国际承诺在事实上达到一个等同于《欧盟基本权利宪章》意义上的水平。"

在具体内容上，欧盟法院指出，欧盟委员会第 2000/520 号决议有四大方面的问题：一是有关美国《95 指令》所要求的适当保护水平的认定，依据美国商务部提交的安全港原则和常见问题，这两个文件仅对自评加入该《安全港协议》的企业具有约束力，对美国机构并没有约束力；二是该决议没有有关美国国内法或国际承诺方面采取的措施的认定；三是该决议附件 1 第 4 段还规定安全港原则的适用受到"（美国）国家安全、公共利益，或者执法要求"等限制；四是该决议没有包括任何有关美国会采取措施，以限制任何公权力干预那些个人数据被转移到美国的欧盟公民基本权利的认定；事实上，欧盟委员会知道这些欧洲公民是没有任何行政或者司法的途径去确保他们可以获取、修正或者删除其个人数据的。

因此，欧盟法院判决，由于欧盟委员会并没有说明美国基于国内法或者国际承诺而在事实上确保了适当的保护，故该决议无效。欧盟法院直截了当地否决了欧盟委员会有关欧美《安全港协议》的第 2000/520 号决议，也就意味着这个实施了长达十五年的《安全港协议》不再有效。

4.1.5　《安全港协议》无效的影响

欧盟法院的临时裁决，对施雷姆斯来说是个巨大胜利，可谓是"蚍蜉"却撼动"大树"，直接导致美国商务部和三千多家美国在欧企业前功尽弃。

欧盟法院判决《安全港协议》无效对欧盟委员会而言看似以司法力量纠正行政行为，但对于欧盟委员会而言何尝不是一种解脱。因此，临时裁决一发布，欧盟委员会第一副主席弗兰斯·提默曼斯就在当天召开了新闻发布会。提默曼斯指出，该判决"肯定了"欧盟委员会要继续努力去谈判一个新的"安全港协议"，欧盟委员会会尽快出台细则来引导各成员国处理有关数据转移到美国的请求，并愿同各成员国数据监管机构一起努力加强执法；与此同时，欧美企业则可以通过其他机制来进行数据转移[①]。很显然，欧盟委员会一方面不得不尊重欧盟法院的判决，另一方面也可以借此契机，借助欧盟法院确立的以《欧盟基本权利宪章》为个人数据保护标准

---

① 第 15/5782 号声明：欧盟委员会第一副主席迪默曼和委员朱罗瓦在欧盟法院第 362/14 号（施雷姆斯）案后有关安全港影响的新闻发布会上的声明。

获得与美国商务部谈判的新筹码。

对于爱尔兰高等法院而言，欧盟法院临时裁决支持了自己的请求，自是扛起了维护个人数据方面宪法性权利的旗帜。于是，爱尔兰高等法院霍根大法官在 2015年 10 月 20 日撤销了爱尔兰数据监管局局长此前做出的不予对脸书爱尔兰公司进行调查的决定，要求其对脸书公司的爱尔兰数据隐私实践展开调查[13]。

根据欧盟法院的临时裁决，爱尔兰数据监管局局长海伦·迪克森就要对美国是否对从欧盟转移到美国的个人数据提供了适当水平的保护进行调查。根据《爱尔兰数据保护法》，如果调查结果是否定的，那么迪克森局长就要将这个结果通知欧盟委员会以及其他成员国的数据监管局。根据 2003 年修订的《爱尔兰数据保护法》第13 条规定，迪克森局长最快 90 天内给出调查结果，特殊情况下可以延期 90 天。

在这样的情况下，欧美企业在等待欧美官方的重新谈判结果，以及迪克森局长的调查结果出来之前，如果还要合法地转移个人数据，就需要通过合同中的标准合同条款或者经各成员国数据监管机构认证的企业有效规则来执行。不过，幸好欧盟委员会早在 2001 年、2004 年和 2010 年先后公布和更新了标准合同条款的内容，企业有效规则也实施多年。因此，欧美企业（尤其是大企业）从施雷姆斯案开始到临时裁决做出之前有近两年的时间准备替代方案，并不会因为这个临时裁决受到致命打击。当然，这些企业不再有《安全港协议》这样的一纸畅通 28 个欧盟成员国的通行证，而不得不与每个成员国数据监管局做好长期周旋的准备。

4.2　欧美隐私盾框架及其无效

4.2.1　《欧美隐私盾协议》谈判背景

4.2.1.1　美国国内的分歧

对于欧盟法院废除《安全港协议》的裁决，美国国内有两大不同的观点。一种是反对欧盟观点的声音，希望进一步加大企业与政府间的情报共享，更好应对反恐局势，维护美国的安全。例如，奥巴马总统在 2015 年 12 月 18 日签署了《网络安全情报共享法》（CISA），为自愿共享网络情报的企业提供民事侵权责任的免责，免去企业共享情报的后顾之忧，鼓励企业自愿而全面地共享网络情报。另一种则是迎合的态度，期望重建欧美合作伙伴的信心，先满足欧盟的需求，再进一步探讨后续事宜。例如，美国众议院在欧盟判决做出两周后（即 2015 年 10 月 20 日），以口头表决的方式迅速通过了《2015 司法救济法案》，为欧洲公民在美国的隐私权保护提供司法救济解决方案，以求恢复欧美互信。《2015 司法救济法案》将授权美国司法部来指定外国国家名单或者区域经济体，使这些国家或区域经济体的自然人可以在下列两种情形下通过美国 1974 年《隐私法》在美国哥伦比亚特区联邦地区法院对美国政府机关提起民事诉讼。2016 年 2 月 9 日，美国参议院通过该法案。2 月 24 日，奥巴马总统签署该法案，法案正式生效。

4.2.1.2 欧盟乘势加码

如果细看欧盟法院的判决，就可以发现《95 指令》已经严重过时：欧盟法院是以 2009 年生效的《欧盟基本权利宪章》第 8 条来解读《95 指令》。这种解释方法——在后法位阶高于前法位阶的前提下以后法解释前法——表明了欧盟法院明显的保护主义①。除此之外，该判决也表明《95 指令》亟须修法更新或被替代。事实上，早在《欧盟基本权利宪章》生效后一年，欧盟就已经开始起草《通用数据保护条例》，以求代替 1995 年的《95 指令》，进一步强化个人数据权这一宪法性权利在整个欧盟的统一、高水平保护。

其中，《欧盟基本权利宪章》第 8 条规定个人数据受保护权为宪法性权利。第 8 条分 3 款规定了个人数据方面的基本权利：①第 1 款规定任何欧盟成员国的公民都享有其个人的数据保护权；②第 2 款规定，个人数据的处理必须限于特定目的并基于相关个人的同意或者法律规定的合法理由；公民有权获取他人收集到的关于本人的数据，并有权修正这个数据；③第 3 款规定，必须有一个独立机构来确保前两款规则的遵守。

《通用数据保护条例》立法草案不仅细化了《欧盟基本权利宪章》第 8 条的要求，而且将数据保护的水平强化到令人生畏的地步，尤其是对企业在收集、使用、存储、处理和转移数据时设置更加苛刻的要求，并对违法行为设置高昂的罚金，这无疑会进一步加大美国企业在欧盟开展业务的成本，限制数据的跨境自由流动。

4.2.2 《欧美隐私盾协议》主要内容

在欧盟法院做出使《安全港协议》无效的临时裁决四个月之后，也就是 2016 年 2 月 2 日，欧盟委员会和美国商务部联合宣布他们达成了新的数据跨大西洋转移的协议——《欧美隐私盾协议》（EU-US Privacy Shield）[14]。

相较之前的欧美《安全港协议》，美国在《欧美隐私盾协议》中做了如下几方面的让步：

（1）对向美国转移数据的企业规定了更加严苛的义务：①"对外转移数据原则"改为"对外转移数据的责任原则"，增加"责任"二字凸显企业的内部审核责任；②"执行原则"改为"救济、执行与责任原则"，强调企业必须给数据主体权利提供有效的救济措施（如设置明确的处理期限：45 天之内回复欧洲公民的申诉；必须

---

① 这早已成为欧盟法院解释《95 指令》的惯例。参见欧盟法院第 131/12 号案，谷歌西班牙公司，第 68 段，2014 年。

设置企业内部的隐私权专门处理申诉），在执行《欧美隐私盾协议》时确保每年自审一次。

（2）书面承诺美国政府部门更加严格的职责：①美国国家情报总监书面保证美国政府获取欧洲公民的个人数据时受到明确的限制和监控；该明确限制的法律依据是《美国第 12333 号执行令》[①]和《美国总统第 28 号政策指令》[②]；②美国国务卿克里书面承诺在国务院内部成立隐私监察专员（Privacy Shield Ombudsperson），该监察专员独立于国家安全部门，有权独立处理欧洲公民就美国政府部门违法获取其个人数据的申诉。

（3）专门强调对欧洲公民申诉的多种救济途径：①企业设置隐私官并在 45 天之内处理申诉；②企业提供免费的替代性纠纷处理方案；③欧洲公民向本国数据保护局提出申诉，由该局向美国商务部或联邦贸易委员会移交，后者在 90 天之内做出答复；④欧美联合设置一个隐私保护小组，下设一个仲裁小组作为申诉的最终解决机制。欧美双方根据协商，共选出 20 名仲裁员，如果欧洲公民提出的申诉无法凭借前三个途径得到解决后，可以提出仲裁申请，从 20 名仲裁员中选出 1 名或 3 名仲裁员，做出纠纷处理的终局决定。

另外，该《欧美隐私盾协议》还附带了其他五个美国相关部门有关执行该协议的承诺书。这五个政府部门包括：①联邦贸易委员会；②交通部；③国家情报总监和办公室；④国务院（关于设立隐私监察专员的承诺）；⑤司法部（关于监督政府部门获取欧洲公民个人数据的承诺）。上述机构的承诺书都将在美国联邦登记处公开。

基于美国关于《欧美隐私盾协议》的上述承诺和让步，欧盟委员会确认美国再次满足了《95 指令》对于跨境数据转移的要求，进入该协议白名单的企业可以向美国转移相应的个人数据。此外，对于美国于 2016 年 2 月 24 日通过的《司法救济法》，欧盟委员会指出，"该法为欧洲公民在隐私保护上提供的美国公民待遇是欧盟长期以来坚持的要求[15]。"与此同时，欧盟委员会还对 2015 年 9 月结束的《欧美数据保护"伞式协议"》做出进一步澄清，指出该伞式协议本身并不是数据跨境转移的合法依据，它仅是强化对合法跨境转移数据的法律执行保障，尤其是强化欧美司法上的进一步合作。

《欧美隐私盾协议》主要分为三个部分，分别是"隐私盾"基本原则、补充原则、关于仲裁事项的附件一以及五封信。《欧美隐私盾协议》在《安全港协议》的七个原则的基础上做出了更详细的规定，为数据主体提供了更具体的法律指引，从而增强了对数据主体权利的保护。

---

① 该执行令出台于 1981 年，后于 2001 年，2003 年和 2008 年进行了三次修订，法令内容：https://www.nsa.gov/Signals-Intelligence/EO-12333/。

② 该指令由美国奥巴马总统发布于 2014 年，主要针对安全情报的收集，具体内容：https://irp.fas.org/offdocs/ppd/ppd-28.pdf。

4.2.2.1　提供有效保护欧盟数据主体权利的法律救济途径

《欧美隐私盾协议》强化了对数据主体权利的救济，包括：①个人可以直接向加入《欧美隐私盾协议》的企业进行投诉，企业必须在 45 天内做出回应；②企业必须无偿向个人提供独立的追索机制，尽快调查处理投诉和争议；③如果个人向欧盟的数据保护机构进行投诉，美国商务部将予以受理、审查，尽最大的努力促进争议解决，并于 90 天内向数据保护机构做出回复。

4.2.2.2　美国承诺加强监督与合作

美国商务部承诺健全对企业遵循隐私盾框架情况的管理和监管，包括公司是否提供了所有必需的信息，必要时是否在认可的独立追索机制上登记注册；对那些自我认证失败或自愿退出隐私盾框架的组织进行跟踪；依职权定期进行合规审查并评估等。

美国商务部、联邦贸易委员会还承诺提高与欧盟数据保护机构的合作水平，包括：建立专门的联络点与欧盟数据保护机构进行联系、交换信息、提供执行协助等。商务部、联邦贸易委员会和其他有关机构与欧盟委员会举行年度会议，讨论关于隐私盾框架的功能、实施、监督和执行问题。《欧美隐私盾协议》的年度审查机制要严于《通用数据保护条例》，《通用数据保护条例》规定至少每四年进行一次审查，而《欧美隐私盾协议》为年度性审查。该机制表明了欧盟与美国两方严格遵守协议的决心。

4.2.2.3　赋予企业更多的义务

尽管企业加入《欧美隐私盾协议》是自愿的，但一旦企业做出遵循隐私盾框架的公开承诺，则该承诺具有法律约束力，并在美国法律下具有强制执行力。如果公司没有履行承诺，将会面临严重的制裁。美国企业想要从欧洲输入个人数据，在《欧美隐私盾协议》下就需要在个人数据处理和个人权利保障方面接受更强的义务。《欧美隐私盾协议》对加入协议的企业传输欧盟数据到框架外的第三方赋予了更严格的责任，无论这里的第三方是美国还是第三国。关于监管方面，为了防止搭便车者，美国商务部承诺进行定期且严格的监督以使企业遵守协议。此外，签署《欧美隐私盾协议》的企业需要每年在其网站上公示隐私政策和自我认证，并接受美国政府的定期合规检查。同时，协议为欧盟与美国的企业提供了法律确定性。这将激励小型企业投资发展跨大西洋业务活动。《欧美隐私盾协议》的参与者还必须在收到任何个人在向其他追索机构和执行机制投诉未果的请求后，进行有约束力的仲裁。

4.2.2.4　对美国政府的数据获取进行限制

美国政府通过美国司法部和美国情报总监办公室监督美国情报机构，提供给欧盟书面承诺和保证，国家机构由于执法、国家安全或其他公共利益的目的而进行的数据获取将受到明确限制和监管。美国政府书面承诺不会进行国家安全机构的大规模且无差别的监控。美国通过独立于国家安全机构的监察专员为欧盟数据保护建立一个新的救济机制。这是一个重大的进步，不仅仅适用于《欧美隐私盾协议》中数据的传输，同时适用于商业目的下向美国传输的所有个人数据。美国联邦贸易委员会承诺与欧盟数据保护机构紧密合作，提供援助，这包括在适当情况下的信息共享和依照美国网络安全法的调查援助。

对于《欧美隐私盾协议》，欧盟数据保护机构第 29 条工作组于 2016 年 4 月 13 日发布评议报告，认为"隐私盾"协议相较于已被废除的"安全港"协定，是巨大飞跃；尤其包括关键定义的引入，建立监管"隐私盾"保护名单的机制，强制性的内部和外部审查，都是积极的进步。而第 29 条工作组对《欧美隐私盾协议》下商业机构和政府机构的数据传输均表示出了强烈关注，认为仍存在整体缺乏透明度、救济机制过于复杂、对排除大规模无差别的跨境收集个人数据欠缺详细说明等一些问题，并敦促委员会解决这些问题，制定解决办法以完善充分决定草案，确保《欧美隐私盾协议》提供的保护与欧盟的要求基本等同[16]。

4.2.3 《欧美隐私盾协议》的局限性

尽管欧盟议会对于欧盟委员会和美国商务部达成的《欧美隐私盾协议》原则上是肯定的，欧盟委员会可能仍需要与美国商务部在下列 4 个议题上再行谈判：①关于美国政府部门获取已转移数据的限制；②根据《欧盟基本权利宪章》，要求美国明确收集数据要限于必要原则和比例原则；③隐私监察专员的权限和独立性；④对于美国承诺的复杂救济机制商谈出一个对用户友好且有效的救济机制[17]。

从目前的谈判结果来说，欧盟委员会再次成功借助欧盟法院的力量，迫使美国商务部及其他部门在《欧美隐私盾协议》中做出重大让步。在这个意义上来说，欧盟再次完胜美国。

然而，为了美国企业在欧盟的利益美国表面上向欧盟示弱，做出了一个书面承诺，但这只是答应欧盟要在程序上为欧盟公民的诉求提供一个救济途径，即使是《司法救济法》的通过，也丝毫没有改变美国实体法上的任何内容（如通过单一隐私法或增加被遗忘权等）。因此，美国国会和奥巴马总统于 2015 年 12 月秘密通过《网络安全情报共享法》，豁免美国企业因该法进行网络安全情报共享而可能遭受的任何司法追究，从而鼓励美国企业自愿全面共享包括欧洲公民个人数据的网络安全情报。

面对美国的做法，欧盟针锋相对，快速在 2016 年 4 月 27 日通过了《通用数据保护条例》。该条例通过属地主义和属人主义全面保护欧洲公民的个人数据权，明确规定了谷歌等美国企业非常反感的"被遗忘权"和"数据携带权"。据此，欧洲公民的个人数据如果出现在美国企业的系统中，欧洲公民有权要求该企业将其删除并通知其他处理该数据的企业同样删除；欧洲公民也可以选择将其个人数据从美国企业无障碍地转移到其他企业（当然包括欧盟本土企业）。

因此，《欧美隐私盾协议》的局限性就体现在欧美双方实际上并未通过该协议真正建立起互信，而是各自仍然在暗中角力，互不让步。而且，《欧美隐私盾协议》是奥巴马总统即将下台前美国商务部达成的协议，在特朗普上台后美国商务部和其他政府部门的承诺基本不被执行。

4.2.4　《欧美隐私盾协议》的无效

2015 年 10 月 6 日，欧盟法院在施雷姆斯案的初步裁决中认定《安全港协议》无效，成员国数据保护机构有权审查个人数据从欧盟跨境提供是否获得适当性保护。有鉴于此，提请欧盟法院初步裁决的爱尔兰高等法院撤销了爱尔兰数据监管机构驳回施雷姆斯申诉的决定。因此，爱尔兰数据监管机构必须继续调查施雷姆斯针对脸书未能对跨境提供的个人数据提供适当保护提出的投诉。在调查中，脸书主张其依赖于《欧盟第 2010/87 号有关欧盟标准合同条款的决定》（以下简称《SCC 2010 决定》）附件中的标准合同条款（SCC）转移欧盟的个人数据到美国。因此，爱尔兰数据监管机构要求施雷姆斯修改其投诉事由。

施雷姆斯于 2015 年 12 月 1 日修改投诉事由，声称 SCC 不能确保脸书把欧盟个人数据转移到美国仍能提供符合《欧盟基本权利宪章》要求的适当保护，爱尔兰数据监管机构应当禁止或暂停脸书将其个人数据转移到美国总部处理。尽管爱尔兰数据监管机构草拟的决定草案中认为《SCC 2010 决定》附件中的标准合同条款只是约束数据出口方（本案中的脸书爱尔兰公司）和数据进口方（脸书美国总公司）、无法约束合同第三方美国政府机构，因而无法保证欧盟公民个人数据转移到美国后不会被美国政府获取，但爱尔兰数据监管机构本身并无权决定《SCC 2010 决定》的有效性。因此，爱尔兰数据监管机构在 2016 年 5 月 31 日向爱尔兰高等法院提起了诉讼，以便其将相关问题提交欧盟法院获得初步裁定。

鉴于欧盟委员会在 2016 年 2 月 2 日与美国商务部等签订的《欧美隐私盾协议》表明美国企业将个人数据从欧盟转移到美国之后能够提供同等保护水平并对成员国具有约束力，爱尔兰高等法院请求初步裁定的事项就不仅包括了《SCC 2010 决定》的有效性，还包括了《欧美隐私盾协议》的有效性。

2020 年 7 月 16 日，欧盟法院就上述请求做出了施雷姆斯系列案之二（Schrems II）的初步裁决，正式宣布《欧美隐私盾协议》无效，但确认《SCC 2010 决定》继续有效。

4.2.4.1　欧盟委员会的《SCC 2010 决定》有效

首先，欧盟法院指出，本案所要适用的个人数据保护法律不再是《95 指令》，而应当是《通用数据保护条例》（GDPR），理由是本案中施雷姆斯最新修改的投诉诉求是请求暂停或禁止脸书爱尔兰公司未来将其个人数据转移到美国，所涉及的法律问题是脸书爱尔兰公司现在以及未来个人数据的跨境转移的合法性，而 GDPR 已经代替《95 指令》规范这些数据的跨境转移。

其次，欧盟法院还指出，根据 GDPR 第五章的规定，数据控制者将个人数据跨境转移到欧盟之外时应当确保数据主体根据 GDPR 获得的保护不会降低，其中的合法跨境途径获得适当性评估，以及在缺乏适当性评估时数据控制者或处理者采取了必要措施确保数据主体获得同等保护。其中，GDPR 第 46 条第 2 款第 c 项规定，数据控制者或处理者采用欧盟委员会制定的 SCC 也可以合法地进行个人数据跨境。

继而，欧盟法院强调，欧盟委员会根据 GDPR 第 46 条第 2 款第 c 项制定的 SCC，仅仅旨在提供给欧盟成立的数据控制者或处理者将数据跨境提供给欧盟外的数据控制者或处理者时的一种合同约束机制，这种约束机制是普遍适用于欧盟外所有第三国的而不考虑特定第三国的情况。因此，考虑到 SCC 的合同属性，SCC 不可能提供超越合同相对性来确保欧盟法律所要求的个人数据保护水平，而这种保障水平可能需要在欧盟的数据控制者采取补充措施才能实现。并且，数据控制者所要采取的这些补充措施取决于其拟将数据转移到的第三国的具体情况。这是数据控制者要根据个案来分析和确定的，而不是欧盟委员会要通过适用于所有第三国的 SCC 来确定的。此外，如果数据控制者不能采取适当措施确保提供适当保护水平，特别是第三国法律规定的个人数据接收者将所接收数据提供给公权力机关的义务违反 SCC 合同义务时，欧盟成员国监管机构也就有权要求其暂停或终止数据出境。

最后，欧盟法院判定，欧盟委员会根据 GDPR 第 46 条第 2 款第 c 项制定的 SCC（包括本身涉及的《SCC 2010 决定》），不能约束第三国的公权力机关的事实并不影响欧盟委员会《SCC 2010 决定》的效力。相反，根据 GDPR 第 46 条第 1 款和 GDPR 第 46 条第 2 款第 c 项的规定，以及根据《欧盟基本权利宪章》第 7、8、47 条的规定对 GDPR 上述条款的解释，《SCC 2010 决定》的效力取决于该决定中所附 SCC 条款是否提供了有效机制，确保个人数据向第三国转移提供了适当保护，并确保违反 SCC 条款时是否可以暂停或终止数据跨境提供。事实上，本案所涉及的《SCC 2010 决定》的第 4 条、第 5 条、第 9 条、第 11 条都提供了这样的有效机制。尤其是涉案 SCC 第 5 条第 a 款规定，数据进口方应及时通知数据出口方其无法遵守二者之间的合同，并且该条款明确在数据进口方做出上述通知后，数据出口方可以暂停数据出口或者终止合同。此外，《SCC 2010 决定》第 4 条也明确《SCC 2010 决定》并不影响成员国监管机构在数据控制者未自行暂停或终止数据跨境提供时要求该数据控制者暂停或终止数据跨境提供，但欧盟委员会对特定第三国做出了适当性评估决定的除外。

因此，欧盟法院认为，涉案《SCC 2010 决定》并不无效，但数据控制者依据《SCC

2010 决定》所附 SCC 开展数据跨境提供需要自行根据数据进口国的情况来确定采取的补充措施，以确保个人数据保护水平不因其数据跨境而有所降低。

4.2.4.2　欧盟委员会有关《欧美隐私盾协议》的决定无效①

首先，欧盟法院指出，根据其在施雷姆斯系列案之一的判例，欧盟委员会有关《欧美隐私盾协议》的决定在未被欧盟法院宣布无效之前对欧盟成员国具有约束力，欧盟成员国监管机构不得以美国公权力机关以国家安全、执法或其他公共利益目的，获取从欧盟转移而来的个人数据而未提供适当保护为由暂停或终止依据《欧美隐私盾协议》而进行的数据转移。当然，该判例也明确，在数据主体提出投诉时，欧盟委员会做出的第三国适当性决定并不影响成员国数据监管机构调查涉案的数据跨境转移是否遵守了 GDPR 的要求，并且在数据主体有充分理由质疑欧盟委员会第三国适当性决定效力时可以提请成员国法院审理，并由后者提请欧盟法院就欧盟委员会第三国适当性决定的有效性做出初步裁决。

其次，欧盟法院重申，欧盟委员会应当根据 GDPR 第 45 条第 3 款的要求提供充分的理由来证明特定第三国通过国内法或者国际承诺提供了欧盟法所要求的实质同等保护水平，而且欧盟委员会应当根据《欧盟基本权利宪章》第 7 条(保护个人隐私)和第 8 条(保护个人数据)的标准来衡量同等保护水平。

再者，欧盟法院注意到，在《欧美隐私盾协议》决定做出的评估过程中，欧盟委员会知悉该协议附件二第 1.5 段规定美国公权力机关可以基于国家安全和公共利益或者美国国内法的规定获得从欧盟跨境转移而来的个人数据；而且，这种例外恰好允许美国公权力机关依据《外国情报监视法》(FISA)第 702 条和《第 12333 号情报执行令》(E.O. 12333)实施的棱镜计划(PRISM)和上游(Upstream)监视项目获取从欧盟转移过来的个人数据。不过，欧盟委员会认为美国《外国情报监视法》《第 12333 号情报执行法》和《第 28 号总统政策令》(PPD-28)对这些事由提供充分的限制和救济，因而仍然认为《欧美隐私盾协议》下的美国企业提供了适当水平的个人数据保护。

欧盟法院强调其判例已经明确，将个人数据转移给包括公权力机关的任何第三方或者允许公权力机关获取个人数据都构成对《欧盟基本权利宪章》第 7 条和第 8 条赋予欧盟公民的基本权利限制。虽然《欧盟基本权利宪章》也明确欧盟公民的基本权利并非一个绝对权(not absolute rights)，但对其的限制必须符合下列条件：一是具有明确的法律规定；二是对其的限制应当符合比例原则(即根据限制的目的而言是必要的)；三是限制的理由即公共利益也被欧盟法律所认可；四是该法律同时提供了必要保障措施防止该限制被滥用，特别是根据 GDPR 第 45 条第 2 款第 a 项要保障数据主体就其跨境转移的个人数据仍能够获得有效且可执行的权利保护。

---

① 参见欧盟法院第 311/18 号案，数据保护专员诉脸书爱尔兰公司和马克西米兰·施雷姆斯，第 150～202 段。

对此，欧盟法院指出，《外国情报监视法》第 702 条仅基于美国国家情报机构总监和总法律顾问的年度评估（annual certifications）来批准监视项目，本身并不涉及"哪些公民可能会因此成为外国情报信息获取的对象"，也就没有提供任何对非美国公民的监视权力的限制，也未对非美国公民提供任何保障。对此，欧盟法院总法律顾问也已经确认就此问题，《外国情报监视法》第 702 条无法提供《欧盟基本权利宪章》所要求的实质同等保护水平。此外，美国在《欧美隐私盾协议》中使得《外国情报监视法》第 702 条授予的监视权力受限于《第 28 号总统政策令》，但该政策令本身并没有授予数据主体可向美国法院提起行政诉讼的诉权。类似地，同样，根据《第 12333 号情报执行法》实施的监视项目也未授予数据主体在美国提起行政诉讼的诉权。

最后，欧盟法院指出，《欧美隐私盾协议》中引入的隐私盾监察专员是一种行政性安排——独立于情报部门并向美国国务卿直接汇报的"国际信息技术外交关系资深协调官"，其本身并不属于《欧盟基本权利宪章》第 47 条所要求的独立的、公正的司法机构。

综上，欧盟法院判定《欧美隐私盾协议》无法确保欧盟公民对其转移到美国的个人数据获得实质同等的保护，因此，欧盟委员会对于《欧美隐私盾协议》提供了欧盟法所要求的同等保护的决定无效。

4.2.5 《欧美隐私盾协议》无效的影响

自《安全港协议》被废止以后，替代性的《欧美隐私盾协议》对于欧美在个人数据跨境问题上具有至关重要的作用，因此其无效也会对欧美关系以及世界各国的个人数据保护产生重大影响。

首先，《欧美隐私盾协议》的无效代表了施雷姆斯以及欧盟公民的又一次胜利。虽然施雷姆斯本身在该案中并未直接质疑《欧美隐私盾协议》的效力，而只是质疑欧盟委员会的《SCC 2010 决定》。但爱尔兰高等法院在审理《SCC 2010 决定》的有效性问题上将其关联到《欧美隐私盾协议》的有效性，且爱尔兰高等法院此举仍然是起源于施雷姆斯的投诉。这也就深刻说明了在欧盟个人数据保护法体系下数据主体拥有不可忽视的"权力"，他们是监督数据控制者或处理者、成员国数据监管机构和欧盟委员会是否依照欧盟个人数据保护法体系严格依法行事的最直接的力量。

其次，《欧美隐私盾协议》的无效也再次凸显了欧盟及其成员国在个人数据保护上的分工和制衡，这些机构的所有协同努力都致力于欧盟在个人数据保护问题上作为一个整体将个人数据保护置于至高地位。其中，成员国数据监管机构是第一道监管防线，其监管执法权具有独立性，不受欧盟委员会的第三国适当性评估决定的影响。成员国数据监管机构虽然需要尊重欧盟委员会的决定，但只要向其投诉的数据主体质疑欧盟委员会决定的有效性，该监管机构就可以通过国内的高等法院请求欧盟法院认定欧盟委员会决定的有效性。成员国法院是第二道防线，除了有权直接受理数据主体发起的民事侵权诉讼，也可以受理其不服成员国数据监管机构决定的行政诉讼，而且还可以受理成员国数据监管机构有关欧盟委员会决定有效性的诉讼请求。欧盟委员会及其下属的欧盟数据保护委员会（EDPB）是个人数据保护的第三道防线。其作为欧盟层面的权力机构主要负责个人数据保护在欧盟层面的立法提议和欧盟层面法律的执行。欧盟委员会通常并不直接介入具体的个人数据保护问题，在极个别情况下才就第三国适当性评估做出决定。EDPB则就欧盟个人数据保护法的统一实施以及第三国适当性评估提供建议，并不涉及具体的个人数据保护问题。欧盟法院是个人数据保护的最后一道防线，有权否决欧盟委员会做出的第三国适当性评估、标准合同条款方面的决定，并维护《欧盟基本权利宪章》有关个人数据保护条款的统一适用。因此，欧盟在整体上只要牢牢把握住第四道防线，高举《欧盟基本权利宪章》的基本权利道德旗帜，就可以挽回前三道防线任何一环出现的问题。而且，欧盟委员会及其下属 EDPB、欧盟成员国数据监管机构和法院都应当根据欧盟法院的判决修正此前的措施。综上，如图 4.1 所示，这四道防线为欧盟提供了充分的政策灵活性，足以应对来自美国等任何其他国家的个人数据保护政策。

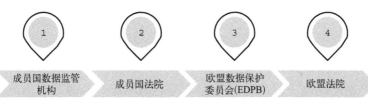

图 4.1　欧盟个人数据保护四道防线

　　再者，《欧美隐私盾协议》的无效又向美国在欧企业和美国政府提出难题。在《欧美隐私盾协议》生效之后，有五千多家美国在欧企业加入了隐私盾白名单，从而可以以商业目的自由进行欧美的数据跨境流动。然而，欧盟法院一锤定音废止了《欧美隐私盾协议》，这些企业也就不再获得白名单庇护，而且欧盟法院也指出虽然欧盟委员会有关《SCC 2010 决定》仍然有效，但这些企业仍然要自己根据美国国内法和国际承诺来个案判断除了根据 SCC 签订合同之外还要采取的补充性措施,这就给美国企业非常大的压力。此外,这些企业一旦未能采取充分措施提供同等保护,就有可能面临跨境业务中断或者高达全球上一年度 4%营业额的行政处罚。因此,这些企业要进行数据跨境转移也就面临一系列不确定性。美国商务部等政府部门面对这些企业的游说,仍然需要努力与欧盟委员会重新进行个人数据保护方面的谈判,仍然要面对谈判中最为棘手的问题——美国公权力机构是否有权获取从欧盟转移而来的个人数据并要对所涉及的数据主体提供符合《欧盟基本权利宪章》要求的有效、可执行的权利保护。

最后,《欧美隐私盾协议》的无效也深刻影响其他非直接受该判决影响国家的个人数据保护进程。最为直接的是希望获得欧盟委员会有关其本国个人数据保护提供了实质同等保护水平的第三国,例如日本、韩国、印度。间接影响的是准备建立或者完善本国个人数据保护立法尤其是个人数据跨境监管机制的国家,例如中国。欧盟的个人数据保护立法和判例都是非常系统且严密的,自《95 指令》以来一直都是世界各国个人数据保护立法的标杆或者重要参考。施雷姆斯系列案之二中不仅认定了隐私盾的无效,还在明确"适当保护水平"的过程中提高了欧盟对 SCC、BCR以及一些其他第三方数据传输的要求和门槛,这对其他国家的立法和实践同样具有借鉴意义。

4.3 《欧美隐私盾协议》无效后欧美数据规则的发展

在 2020 年 7 月 16 日欧盟法院就施雷姆斯系列案之二进行判决后,欧美双方都开展了一系列调整工作,前者旨在贯彻欧盟法院的判决;后者旨在弥合欧美数据保护上的裂痕,但短期内均难见成效。

4.3.1 美国提出的临时合规建议

2020 年 9 月 28 日,美国商务部代表美国政府发布了白皮书《施雷姆斯系列案之二后有关标准合同条款和其他欧美数据跨境合法机制的美国隐私保护举措的信息》。首先,该白皮书指出,欧盟法院在施雷姆斯系列案之二的判决中,要求企业自行个案评估通过标准合同条款或其他机制是否提供了符合欧盟法要求的适当保护,因此该白皮书旨在协助美国企业做自我评估。其次,白皮书为这些企业提供了三点建议:一是绝大多数美国企业客观上没有而且主观上也没有理由认为他们与美国情报部门交易从欧盟转移而来的个人数据,因此不存在欧盟法院在判决中所提到的隐私侵害风险;二是美国政府为了打击恐怖主义、武器扩散、敌对外国网络攻击等问题频繁与欧盟成员国共享根据美国《外国情报监视法》第 702 条获取的情报,因此这些信息的共享符合欧盟有关保护成员国政府和公民的公共利益;三是白皮书披露

了很多美国有关隐私保护方面的法律进展，包括政府以国家安全目的获取数据以及
2016 年以来出现的新进展，这些均可成为美国企业评估时的参考。此外，该白皮书
还针对欧盟法院认为美国法律没有提供欧盟个人司法救济途径的认定提出了相反证
据，并指出《外国情报监视法》第 1810 条(2018 年修订)允许任何受影响的个人(包
括欧盟公民)向美国法院就美国情报部门违反该法提起民事侵权之诉。不仅如此，
《电子通信隐私法》第 2712 条还规定，对故意违反《外国情报监视法》的行为向受
侵害的个人提供了损害赔偿和支持律师费的司法救济权。因此，如果美国企业能够
切实提供上述资料，并且采取其他额外措施的，可以继续以 SCC 为依据进行欧美个
人数据跨境传输。

2021 年 3 月 25 日，美国商务部部长和欧盟委员会司法专员迪迪埃·雷恩代尔
发表联合声明，指出双方正在开展隐私盾增强协议的深度磋商，并在声明中强调强
化欧美个人数据保护关系以及跨大西洋关系是拜登政府的优先政策[18]。然而，截止
到 2022 年 1 月 23 日，欧美都尚未公布双方获得实质性进展。究其根本原因，在于
欧盟方面所要的并不是美国政府的承诺或担保，而是要求对相关情报获取或者个人
数据保护方面的重大改革①。

4.3.2 　欧盟数据保护委员会扩大规则解释

作为致力于保障 GDPR 统一实施的机构，欧盟数据保护委员会(EDPB)在 2020
年 7 月 24 日就欧盟法院有关施雷姆斯系列案之二判决的十二个常见问题进行答疑，
旨在说明欧盟法院判决的影响，并为个人数据跨境问题提供应急的解决方案[19]。在
此我们摘选部分关键问答进行详细说明：

(1)关于欧盟法院判决对《欧美隐私盾协议》之外的跨境传输工具的影响，EDPB
认为欧盟法院所确立的标准适用于所有根据 GDPR 第 46 条要求的个人数据向非欧
盟成员国的第三国跨境传输所要采取的适当保障措施，特别是对个人数据跨境转移
到美国的影响不限于《欧美隐私盾协议》。

(2)关于欧盟法院判决之后，个人数据跨境传输工具适当性评估是否有宽限期
的问题，EDPB 认为没有任何宽限期，所有继续通过《欧美隐私盾协议》进行的跨
境转移都是非法的，即使是通过其他工具转移到美国也要重新进行评估。

(3)关于依据 SCC 或者 BCR 将个人数据传输到美国时需要采取何种措施的问
题，EDPB 指出任何希望继续通过 SCC 或者 BCR 将个人数据传输到美国的主体，
都要根据个案来评估自己是否提供了欧盟法所要求的适当保护水平以及所规定应当
采取的补充措施；如果最后评估无法提供适当保护的，这些主体应当暂停或终止个

---

① 在剑桥分析案调查期间，美国国会曾经要求脸书的 CEO 扎克伯格接受公开作听证。部分美国国会议员们曾扬言
　要出台类似 GDPR 的立法，但最后也是不了了之。

人数据跨境传输，但若仍以此进行数据跨境提供，则必须通知其在欧盟成员国的数据监管机构。

(4)关于数据控制者使用了数据处理者处理数据时应如何确定该处理者是否可以将个人数据跨境转移到美国以及要采取什么措施的问题，EDPB 指出，数据控制者应当根据 GDPR 第 28 条第 3 款的规定，即确保数据处理者针对数据跨境提供等任何处理都是获得其授权的，而且这里的跨境提供包括为第三国提供个人数据的访问渠道；如果确定处理者会将个人数据跨境传输到美国，则应当进行个案评估确定采取适当的补充措施，或者找到可以依据的 GDPR 第 49 条规定的例外事由；如果上述两个措施都无法适用，则要考虑修改与处理者的协议或者增加补充协议，禁止其将个人数据转移到美国，并且如果转移到美国之外的其他第三国，则同样要根据欧盟法院判决所确立的标准评估第三国的立法是否提供了适当保护；如果无法确认且无法找到其他适当的替代性跨境工具，则不应当将个人数据转移到这样的第三国。

此外，EDPB 在 2020 年 11 月 11 就提出了数据控制者和处理者所要采取补充措施的建议草案。经过漫长的征求意见和修订后，《关于跨境转移工具确保遵守欧盟数据保护水平要求的补充措施建议》最终在 2021 年 6 月 18 日获得正式通过。在此我们摘选其中的重要补充措施加以说明：

(1)数据出口方应当按照下列步骤评估其个人数据跨境提供是否确保个人数据获得实质同等的保护：一是厘清自己的个人数据跨境情况，并确保这些个人数据跨境与其处理目的而言是准确的、相关的并限于必要的范围内；二是筛选和确认个人数据跨境的合法工具，包括欧盟委员会关于第三国提供适当性保护的决定、第三国适当性评估的替代性机制、个人数据跨境提供的例外事由；三是评估拟入境第三国的任何立法或者实践是否会影响自己所依赖的跨境工具的有效性；四是明确和采取补充措施确保跨境提供的个人数据获得实质相同的保护；五是针对自己采取的数据跨境工具评估所需采取补充的程序性步骤；六是定期重新评估是否有一些新的发展会影响这些补充措施的有效性。

(2)EDPB 提供了非详尽列举式的补充措施建议。其中，技术性补充措施包括对跨境传输的个人数据采用充分有效的加密技术、仅传输经假名化处理的数据而自己保留可识别身份的附带信息、对传输的数据本身进行充分有效的加密处理、对拟传输数据进行分割或者多方处理以防止特定数据处理者获得完整的数据等。此外，合同性补充措施包括通过合同条款明确数据进口方必须采取的技术措施、数据进口方的信息披露义务尤其是当本国法有最新发展时是否影响其合同义务遵守的及时告知义务、数据进口方在本国执法机构要求提供数据时应尽最大努力质疑该命令的合法性，以及增强数据主体获得救济的机制(如数据进口方应当地政府要求披露数据或者无法遵守合同时应通知数据主体，并协助数据主体维权等)。组织性补充措施包括数据出口者的内部政策信息(如负责数据跨境的职员名单、团队组成及其权限等，以及内部培训程序及安排)、数据处理日志(特别应当包括记录数据进口方所在国政府的数据调取请求情况)等证明其履行责任原则的措施,以及采取数据最小化原则和定期审计等措施。

4.3.3 欧盟委员会更新标准合同条款

在施雷姆斯系列案之二的初步裁决中,尽管欧盟法院承认标准合同条款本身受合同相对性的限制,进而无法约束合同第三方即数据进口国政府机构,但并未直接否决欧盟委员会《SCC 2010 决定》。其根本原因在于欧盟法院认为标准合同条款是数据出口方(包括数据控制者和数据处理者)自愿选择作为合同条款并采取其他措施确保数据进口方就接收的个人数据提供同等保护的一种方案,所以最终能否确保数据进口方提供同等保护的责任主体不是制定标准合同条款的欧盟委员会,而是取决于将个人数据进行跨境提供的数据出口方。

有鉴于此,欧盟法院要求数据出口方在 2010 版 SCC 的框架下自行评估个人数据的进口国立法和实践等情况并采取补充措施,确保出境数据获得同等水平保护,但欧盟法院并未直接明确要求数据出口方应当采取哪些补充措施。

因此,作为标准合同条款的制定者,欧盟委员会在欧盟法院判决之后就可以修改标准合同条款,明确增加欧盟法院最新判决的要求,也增加符合 GDPR(2010 版的 SCC 仍然依据《95 指令》制定)要求的内容。在 2021 年 6 月 4 日,欧盟委员会发布了最新版的标准合同条款决定《第 2021/914 号有关个人数据向第三国跨境提供的标准合同条款的决定》(以下简称《SCC 2021 决定》)及具体的标准合同条款内容。

对于修订 SCC 的背景,欧盟委员会虽然在《SCC 2021 决定》前言中做了交代,但并未直接突出是因为欧盟法院在施雷姆斯系列案之二的初步裁决:"根据 GDPR 第 46 条第 5 款的规定,《SCC 2001 决定》和《SCC 2010 决定》在欧盟委员会未根据 GDPR 第 46 条第 2 款进行修改、替代或者废除之前仍然有效。目前,这两个 SCC 决定都有必要根据 GDPR 的要求进行更新。而且,自从这两个决定实施以来,数字经济已经有重大发展,数据处理活动常常涉及新型复杂的数据处理行为,其中经常涉及多个数据进口方、出口方和复杂的经济关系。因此,对 SCC 进行现代化的必要性已经凸显:如为了更好适应这些新的常态应当允许 SCC 覆盖更多样的处理行为和跨境场景;又如应当允许多方加入数据跨境合同中来包容更灵活的处理方法。"

相对于此前的 SCC 决定,《SCC 2021 决定》除了重申 SCC 的定位旨在要求数据出口方通过采纳 SCC 作为合同条款确保数据进口方提供与欧盟实质同等的数据保护水平,强调数据主体可以作为合同第三方受益人之外,还做了下列方面的调整:

(1)新决定附件的 SCC 在条款内容上采用"一般条款+模块化条款"的方法,从而可以通过一个 SCC 来覆盖多种数据跨境提供场景。具体来说,包括了控制者-控制者,控制者-处理者,处理者-控制者和处理者-处理者等场景。按照这种方法,数据出口方除了遵守一般条款之外，还要自行根据个人数据提供的场景选择相应的模块化条款。

（2）允许新的主体在数据跨境合同的有效期内随时加入到该合同中。新的主体可以是数据出口方也可以是数据进口方，也可以是数据控制者或者处理者。在具体加入时，新的主体可以在 SCC 附件一所列的新主体空白处以直接增补的形式加入进来。

（3）强化不同场景下的数据进口方和数据出口方落实 GDPR 责任原则的要求。GDPR 相对于《95 指令》最大的革新在数据控制者或处理者要提供证据证明自己的个人信息处理行为符合 GDPR 的要求，而不是由提起诉讼的数据主体或者发起调查的执法机构提供证据证明其违规。因此，新决定要求数据进口方和出口方都要证明其遵守 SCC，特别是数据进口方要对数据处理行为进行记录，并在无法遵守 SCC 时向数据出口方及时通知。一方面，在数据进口方作为数据处理者或者第三方场景下，应当提供各种必要信息以证明其遵守 SCC，并允许数据出口方对其数据处理行为进行审计。另一方面，在数据出口方作为数据处理者而进口方作为控制者的情形下，数据进口方应当通知数据出口方其无法遵守 SCC 的要求，而且不能因为数据出口方遵守 GDPR 的要求而采取任何处罚，还要求在合同中明确数据进口方面对进口国执法机构执法调取令的处理方案。

（4）强调数据出口方要根据个案具体情况在 SCC 基础之上自评估所要采取的补充措施。具体补充措施的内容应由数据出口方自行判断，但考虑的因素可以包括数据出境合同的内容、周期、数据跨境的性质、进口方类型、跨境提供的处理目的等。尤其在数据进口方应进口国执法机构要求提供个人数据时，数据出口方和进口方应当在 SCC 的基础之上增加适当的保障措施，该适当措施的要求可以参考欧盟法院的判例法，特别是欧盟法院在施雷姆斯系列案之二的初步裁决。

（5）明确数据进口方对进口国执法机构的执法调取的标准操作流程：一是通知数据出口方；二是最大程度地质疑该执法调取的合法性，如果该质疑被驳回还要提出复议或者司法诉讼；三是对数据执法调取的应对过程进行全面记录，记录的内容应当包括执法调取提出者信息、调取理由、是否对该调取提出质疑和后续措施；四是如果无法履行 SCC 要求则应当及时通知数据出口方。

可以预见的是，在施雷姆斯系列案之二后，欧盟委员会依据 GDPR 进行第三国适当性评估时也必然会更强调第三国政府的执法调取依据及其采取的限制性措施。事实上，早在 2019 年对日本进行第三国适当性评估的过程中，欧盟委员就专门对日本的执法调取的处置做出特别要求。具体而言，对于欧盟个人数据转移到日本之后再提供给日本公权力部门的限制，包括刑事司法和国家安全领域的数据获取限制。此外，除了日本现行法的限制外，日本相关部门的官方代表都承诺提供最高级别的保护。不过，日本安全方面的法律对于政府调取数据的规定，并没有要求企业必须提供，而且企业不提供也不能因此处罚企业。此外，对于公权力部门在获取和使用个人数据方面造成个人权益侵害的，个人还可以请求国家赔偿。综上，日本的执法调取程序和救济措施得到了欧盟委员会的认可。

因此，在欧盟法院通过施雷姆斯系列案之二更强调对执法调取加以限制的情况下，如果美国政府未来希望与欧盟委员会谈判出隐私盾增强协议，欧盟委员会很大程度上会要求美国政府参考日本的做法来对执法调取增设限制性措施。当然，正如前面所强调的，美国政府作为行政执法部门无权修改美国法律。即使是美国国会修正与执法调取有关的立法也往往非常困难。有鉴于此，欧美的隐私盾增强协议的谈判注定要经历漫长的谈判周期。

4.3.4 欧美达成新的隐私框架协议

经过近两年的谈判，美国政府和欧盟委员会在 2022 年 3 月 5 日原则上达成新的共识，承诺在隐私盾协议的基础上建立一个新的跨大西洋数据隐私框架，即《欧美数据隐私框架》（EU-US Data Privacy Framework，DPF）。2022 年 10 月 7 日，美国总统拜登签署了《关于加强美国信号情报活动保障措施的行政命令》，提出了修补隐私盾协议的实质性承诺，重点是进一步限制美国情报部门的执法调取活动。

在具体内容方面，美国在欧美数据隐私框架中提出了三个部分的实质性承诺：①美国企业自行认证的商业数据保护原则；②总统行政命令；③司法部法规。在第一部分，数据隐私框架更新了原有的隐私盾协议所援引的《95 指令》，从而反映出 GDPR 的数据处理要求。在第二部分，《关于加强美国信号情报活动保障措施的行政命令》要求美国情报机构将美国的信号情报活动限制在必要和适当的范围内。这是对欧盟法院认定《隐私盾协议》无效时所提到的两个缺陷的直接回应，一是美国对监视情报数据的处理，缺乏"必要性"和"相称性"的限制；二是对政府非法监视缺乏申诉权。该行政命令首先明确了"必要性"和"相称性"的限制，然后将其应用于实践，如这些保障措施解决了可以收集哪些信号情报，如何使用和共享，以及可以维持多久等问题。最后通过规定监督机制来验证情报机构是否遵守新规则。在第三部分，美国司法部根据《关于加强美国信号情报活动保障措施的行政命令》要求出台了《数据保护审查法院规章》，具体创建了审查美国信号情报活动合法性的两级救济机制。第一级是情报机构的监督机构，即美国国家情报总监办公室的公民自由保护官（Civil Liberties Protection Officer，CLPO）将对收到的投诉进行初步调查，以确定相关行为是否违反了行政令的强化保障措施或其他适用的美国法律，如果违反则确定适当的补救措施。第二级是建立一个数据保护审查法院（Data Protection Review Court，DPRC），个人或美国情报界成员可以对 CLPO 的决定向 DPRC 申请司法审查。如果法院不同意 CLPO 的决定，它可以发布自己的决定和补救措施，而美国情报界必须遵守。

2022 年 12 月 13 日，欧盟委员会发布了《关于欧盟-美国数据隐私框架的充分性决定草案》，认为美国上述实质性承诺达到了 GDPR 有关第三国充分性的要求。目前该草案已转交欧盟数据保护委员会征求意见，之后欧盟委员会将须从一个由欧盟成员国代表组成的委员会获得审批，在这个过程中欧盟议会有权对充分性决定草案进行审查。充分性草案的审批时间大约需要六个月。在上述草案审议过程中，数据审查法院的独立性可能会成为重点，因为它不是通过美国国会立法授权设立的，而是由美国总统通过行政命令要求其下属行政机构(司法部)设立。

参 考 文 献

[1] U. S. The Department of Commerce. Safe harbor workbook. http://www.export.gov/safeharbor/eg_main_018238.asp. 2017.

[2] General agreement on trade in services, article xiv: General exceptions. https://www.wto.org/english/docs_e/legal_e/26-gats.pdf. 1993.

[3] Farrell H. Negotiating privacy across arenas: The EU-US "safe harbor" discussions. http://www.henryfarrell.net/ privacy1.pdf. 2002.

[4] Aaron D. Safe harbor letter from ambassador Aaron. business.usa.gov（sh_en_aaron0419_Latest_eg_main_018373.pdf）. 1999.

[5] U.S. Department of Commerce. Safe harbor privacy principles. http://www.export.gov/safeharbor/eu/eg_main_018475.asp. 2000.

[6] World Privacy Forum. Commerce and international privacy activities: the US-EU safe harbor agreement. https://www.worldprivacyforum.org/2010/11/report-commerce-and-international-privacy-activities-the-us-eu-safe-harbor-agreement/. 2010.

[7] Article 29 Data Protection Working Party. How will the "safe harbor" arrangement for personal data transfers to the US work. http://ec.europa.eu/justice/policies/privacy/thridcountries/adequacy-faq1_en.htm. 2000.

[8] Guardian. Verizon forced to hand over telephone data – full court ruling. http://www.theguardian.com/world/interactive/2013/jun/06/verizon-telephone-data-court-order. 2013.

[9] Snowden E. I don't want to live in a society that does these sort of things. http://www.theguardian.com/world/video/2013/jun/09/nsa-whistleblower-edward-snowden-interview-video. 2013.

[10] Obama B. Defends internet surveillance programs. http://www.theguardian.com/world/video/2013/jun/08/obama-internet-surveillance-video. 2013.

[11] European Commission. Communication from the commission to the European parliament and the council on the functioning of the safe harbour from the perspective of EU citizens and companies established in the EU. http://ec.europa.eu/justice/data-protection/files/com_2013_847_en.pdf.

2013.

[12] European Commission. Communication from the commission to the European parliament and the council: Rebuilding trust in EU-US data flows. http://ec.europa.eu/justice/data-protection/files/com_2013_846_en.pdf. 2013.

[13] Larose C. Irish high court quashes Irish data protection commission original schrems' decision https://www.privacyandsecuritymatters.com/2015/10/irish-high-court-quashes-irish-data-protection-commission-original-schrems-decision/. 2015.

[14] European Commission. Restoring trust in transatlantic data flows through strong safeguards: European Commission presents EU-U.S. privacy shield. http://europa.eu/rapid/press-release_IP-16-433_en.htm. 2016.

[15] European Commission. EU-U.S. privacy shield: Frequently asked questions. http://europa.eu/rapid/press-release_MEMO-16-434_en.htm. 2016.

[16] 谢永江, 朱琳, 尚洁. 欧美隐私盾协议及其对我国的启示. 北京邮电大学学报(社会科学版), 2016, 18(6): 39-44.

[17] European Parliament. EU-US "privacy shield" for data transfers: Further improvements needed, meps say. http://www.europarl.europa.eu/news/en/news-room/20160524IPR28820/EU-US-"Privacy- Shield"-for-data-transfers-further-improvements-needed-MEPs-say. 2016.

[18] U.S. Department of Commerce. Intensifying negotiations on trans-atlantic data privacy flows: A joint press statement by U.S. secretary of commerce gina raimondo and European Commissioner for justice didier reynders. https://www.commerce.gov/news/press-releases/2021/03/intensifying-negotiations-trans-atlantic-data-privacy-flows-joint-press. 2021

[19] EDPB. European data protection board publishes faq document on CJEU judgment c-311/18 (schrems II). https://edpb.europa.eu/news/news/2020/european-data-protection-board-publishes-faq-document-cjeu-judgment-c-31118-schrems_en. 2020.

第5章

其他国际性文件

5.1 东盟的数据保护与数据跨境流动规则

5.1.1 东南亚国家联盟的成立和数据保护发展历程

1967 年 8 月 8 日，东南亚国家联盟（Association of Southeast Asian Nations，以下简称"东盟"或"ASEAN"）成立[1]。东盟为一个旨在促进其成员之间的经济增长和区域稳定的政府间组织。截至 2021 年，其共有 10 个成员国，分别为：印度尼西亚、马来西亚、菲律宾、新加坡、泰国、文莱、老挝、缅甸、柬埔寨和越南。东盟国家的合作领域十分广泛，除了政治军事领域的反恐、承诺不使用核武器等，还包括成员国之间的技术和研究合作、环境保护方面的合作以及教育领域的合作[2]。

在网络安全和数据保护全球化进程中，东盟也越来越注重盟国之间的数据安全保护合作和数据跨境流动。但是，东盟范围内的网络安全和个人信息保护水平发展不一，新加坡网络安全建设十分超前，但老挝、柬埔寨、缅甸等国家在相关领域还属于起步阶段。因此，东盟急迫需要统一网络安全和数据流动标准，以从整体上增强东盟网络安全和数据保护水平。

5.1.2 东盟数据保护和数据跨境流动相关重要文件介绍

5.1.2.1 《东盟数字总体规划 2025》

2015 年 11 月，东盟发布《东盟数字总体规划 2020》（以下简称《规划 2020》），阐明东盟 2016 年至 2020 年的信息和通信技术（ICT）发展计划。2021 年 1 月 21 日至

22 日，东盟数字部长会议通过《东盟数字总体规划 2025》(以下简称《规划 2025》)，旨在继承发展《规划 2020》，推动东盟数字发展与合作[3]。根据东盟各国部长会议后发表的联合宣言，《规划 2025》将指引东盟 2021 年至 2025 年的数字合作，将东盟建设成一个由数字服务、技术和生态系统驱动的领先数字社区和经济体[4]。

在《规划 2025》的八项预期成果中，与数字服务相关的有三项：宏观方面，提供可信的数字服务，防止消费者受到伤害；微观方面，提供数字服务的可持续竞争市场；国际贸易领域方面，连接商业和促进跨境贸易的数字服务[5]。

5.1.2.2 《东盟个人数据保护框架》

2016 年 11 月 25 日，东盟在文莱通过了《东盟个人数据保护框架》(ASEAN Framework On Personal Data Protection[6])。《东盟个人数据保护框架》的宗旨为："加强东盟对个人数据的保护，促进成员国之间的合作，以期促进区域和全球贸易和信息流通。"该框架强调成员国在保证和促进东盟成员国信息自由流动的基础上，应致力于合作、推进和实施其国内法和本框架确定的个人数据保护原则。在内容上，该框架阐明了获取数据的同意、通知和目的，个人数据的准确性，安全保障，数据的可获取和更正，向其他国家或地区传输，数据保留和责任的相关原则。

《东盟个人数据保护框架》大量吸收《APEC 隐私保护框架》(2015)的内容以及其他个人数据保护标准或框架。针对向其他国家或地区传输的要求，该框架规定"在将个人数据转移到另一个国家或地区之前，组织应获得个人有关向境外传输的同意，或采取合理措施确保接收组织将按照本条文原则保护个人数据。"

在实施方面，该框架规定，考虑到成员国的发展水平各不相同，成员国可以延迟实施这一框架，直到其认为准备好并以书面形式通知其他成员国。可见，《东盟个人数据保护框架》旨在灵活适应成员国在数据和隐私保护监管方面的不同的成熟度。

5.1.2.3 《东盟数字一体化框架》和《〈东盟数字一体化框架〉行动计划 2019—2025》

2018 年 7 月，东盟电子商务协调委员会(ASEAN Coordinating Committee on Electronic Commerce，ACCEC)最终确定了《东盟数字一体化框架》(ASEAN Digital Integration Framework，DIF)。东盟 DIF 提出了 5 个可帮助东盟克服数字一体化障碍的政策：①数字连接和平价接入；②金融生态系统；③商业和贸易；④劳动力转型；⑤商业生态系统。此外，东盟 DIF 还确定了六个优先领域：其一，促进密切贸易；其二，保护数据；其三，实现无缝数字支付；其四，拓宽数字化人才基础；其五，培养创业精神，培养企业家精神；其六，协调行动[7]。东盟指定东盟电子商务协调委员会作为《东盟数字一体化框架》的协调机构，由其他东盟机构予以支持。

为全面落实《东盟数字一体化框架》，东盟又于 2019 年制定了《〈东盟数字一体化框架〉行动计划 2019—2025》(以下简称《行动计划 2025》)。《行动计划 2025》就《东盟数字一体化框架》确定的六大重点领域，确定了几十项具体倡议和行动及各自的预期成果、完成时间和实施机构。其中的倡议既包括制定政策指南文件，建成东盟区域内统一的制度安排和平台，以及开展能力建设、技术援助和研讨会等项目[8]。

5.1.2.4 《东盟电子商务协议》

2018 年 11 月 12 日，在新加坡举行的第 33 届东盟峰会期间，代表国的经济部长签署了《东盟电子商务协议》（ASEAN Agreement on E-Commerce）。这是东盟 2017—2025 年电子商务工作计划实施的一部分，是东盟首次签署协议以促进跨境电子商务交易，为电子商务营造了可靠的发展环境，进而促进区域经济发展[9]。

协议旨在实现三大目标：一是促进跨境电子商务贸易便利化；二是为电子商务应用创造互信环境；三是就进一步发展和加强电子商务应用以推动区域经济增长，强化东盟各国合作[10]。

5.1.2.5 《东盟数字数据治理框架》

2018 年 12 月 6 日，东盟在印度尼西亚巴厘岛通过了《东盟数字数据治理框架》（ASEAN Framework on Digital Data Governance）[11]，规定了战略重点、原则和倡议，以指导东盟成员国在数字经济中对数字数据治理（包括个人和非个人数据）的政策和监管方法。该框架确定四大战略重点：①数据生命周期系统；②跨境数据流；③数字化和新兴技术；④法律、法规和政策。

在战略重点之下，该框架提出了四大重要倡议：①东盟数据分类框架；②东盟数据跨境流动机制；③东盟数据创新论坛；④东盟数据保护和隐私论坛。东盟数字数据治理框架总结如表 5.1 所示。

表 5.1　东盟数字数据治理框架总结

	生命周期系统	跨境数据流	数字化和新兴技术	法律、法规和政策
结果	(1)整个数据生命周期中的数据治理(例如，收集、使用、访问、存储)；(2)对不同类型的数据进行充分保护。	(1)跨境数据流的业务确定性；(2)对数据流没有不必要的限制。	(1)数据能力(基础设施和技能)发展；(2)利用新技术。	(1)东盟统一的法律和监管环境(包括个人数据保护)；(2)制定和采用最佳方案。
提案	东盟数据分类框架	东盟跨境数据流动机制	东盟数字创新论坛	东盟数据保护和隐私论坛

东盟在《东盟数字数据治理框架》中确立以下数据跨境流动原则：①就数据从一个东盟成员国转移到另一个成员国，制定清晰明确的要求、标准、情形，促进东盟内部的数据跨境流动；②参考数据分类框架，评估并确保东盟内部对数据跨境流动的要求与数据传输相关的风险相匹配；③以确保对接收的数据给予足够保护的方式建立信任。

此外，东盟提出了建立数据跨境流动机制的倡议。为了进一步发挥数据跨境流动带来的益处，监管机构需要明确组织可以与谁共享数据、可以共享的数据类型以及他们可以如何共享数据。东盟内部的跨境数据流动机制有望促进东盟成员国之间的此类数据流动。该机制虽然还需成员制定具体细节，但该机制已经考虑到东盟成员国存在的不同发展阶段和不同的地方法律。

值得注意的是，该数据处理框架依旧是指导性和鼓励性的文件，东盟数字数据治理框架允许成员国就特定领域、部门或者人员做出保留，并且成员国在涉及国家主权和安全、公共安全等涉及政府活动有关事项上也可以保留。

5.1.2.6　《东盟电子商务协定》

2019 年 1 月 22 日，东盟十国签署《东盟电子商务协定》（ASEAN Agreement on Electronic Commerce）。2021 年 12 月 2 日，在印度尼西亚完成国内审批程序后，《东盟电子商务协定》正式生效[12]。

协定主要规定目标、适用范围、原则、合作领域，并倡导在跨境电子商务中使用无纸化贸易、电子认证和电子签名、网上消费者保护、网络个人信息保护等促进措施。

该协定还涉及跨境电子数据交换，建议各国消除或减少跨境信息（包括个人信息）流动的壁垒，同时保障信息的安全性和保密性，并且不得强制组织实施数据本地化。

5.1.2.7　《东盟数据管理框架》和《东盟跨境数据流动合同范本》

2021 年 1 月 22 日，新加坡个人数据保护委员会（Personal Data Protection Commission，以下简称新加坡 PDPC）确认，东盟已批准《东盟数据管理框架》（ASEAN Data Management Framework，以下简称 DMF）和《东盟跨境数据流动合同范本》（ASEAN Model Contractual Clauses，以下简称东盟 MCC）。新加坡 PDPC 特别强调，DMF 和东盟 MCC 旨在促进数据相关的业务运营，减少谈判和合规成本，同时保证跨境数据传输过程中个人数据的安全。

1.　《东盟数据管理框架》（DMF）

DMF 之前被称为"东盟数据分级分类框架"，最初为《东盟数字数据治理框架》中提出的一项倡议[13]。DMF 主要为实现数据全生命周期和数字生态系统战略这一战略，旨在将数字经济参与者扩大到东盟境内所有企业，使其深度参与，实现数字全生命周期有效治理，以及对所有数据类型的充足保护[14]。

1）DMF 的适用范围和目标

DMF 中的"数据"是指企业创建、收集、访问、处理和转移的所有数据，包括个人数据和商业交易数据。DMF 旨在根据最佳实践为东盟企业提供自愿且无约束力的指导，其内容不构成法律建议，也不应被解读为法律建议，更不能作为遵守相关法律规定的合规工具。DMF 适用于东盟境内的所有中小私营企业，企业可根据自身业务需求酌情采用数据管理框架中的相关内容。

2）DMF 的内容

DMF 包含治理与监督、政策与程序、数据清单、风险/影响评估、数据保护控件、监测与持续改进六大核心要素，如表 5.2 所示。

表 5.2 《数据管理框架》的六大核心要素

要素 1	要素 2	要素 3	要素 4	要素 5	要素 6
治理与监督	政策与程序	数据清单	风险/影响评估	数据保护控件	监测与持续改进
为整个组织的员工提供实施和执行 DMF 的指导，并监督职能部门，以确认其按照设计运行。	在整个数据生命周期中，根据 DMF 制定数据管理政策和程序，以确保组织内有明确的授权。	识别和收集使用和收集的数据以及存储类型，以便理解数据分类法和数据用途。	如果机密性、完整性或可用性参数受损，则使用不同的影响类别评估影响。	根据指定的类别和数据生命周期，在系统内设计和实施保护控制。	监控、测量、分析和评估实施的 DMF 组件，以保持其最新和优化。

在治理与监督方面，企业应当通过完善数据管理职能、业务评估职能、风险控制职能来细化分工。数据管理职能包括设计包含六要素的数据治理框架、制定规则和流程、明确责任人、数据分级分类等。业务评估职能包括识别数据、完成数据清单、安全事件上报等。风险控制职能包括风险管理实践监测、措施有效性评估、向管理层报告调查结果等。

在政策与程序方面，企业应当通过领导力承诺，明确数据管理的目标、范围和考量，完善数据管理手段。企业还应当明确问责制，围绕数据管理的政策和程序开发，在企业内部实施数据管理框架并持续监测和审查企业的数据管理实践。

在数据清单方面，企业应当建立对包含多数据元素、多业务线资源的数据集的综合管理能力，整合现有数据、识别新进数据、更新数据清单。由于相同的数据字段可能出现在多个不同的数据集中，企业在定义时应充分了解不同部门的数据管理实践，以建立最符合企业业务需求的数据清单结构。应纳入考量的因素包括企业提供服务的性质和类型(信息收集的目的、使用方法、目标客户等)、现有法律规定(法律、行业规定等)、市场竞争格局(专利、研发等)、成本收益分析(数据集中度、数据量等)、客户期望(数据主体、合同义务等)。

在风险/影响评估方面，企业应对照数据清单，评估各类别数据集遭到破坏的后果和影响，完善分级保护标准。数据受损的影响参数包括机密性、完整性和可用性三个维度，对企业的影响参数包括财务、战略性、运行性和合规性四个方面。

在数据保护控件方面，企业应当实施与潜在风险相称的保护措施以防止数据遭到破坏，包括事前预防、事中监测和事后纠正等。与此同时，员工应当遵守适当的技术、程序和物理保障措施，确保数据全生命周期的机密性，完整性和可用性。数据保护措施的变化取决于数据所处的生命周期阶段，还应根据业务性质、服务类型、数据敏感性等因素加以调整。

在监测与持续改进方面，监测、分析和评估是保证基础架构处于最新版本和最佳状态的关键。企业应当按照内部规则和程序文件，健全管理和监督职能，明确监测内容、监测方法、评估流程和负责人等。与此同时，企业还应通过定期安全审核、数据分级复查、保护控件测试、更新政策流程等，持续改进企业的数据管理工作。

2.　《东盟跨境数据流动合同范本》(东盟MCC)

东盟MCC适用于东盟成员国之间进行的数据传输(不论相关东盟成员国是否有数据保护法)。东盟MCC为企业之间跨境传输个人数据提供了合同条款模板，具体分为从控制者到处理者的数据传输、从控制者到控制者的数据传输两个合同模板。

(1) 东盟MCC的基本介绍

东盟MCC涉及数据传输的关键问题和责任义务，各方可以利用东盟MCC条款达成具有约束力的个人数据跨境传输合同。遵守东盟MCC及其项下的基本义务可以确保数据传输行为符合东盟各成员国的法律要求，使数据主体及其数据受到2016年《东盟个人数据保护框架》的充分保护。

鉴于东盟各成员国发展水平不同，各国企业可以自愿采用东盟MCC。东盟MCC旨在为数据传输各方提供基线参考。在不与东盟MCC冲突的前提下，合同各方可以根据《东盟个人数据保护框架》或者各成员国国内法对其进行调整，包括根据商业安排和交易需要增加条款等。在成员国条件许可的情况下，合同各方也可以使用东盟承认的其他数据传输机制，包括数据安全自评估、约束性的公司规则(BCR)、CBPR & PRP认证(APEC规则下的认证机制)等。企业可以根据需要，灵活选择最适合的隐私保护和数据跨境机制。

(2) 东盟MCC项下的企业义务

如果将东盟MCC作为数据跨境传输的法律基础，各方必须采用其中数据保护义务的合同条款。这些条款来源于《东盟个人数据保护框架》，并可根据东盟成员国情况加以调整，辅以全球数据安全最佳实践。东盟MCC条款本质上是最低要求条款，以此鼓励企业及时跟进各成员国的进一步指导，例如针对特定行业的指南或模板。

东盟MCC项下的企业义务主要有三方面：一是合法收集、使用和披露数据，在没有此类法律的情况下，通过合理可行的方式告知数据主体使用目的并取得同意；二是符合数据保护基本要求，即《东盟个人数据保护框架》项下关于数据采集、通知原则、使用目的、准确性、安全保障、访问和更正、传输、问责机制等相关要求；三是数据泄露通知，如出现数据丢失、非授权访问、非法复制、修改、披露、销毁等情形，数据接收方应及时通知有关部门和合同相关方。东盟MCC鼓励数据输出方对接收方和第三方进行尽职调查，以确保交易相关方可以履行东盟MCC项下的合同义务。

(3) 东盟MCC的两类模板

东盟MCC根据合同双方的关系为数据传输提供了两类模板，即控制者到处理者、控制者到控制者两类，企业应根据实际情况选择适当的合同模板，如表5.3和表5.4所示。合同必须包含东盟MCC模板中关于数据保护条款的全部内容，但标有"可选条款"的除外。如遇标有"选择相关条款"的，合同双方应当根据所在成员国的国内法，选择最适合的条款加以使用。

表 5.3　《跨境数据流动合同范本》模板一

	模板一：从控制者到处理者的数据传输合同
a. 定义	东盟法：数据控制者或处理者(或者两者)应当遵守的东盟成员国关于数据保护的任何或所有成文法(或与个人数据有关的法律)。 数据泄露：根据本合同传输的个人数据所产生的任何丢失、无授权使用、复制、修改、披露、破坏、访问等行为。 数据输出方：根据本合同将个人数据传输到数据接收方的一方。 数据接收方：根据本合同从数据输出方接收个人数据并进行处理的一方。 次级数据处理者：数据接收方可能会聘用的协助数据输出方导出和处理个人数据的任何个人或法人实体。 执法机构：经东盟法授权，可以实施和执行东盟法的公共机构。 个人数据：根据本合同传输的与已识别或可识别自然人("数据主体")有关的任何信息。 处理：对个人数据或个人数据集执行的任何操作，无论是否通过自动化手段，例如收集、使用和披露个人数据。
b. 数据输出方的义务	数据输出方保证，声明并承诺： 根据本合同收集、使用、披露、传输的个人数据符合现行东盟法的要求。在没有此类法律的情况下，已通过合理可行的方式通知数据主体并取得其对于个人数据收集、使用、披露、转让目的的同意。 【可选条款】根据本合同传输的个人数据是完整且准确的，符合数据输出方在 2.1 项下的传输目的。 数据输出方应采取适当的技术和操作措施，确保个人数据在传输过程中的安全性。 数据输出方应当遵守东盟法，回复数据主体或执法机构关于接收方处理个人数据的问询，包括访问和更正个人数据的请求，除非双方书面约定且东盟法允许由数据接收方负责回复。对此类查询和请求的回复应在合理的时间范围内进行，并且符合东盟法对于时限和形式的相关要求(如有)。
c. 数据接收方的义务	数据接收方保证，声明并承诺： 数据接收方应仅遵照数据输出方的指示和附录 A 中的目的，处理个人数据。 数据接收方不得将其从数据输出方收到的个人数据进一步披露或转让给第三方，包括自然人、执法机构、法人实体或次级数据处理者，除非已将进一步披露或转让的情况以书面形式通知数据输出方，并为数据输出方提供了反对的合理机会。 数据接收方同意，在将个人数据披露或转让给包括次级数据处理者在内的第三方之前，数据接收方应确保第三方遵守本合同项下的数据保护义务。 【可选条款】数据接收方同意采取合理方式存储和处理个人数据，使之符合数据输出方规定的安全性标准。 数据接收方应与数据输出方及时沟通，转达数据主体的查询和请求，包括访问和更正个人数据的请求。 【可选条款】应数据输出方的合理要求，数据接收方应提供对数据处理设施、数据文件和记录的访问权限【在此插入需要的通知事项和允许的时间要求】，以便审查或审核数据接收方是否遵守了本合同中规定的义务。 【可选条款】数据接收方应按照数据输出方的合理要求，更正个人数据中的任何错误或遗漏【在此插入商定的更正时间期限】，或适用东盟法的时限要求，以两者中较短者为准。 在本合同终止或按合同要求的完成数据处理后，数据接收方应当按照数据输出方的要求，将个人数据退还或者停止保留数据。数据接收方一旦停止保留数据，应立即与数据输出方达成书面协议。

模板一：从控制者到处理者的数据传输合同	
c. 数据接收方的义务	数据接收方应采取合理适当的技术、管理、操作和物理措施，符合东盟法对个人数据机密性、完整性和可用性的保护要求，防止数据泄露风险。 如果数据接收方意识到发生了数据泄露事件，从而影响了其对相关个人数据的控制，应当通知数据输出方【选择相关条款】【不得无故拖延】/【在双方约定的合理时限内】。 对于本合同项下个人数据的采集、使用、转让、披露、安全或处置等环节，数据接收方应将受调查情况立即告知数据输出方并与之协商，除非法律禁止。 数据接收方应按照(二)第四条的要求，向数据输出方提供及时帮助；数据接收方书面同意负责回复的，在接到数据输出方通知时，应当回复数据主体或执法机构的相关问询。
d. 备注	模板中的其余合同条款可由缔约方自由修改采用，仅具有一般商业性质，并非特定用于数据保护义务，在此不予赘述。

表 5.4 《跨境数据流动合同范本》模板二

模板二：从控制者到控制者的数据传输合同	
a. 定义	东盟法：数据控制者或处理者(或者两者)应当遵守的东盟成员国关于数据保护的任何或所有成文法(或与个人数据有关的法律)。 数据泄露：根据本合同传输的个人数据所产生的任何丢失、无授权使用、复制、修改、披露、破坏、访问等行为。 数据输出方：根据本合同将个人数据传输到数据接收方的一方。 数据接收方：根据本合同从数据输出方接收个人数据并进行处理的一方。 执法机构：经东盟法授权，可以实施和执行东盟法的公共机构。 个人数据：根据本合同传输的与已识别或可识别自然人("数据主体")有关的任何信息。 处理：对个人数据或个人数据集执行的任何操作，无论是否通过自动化手段，例如收集、使用和披露个人数据。
b. 数据输出方的义务	数据输出方保证，声明并承诺： 本合同项下为数据接收方收集、使用、披露、传输的个人数据符合现行东盟法的要求。在没有此类法律的情况下，已通过合理可行的方式通知数据主体并取得其对于个人数据收集、使用、披露、转让目的的同意。 【可选条款】为数据接收方收集、处理、传输的个人数据是完整且准确的，符合本合同项下的数据传输目的。 【可选条款】数据输出方应按照数据接收方要求，提供其所在国家的数据保护法律副本或指引(如果相关，不包括法律建议)。
c. 数据接收方的义务	数据接收方保证，声明并承诺： 【可选条款】数据接收方应仅遵照附录 A 中的目的，处理个人数据。 数据接收方应符合东盟法要求，采取合理适当的技术、管理、操作和物理措施，防止个人数据泄露风险。 数据接收方应当为数据输出方和数据主体提供可以回复个人数据请求的联系人，该联系人须经授权并可以代表数据接收方。 如果数据接收方意识到发生了数据泄露事件，从而影响了其对相关个人数据的控制，应当通知数据输出方【选择相关条款】【不得无故拖延】/【在双方约定的合理时限内】。 【可选条款】数据接收方明确，个人数据一经接受，数据接收方即依据东盟法和本合同，对所掌握的个人数据具有保护、处理和维护义务。 【可选条款】在本合同终止或按合同内容完成后，数据接收方应当按照数据输出方的要求，将掌握的个人数据退还或者按其认可的方式处置。行动一旦完成，数据接收方应立即与数据输出方以达成书面协议。

续表

模板二：从控制者到控制者的数据传输合同	
d. 数据输出方和数据接收方的共同义务	双方应确认数据传输过程中的泄露风险等级，共同采取适当的数据保护措施。 双方应在个人数据存储和处理中采取适当的控制措施和安全标准。 【可选条款】数据输出方和数据接收方应在各自的负责范围内，回复数据主体或执法机构关于个人数据处理的问询，包括访问和更正个人数据的请求。
e. 备注	模板中的其余合同条款可由缔约方自由修改采用，仅具有一般商业性质，并非特定用于数据保护义务，在此予以赘述。

5.1.2.8　斯里巴加湾路线图：加快东盟经济复苏与数字经济一体化的东盟数字转型议程

考虑到新冠疫情引发的技术方面的问题，东盟在 2021 年 9 月 8 日至 2021 年 9 月 9 日举办的第 53 届东盟经济部长会议上通过了斯里巴加湾路线图（Bandar Seri Begawan Roadmap，BSBR）[15]。

BSBR 的宗旨并非取代东盟各种数字计划，而是从东盟现有计划中进行选择，强调一些可能对东盟从新冠疫情中恢复经济有更大影响的计划。BSBR 中的计划如图 5.1 所示总体可以分为三个阶段：

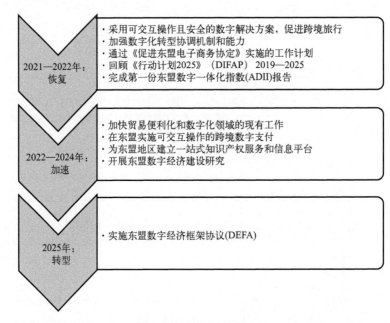

图 5.1　BSBR 三阶段

5.1.3　《区域全面经济伙伴关系协定》促进数字经济和数字贸易

《区域全面经济伙伴关系协定》（Regional Comprehensive Economic Partnership，

RCEP），是东南亚国家联盟(东盟)的十个成员国(文莱、柬埔寨、印度尼西亚、老挝、马来西亚、缅甸、菲律宾、新加坡、泰国、越南)及六个自由贸易伙伴(澳大利亚、中国、印度、日本、新西兰和韩国)之间签订的自由贸易协定(FTA)[16]。

RCEP 自 2012 年由东盟发起，2013 年正式开始磋商，历经 8 年时间，经各方努力，于 2021 年 11 月 2 日获得符合生效门槛的多国核准。2022 年 1 月 1 日起，RCEP 对文莱、柬埔寨、老挝、新加坡、泰国、越南、中国、日本、新西兰和澳大利亚 10 国正式生效，2 月 1 日正式对韩国生效，剩余成员国也将在完成国内批准程序后陆续对其生效[17]。

由于贸易日益数字化，RCEP 设置了电子商务专章，旨在促进缔约方之间的电子商务以及在全球范围内更广泛地使用电子商务，并加强缔约方之间的合作。电子商务一章规定了鼓励各缔约方利用电子手段改进贸易管理和程序的条款，要求双方通过或维持一个法律框架，为电子商务发展创造有利环境，包括保护电子商务用户的个人信息，并为使用电子商务的消费者提供保护。电子商务一章还通过关于计算设施的位置和通过电子手段跨国界传输信息的规定，解决了一些与数据有关的问题。缔约方还同意根据世贸组织的决定，维持不征收电子传输关税的现行做法。如果在本章的解释和适用方面存在任何分歧，双方同意首先本着诚意进行协商，并尽一切努力达成双方满意的解决办法。本章目前不受 RCEP 争议解决的约束。

在第十二章"电子商务"中，RCEP 规定了跨境数据传输的有关事项。总体而言，RCEP 鼓励跨境贸易，不鼓励成员国政府对跨境电子贸易施加限制(如数据本地化)，同时对电子认证和电子签名、线上个人信息保护、网络安全、跨境传输电子信息做了规定：①在线上个人信息保护方面，要求各缔约方具备保护个人信息的法律框架、提供个人信息的保护措施、救济方式等信息；②在网络安全方面，要求各缔约方建设网络安全事件应对机制，并互相合作；③在通过电子方式跨境传输信息方面，不得阻止商业行为中的跨境数据传输，但保留了合法公共政策、安全利益豁免，并给予柬埔寨、老挝、缅甸、越南过渡期。

5.1.4　中国与东盟开展数据跨境规则合作的现状与挑战

东盟是中国数字丝绸之路的枢纽，亦是全球数字经济增长最快的地区[18]。随着 RCEP 的签订，"中国+东盟"有望成为全球最大的数字经济市场。与此同时，作为数字经济发展的基础性制度——数据跨境流动制度的建设，正成为双方勠力合作的新高地。

5.1.4.1　中国与东盟在数据跨境规则合作的现状

自 2018 年以来，中国已陆续与大部分东盟国家签署了双边或多边合作规划：2018 年签订《中国—东盟战略伙伴关系 2030 年愿景》，2019 年签订《第 14 次中国—

东盟电信部长会议联合声明》，2020 年提出建立数字经济合作伙伴关系的倡议。为引导未来 5 年的数字经济合作，工信部于 2021 年进一步提出了加快制定《关于落实中国—东盟数字经济合作伙伴关系的行动计划(2021—2025)》。

不仅国家层面与东盟的合作有目共睹，在地方省市层面的东盟之间合作也在加快推进。例如，广西 2019 年出台的《中国—东盟信息港建设实施方案(2019—2021年)》等"1+4"系列文件和 2021 年广西壮族自治区人民政府发布的《广西面向东盟的"数字丝绸之路"发展规划(2021—2025 年)的通知》。又如，《中国—东盟智慧城市合作倡议领导人声明》支持中国厦门、杭州、南京、成都等城市同东盟城市建立互惠互利的城市伙伴关系。

5.1.4.2 中国与东盟数据跨境规则合作面临的主要挑战

挑战主要表现在以下几点：

第一，制度过剩问题潜伏于当下。目前不论是东盟、欧盟这些邦联制集体还是美国、日本这类发达国家，都制定了自己的数据保护法律或法规，如前文已经提及的 GDPR、CBPR、RCEP 等，另外东盟和欧盟等成员国也在这些规则的引导下制定本国的数据保护规则，这无疑会继续加重制度过剩、重叠等问题发生的风险。

第二，由美国主导的政治施压和经济诱导正在不断迫使东盟接受"美式"的数据保护规则，潜移默化地复杂了东盟数据跨境规则的形成。实际上，美国通过与东盟国家达成一系列如"美国—东盟智能城市伙伴关系""东盟网络政策对话"和"美国—东盟联通行动数字经济系列计划"等关系协定，大大提高了美国对东盟的经济和政治影响力，同时让东盟国家逐渐接受美国的数字经济规则。另外，在日本的协助下，美国还可能利用 CPTPP 和 TPP 谈判加强对东盟的影响，从而达成其在所谓印太区域内的数字霸权的目的。

5.2 《数字经济伙伴关系协定》

5.2.1 《数字经济伙伴关系协定》背景及总体内容

2021 年 11 月 1 日，中国商务部部长王文涛致信新西兰贸易与出口增长部长奥康纳，代表中方向《数字经济伙伴关系协定》(Digital Economy Partnership Agreement，DEPA)保存方新西兰正式提出申请加入 DEPA。下一步，中国将按照 DEPA 有关程序，和各成员国开展后续工作。这是中国不断向加强全球数字经济领域合作、促进创新和可持续发展方向努力的体现，也是中国深化改革和扩大高水平对外开放的重要一步。了解 DEPA 的签订背景、内容与特点将有助于中国加入 DEPA 以及在 DEPA合作中提高话语权，应对随之而来的挑战，并抓住机遇。

5.2.1.1 签订背景及动因

2020 年 6 月 12 日,新加坡、新西兰和智利三国在线上签署 DEPA。这三个缔约国都为《全面与进步跨太平洋伙伴关系协定》(CPTPP)的签署方,在与 CPTPP 的衔接方面,DEPA 可作为 CPTPP 的附加条约,辅助于 CPTPP 的电子商务章节,此外,DEPA 旨在解决影响数字经济的新兴问题,包括一些未在 CPTPP 条约讨论范围内的领域例如电子支付、电子发票,以及新生的人工智能治理和金融科技等。DEPA 可为持续快速更迭的数字经济提供国际标准,并推进签署国之间的数字贸易,其具有在世界范围内建立起电子商务规则的潜力。

DEPA 的出现,有助于应对数字经济对传统商业贸易产生的巨大的挑战,这些挑战主要可概括如表 5.5 所示。

表 5.5 数字经济对传统商业贸易治理带来的挑战及应对

项目	传统商业贸易	数字经济带来的挑战	应对路径
贸易模式	贸易治理中货物与服务二分	数字贸易中贸易部门、贸易模式发生变化,贸易属性难以判断	在现有的货物贸易和服务贸易分类框架下,需要建立数字贸易下货物贸易和服务贸易混同的数字贸易治理模式
主要问题	线下贸易方式,面临国家关税壁垒等	线上贸易方式中网络和数据流通对贸易造成影响	对数据流动壁垒进行约束
数据风险	线下贸易方式,数据和信息问题较少	线上贸易方式中数据风险,个人信息保护问题凸显	对数据风险和数据主体保护进行治理

目前一些多边和双边贸易协定在电子商务章节部分为应对上述挑战做出了努力,但是国与国或者区域之间达成双边或多边贸易协定往往是围绕经济贸易进行,以经济贸易为中心的,电子商务章节仅为其中一部分。而 DEPA 拟建立整体数字贸易规则和数字贸易环境,以数字为中心来应对上述挑战,旨在建立起国际公认的数字贸易法律框架。

5.2.1.2 内容与特点

DEPA 在内容和结构上都非常创新,是世界上第一个以数字为中心、以模块为结构的开放性贸易条约。

1. 以数字为中心

作为数字贸易条约,DEPA 内容翔实,虽然 WTO 协议为跨境贸易奠定了基础的框架,但是全球范围的数字贸易规则尚缺。于是,在 DEPA 之前,不同国家政府往往通过自由贸易协定(FTA)电子商务条款和章节中建立数字贸易规则。在 2019 年至 2020 年签署的约一半 FTA 中均包含一些数字贸易相关条款,但是这些条款在涵盖范围和追求的目标方面往往并不相同。相比之下,DEPA 可谓是世界第一个独立的,以数字为中心的条约。

2. 以模块为结构

DEPA 的内容由模块组成,一共包括十六个主体模块,这些模块都以追求电子商务便利化、数据转移自由化和个人信息安全化为目的。一方面这些模块之间互相作用,共同致力于条约目的的达成;另一方面这些模块也可以被单独拿出来,作为 FTA 的一部分,甚至可用于 WTO 关于电子商务的谈判。

DEPA 的十六个模块及主要内容可见表 5.6。

表 5.6　DEPA 的模块与内容

模块一	前言和定义
模块二	促进商业和贸易(包括无纸化贸易、国内电子交易框架、物流、电子发票、快递、电子支付)
模块三	数字产品及相关问题(包括电子交易的关税责任、数字产品的非歧视待遇,以及对使用密码的技术产品的承诺)
模块四	数据问题(包括个人信息保护、信息跨境传输和计算设施的位置)
模块五	更广泛的信任环境(包括网络安全合作和在线安全保障)
模块六	商业和消费者信任(包括垃圾邮件、在线消费者保护和访问互联网)
模块七	数字身份
模块八	新兴趋势和科技(包括金融科技、人工智能、政府采购、竞争政策合作)
模块九	数字经济与创新(包括公共领域、数据创新和开放政府数据)
模块十	中小型企业合作
模块十一	数字包容性
模块十二	联合委员会(包括一系列体制安排)
模块十三	透明度
模块十四	争议解决
模块十五	例外
模块十六	最后条款(包括生效、修正、加入和退出的程序)

3. 范围广泛

DEPA 规范的范围远远广于之前的与数字相关规则,如上文中提到的 CPTPP。DEPA 关注以往约或协议中没有涉及的新的数字经济话题,如人工智能、网络安全以及开放政府数据。这与之前在现有规则下数据流动和边界措施的有限讨论不同,DEPA 展现的是一条全新的关于"数字经济贸易"的思考路径。从贸易的角度,规则和政策往往围绕数据的跨境流动——从数据流动到支付到归档再到消费者保护,这些政策可以影响贸易是否发生以及怎样发生。为了更好地促进整个数字贸易活动的进行,DEPA 放眼于制定规则与框架以创造一个更加有助于数字发展的整体环境。此外,在如数字身份或人工智能等较少涉及的领域,在当前阶段,DEPA 并未设置有强制力的法规,而是强调建立一个合作平台,为相关规则的发展提供了广泛的空间,给予不同国家根据自身情况建立规则的灵活性和包容性。

5.2.2　DEPA 中关于数据跨境流动的规则

DEPA 旨在建立广范围的整体数字贸易规则和数字贸易环境，因此在促进数据跨境流动方面并不仅仅关注数据流动和跨境规则，而是从多方面协调一致实现数据安全流动、参与者互信的数字营商环境。

5.2.2.1　促进各国个人信息保护互信互认

数据问题(Data Issue)第 4.2 条对缔约方的个人信息保护做出了规定。规定缔约方都应认识到个人信息保护对人们参与数字经济和增加人们对数字经济和贸易信心的重要性，每个缔约方都应通过保护个人信息的法律框架，尤其针对使用电子商务和数字贸易的个人信息的保护。在该条中，DEPA 致力于各国达成相对一致的个人信息保护水平，并且增进互信互认，对数据自由流动奠定基础，具体体现在：

一是各缔约方在形成个人信息保护法律框架时，每一缔约方都应当考虑相关国际的原则和指引；

二是缔约方应认识到各缔约方可能采取不同的法律方法来保护个人信息，各方应寻求制定机制，以促进这些不同的个人信息保护制度之间的兼容性。这些机制可包括：①承认监管结果，无论是一国自主的监管规定产生的结果还是通过国家之间相互确认的监管安排产生的结果；②从更广泛的国际框架上考虑；③在可行的情况下，适当承认各自法律框架、国家信任标志或认证框架提供的类似保护；④承认各方之间转移个人信息的其他途径。

三是缔约方应就制定的机制如何在各自管辖范围内适用互相交流，并探讨如何拓展这些机制或者采取其他可行机制，以促进不同机制之间的兼容性和互操作性。缔约方鼓励企业采用数据保护信任标志，以帮助验证企业是否符合个人数据保护标准和最佳实践，并且就数据保护信任标志的使用交流并分享经验，努力互相承认其他方的数据保护信任标志以在保护个人信息的同时，促进跨境信息传输。

5.2.2.2　建立数据跨境传输的相关规则

数据问题第 4.3 条规定了 DEPA 中关于以电子方式进行数据跨境传输的相关规则。该规则的规定方式与 CPTPP 和 RCEP 等区域间条约的方式类似，以原则加例外的方式为缔约方留有一定空间，具体体现为：

一是原则上，根据第 4.3.1 条和第 4.3.2 条，缔约方承认各方在通过电子方式传输数据方面可能有各自的管理要求。当传输行为是涵盖的主体(covered person)为开展商业目的进行时，各方应允许通过电子方式的跨境数据(包括个人信息)传输。

二是以上原则不得妨碍缔约方为合法公共政策目的所采取的措施，条件是该措施一方面不得以任意或者不公正的歧视的形式进行，并且不可以变相地限制贸易，另一方面应满足合比例性，即不得为了相应目的而超出必要的限度。

5.2.2.3 禁止数据本地化

在数据本地化方面，DEPA 的第 4.4 条的规定也以原则加例外的方式展开，具体体现与第 4.3 条类似。

可见，DEPA 禁止数据本地化的例外与跨境传输限制的例外规定是完全一致的，都允许缔约方出于合法公共政策目的而"破例"。在如何确定相应例外措施的合理目的性、必要性和合理比例性方面，DEPA 并没有给出明确指引，但 DEPA 第十四模块的争议解决为条约履行中产生的争议预留了解决机制。

5.2.2.4 规定例外情形

DEPA 在第十五模块对一些特殊领域的例外情形进行了平衡，其中特别值得注意的是审慎义务的例外以及货币和汇率政策的例外。

一是第 15.4.1 条规定了审慎义务的例外：本条约的规定不得阻止缔约方因为审慎原因而采取措施，包括为保护投资者、存款人、保单持有人、金融机构或金融服务提供商负有信托义务的个人而采取的措施，或者为保证金融系统的完整和稳定而采取的措施。但如果这些措施与本协议不符，那么这些措施不得作为缔约方违反本条约下承诺和义务的理由。

二是第 15.4.4 条进一步明确，本协议中的任何内容均不得解释为阻止缔约方采取或执行必要措施以确保遵守与本协议不相抵触的法律或法规，包括防止欺骗和欺诈行为或交易、处理金融服务合同违约的效力相关的措施。但是此类措施不得构成缔约方之间或者缔约方与非缔约方间任意或不合理的歧视，或者变相限制本协议涵盖的金融机构投资或金融服务跨境贸易。

据此，DEPA 在促进数字贸易自由流通和缔约国的国家安全，在金融领域相关审慎要求之间进行了平衡。平衡的关键仍落脚于相关规定不得构成歧视、限制，或者不合理。

5.2.3 DEPA 与 CPTPP 和 RCEP 的异同

DEPA 目前的三个缔约方均为 CPTPP 的缔约方，其中新加坡和新西兰又为 RCEP 的缔约方；且中国作为 RCEP 的缔约方，已正式申请加入 CPTPP 和 DEPA，因此有必要就这三个条约在数据跨境流动方面的特点和相关内容进行比较，详见表 5.7。

表 5.7 DEPA 与 CPTPP 和 RCEP 数据跨境相关规定对照表

	DEPA	CPTPP	RCEP
缔约方	新西兰、智利和新加坡 3 国	日本、澳大利亚、文莱、加拿大、智利、马来西亚、墨西哥、新西兰、秘鲁、新加坡和越南 11 国	印度尼西亚、马来西亚、菲律宾、泰国、新加坡、文莱、柬埔寨、老挝、缅甸、越南、中国、日本、韩国、澳大利亚、新西兰 15 国
签署时间	2020 年 6 月 12 日	2018 年 3 月 8 日	2020 年 11 月 15 日签署，2022 年 1 月 1 日生效

续表

		DEPA	CPTPP	RCEP
适用范围		(1)以电子方式进行的跨境信息(包括个人信息)传输; (2)DEPA 全文并未定义涵盖的主体; (3)该规定不适用于 a.政府采购;b.在行使政府权力时提供的服务;c.或者由缔约方/代缔约方持有或处理的信息,或与该信息相关的措施;d.金融服务。	(1)以电子方式进行的跨境信息(包括个人信息)传输; (2)涵盖的主体范围不包括金融机构投资者;以及条约定义的"金融机构"或者"跨境金融服务商"; (3)该规定不适用于 a.政府采购;b.缔约方/代缔约方持有或处理的信息,或与该信息相关的措施。	(1)以电子方式进行的跨境信息(包括个人信息)传输; (2)涵盖的主体范围不包括金融机构投资者或金融服务提供者的投资者;以及条约定义的"金融机构"、"公共实体"或者"金融服务提供者"; (3)该规定不适用于 a.政府采购;b.缔约方/代缔约方持有或处理的信息,或与该信息相关的措施。
数据跨境流动	原则	缔约方认识到各方在通过电子方式传输数据方面可能有各自的管理要求。当传输行为是涵盖的主体为开展商业目的,各方应允许通过电子方式的跨境数据(包括个人信息)传输。	与 DEPA 表述相同。	缔约方认识到每一缔约方对于通过电子方式传输信息可能有各自的监管要求。缔约方不得阻止涵盖的主体为进行商业行为而通过电子方式跨境传输信息。
数据跨境流动	例外	缔约方可为合法公共政策目的采取措施,但是一方面该措施不得以任意或者不公正的歧视的形式进行或者变相地限制贸易,另一方面该措施应满足合比例性,即不得超出为了相应目的而必要的限度。	与 DEPA 表述相同。	缔约方可以采取该缔约方认为是其实现合法的公共政策目标所必要的措施,只要该措施不以构成任意或不合理的歧视或变相的贸易限制的方式适用;或者,该缔约方认为对保护其基本安全利益所必需的任何措施。其他缔约方不得对此类措施提出异议。
数据本地化	原则	缔约方承认各方在使用计算机设备方面可能有各自的管理要求,包括保障通信安全和保密的相关要求,但是各缔约方不得要求涵盖的主体必须使用其领域内的计算机设备作为在其领域开展商业活动的前提,即禁止缔约方对商业活动要求必须本地化存储。	与 DEPA 表述相同。	缔约方承认各方在使用计算机设备方面可能有各自的管理要求,包括保障通信安全和保密的相关要求,但是各缔约方不得要求涵盖的主体必须使用其领域内的计算机设备作为在其领域开展商业活动的前提,即禁止缔约方对商业活动要求必须本地化存储。
数据本地化	例外	缔约方可为合法公共政策目的采取措施,但是一方面该措施不得以任意或者不公正的歧视的形式进行或者变相地限制贸易,另一方面该措施应满足合比例性,即不得超出为了相应目的而必要的限度。	与 DEPA 表述相同。	缔约方可以采取该缔约方认为是其实现合法的公共政策目标所必要的措施,只要该措施不以构成任意或不合理的歧视或变相的贸易限制的方式适用;或者,该缔约方认为对保护其基本安全利益所必需的任何措施。其他缔约方不得对此类措施提出异议。

	DEPA	CPTPP	RCEP
以上条文中例外的判断与争议解决	(1)并未明确判断标准; (2)发生争议时依据模块 14 争议解决规定,通过调解或者仲裁解决。	(1)并未明确判断标准; (2)各缔约方可自愿进行斡旋(good offices)、和解(conciliation)或调解(mediation),或者将争议提交专家组解决。	(1)该缔约方认为符合条件的在为安全利益所必需的措施上,其他缔约方不得提出异议; (2)发生分歧时,先进行磋商,未能解决的将事项提交 RCEP 联合委员会。

5.2.4　大国博弈之中美拟加入 DEPA

自 DEPA 签署以来,中国和韩国已经正式提交了加入申请,加拿大和美国等国也透露了加入的意愿。多国加入,尤其是大国的加入对 DEPA 数字框架的实用性和兼容性提出了挑战。智利、新西兰与新加坡三个倡议国均为体量中小型,贸易依赖性较强的经济体,所以在一些贸易问题上已经形成共识,互相之间的过往贸易协定合作不在少数,已经形成互信互认基础。然而,不同国家的加入,一方面将考验 DEPA 建立的数字贸易规则框架的普适性,另一方面将引发一些大国对 DEPA 相关规则的话语权争夺。

美国智库 CSIS 发布的研究报告《亚太地区的数据治理》(Governing Data in the Asia-Pacific),将亚太地区的数据治理实践归纳为"贸易协定谈判"和"制定非约束性规则"两种路径。RCEP 和 DEPA 就分别是这两种路径的典型代表,贸易协定谈判往往耗时较长,一旦确定贸易协定规则就难以改变,但正因此贸易协定规则具有法律约束力和可执行性。相反,非约束性规则的内容比较自由和宽松,比如缔约国在适用 DEPA 时,可以选择 DEPA 的部分模块在不同场景下适用,更加灵活、可拓展,具有互操作性,但强制力方面就要大大弱化。

自 2017 年单方面退出 TPP 后,美国在亚太地区的数字贸易话语权逐渐消减。例如,日本等 TPP 的其他亚太成员国在 2018 年签署 CPTPP。又如,东盟十国主导的 RCEP 也已经生效。美国考虑加入 DEPA 是其重返亚太地区战略性的一步。美国在 2021 年 7 月表示正在研究一项涵盖印太经济体的数字贸易协议,因为多边贸易协定不符合美国的最佳利益,其暂时不可能就 CPTPP 这类全面贸易协定进行谈判,但却有可能就数字贸易规则进行小范围的谈判。在数字贸易协定中,美国无需就市场准入或者其关注的制造业和劳工问题上进行让步,数字的行业协议也无需美国国会的正式批准,相关谈判的成本和风险都相对较小,可能成为美国重拾亚太地区数字贸易领导力野心的理想路径。但是,美国若想适用 DEPA 第四模块关于数据问题,包括个人信息保护、以电子方式进行数据跨境传输和计算机的位置等系列规定,面临的最大问题为美国并没有统一的个人信息保护或者数据安全立法,这与 DEPA 该模块的相关要求是不相符的。因此,美国很可能重新建立起一套数据贸易协定。

值得注意的是，如果美国建立的数字贸易协定针对中国的色彩过于明显，是不可能得到各国的广泛青睐的。因为大国之间的话语权争夺和不同国家的地缘政治立场将瓦解协定或条约的凝聚力，造成各国之间的信赖无法建立，最终导致个人信息保护水平的互认、相关数据跨境传输原则的确立以及争议解决机制的运行都将无法得到保障。

对于我国而言，加入 DEPA 同样也具有一定战略意义。我国一直致力于加强与亚太地区合作，化解美国在亚太地区孤立中国的企图。此外，参与 DEPA 新形式数字贸易规则的建立，是中国推动数字经济贸易合作的重要一步，也是在现今美欧主导的数字经济格局下，探索新的服务中小国家或者发展中国家利益的数字贸易框架的重要一步。

值得注意的是，我国在个人数据方面做出一定监管要求。其一，《中华人民共和国个人信息保护法》规定，"关键信息基础设施运营者和处理个人信息达到国家网信部门规定数量的个人信息处理者，应当将在中华人民共和国境内收集和产生的个人信息存储在境内"；其二，2022 年 7 月中国国家互联网信息办公室发布的《数据出境安全评估办法》中对处理个人信息达到一百万人的公司向境外提供个人数据，提出公司事先开展数据出境风险自评估以及向国家网信部门申报数据出境安全评估的要求，且规定在评估中应重点注意传输的合法性、正当性和必要性。相关研究人员表示，加入国际数字条约和协定与中国对数据安全的管理并不冲突，国际数字法规应尊重每个成员国的内部法规和法律，如果存在冲突，则未来应进行谈判来达成一致与共识。

此外，加入 DEPA 也对我国申请加入 CPTPP 有促进作用，新西兰、新加坡与智利为 CPTPP 众多签署国中对中国友好的国家，相信中国通过加入 DEPA 可以拉近与这些国家的经济贸易合作和互通互信，加快中国加入 CPTPP 加深亚太地区经济贸易合作的进程。

5.3　非盟的数据保护与数据跨境流动规则

非洲联盟(African Union，以下简称非盟或 AU)的数据保护与数据跨境流动立法与发展借鉴了欧盟的经验，通过建立《非盟网络安全与个人数据保护公约》《非洲个人数据保护指南》等框架性条约对非盟各成员国进行指引。与欧盟和东盟各成员国在各自已有的法律规定基础上促进互信互认，调节各国个人信息保护和数据跨境流动阈值不同，非盟的数据安全保护路径自统一框架到各国立法。在框架性条约的指引下，非盟各成员国不断完善各自立法，框架性条约还需考虑各国不同发展速度与状态，因此规范笼统，留给各国极大的立法空间。

5.3.1 非洲联盟的成立和数据保护发展历程

非盟于 2002 年正式成立，由非洲大陆的 55 个国家组成，其前身是非洲统一组织(Organisation of African Unity，OAU)[19]。

随着数字经济的发展和数字市场中数据要素的驱动力不断增强，非盟对数字经济发展愈发重视。《2020—2030 非洲数字经济转型战略》(The Digital Transformation Strategy for Africa 2020—2030)对非盟在各个领域的经济发展机遇与潜能进行了分析，提出因为非洲年轻人群体数量庞大，非盟在数字领域拥有巨大潜力和机会。在此背景下，非洲将社会经济发展的数字化作为发展首要目标之一[20]。就更具体的目标而言，非盟计划在 2020 年之前通过《非盟网络安全与个人数据保护公约》，并且所有成员国都通过一系列涵盖电子交易、个人数据保护和隐私、网络犯罪以及消费者保护的立法。非盟还计划在成员国间就网络安全和个人数据及隐私保护达成共识。然而，实践中各国因为发展程度的差异难以在相关立法达到预期的一致性。

该数字经济转型战略还指出，为支持非洲数字单一市场(Digital Single Market)的发展和人员自由流动，非洲数字化转型战略将建立在现有倡议和框架的基础上，包括数字非洲政策和监管倡议(The Policy and Regulatory Initiative for Digital Africa)、非洲基础设施发展计划(The Programme for Infrastructure Development in Africa)、非洲大陆自由贸易区(The African Continental Free Trade Area，AfCFTA)、非洲联盟金融机构(The African Union Financial Institutions)、非洲单一航空运输市场(The Single African Air Transport Market)、人员自由流动(The Free Movement of Persons)等。智慧非洲倡议(Smart Africa Initiative)也将在非洲建立数字单一市场作为其战略愿景。这与欧盟的单一数字市场战略以及欧盟的数字化转型十分相似。可见，非洲在数字领域的发展虽然相较于其他国家更晚，但具有后生优势，可以吸收各国发展经验，建立完整的框架体系作为指引。

2020 年新冠疫情在非洲的蔓延客观上刺激了非洲数字经济的发展，地区数字化转型进程加速。联合国贸易和发展会议在《2020 年 B2C 电子商务指数》(B2C E-commerce Index 2000)中基于银行或移动货币账户渗透率、互联网使用率、互联网服务器安全性和邮政服务可靠性这 4 个指标对全球 151 个国家开展电子商务的水平进行了排名，其中包括 44 个非洲国家，排名前三的分别为毛里求斯、南非和突尼斯[21]。这三个国家的网络普及率均在 50%以上，虽然这些国家与和发达国家网络普及率 90%以上相比仍然存在较大的上升空间，但是随着互联网普及率稳步提升以及费用的逐步下降，非洲已成为世界互联网数量增长最快的地区之一。预计到 2022 年非洲电商市场规模将达到 220 亿美元。联合国贸易和发展会议在《2020 年 B2C 电子商务指数》报告中建议，非洲国家应继续挖掘数字经济发展潜力，为经济加快恢复寻找增长点。

非盟成员国在 2020 年 9 月初一致同意加快在非洲大陆自贸区框架内电子商务和数字经济的谈判进程，并将此项谈判由过去的第三阶段前置到第二阶段，并与投资、知识产权、竞争政策以及货物和服务贸易的遗留问题的一并谈判[22]。

5.3.2 非盟数据保护和数据跨境流动相关重要文件介绍

与其他国家相比，非盟的电子商务和数字经济尚在建设和发展过程中，对个人数据的保护和数据跨境流动的规定处于初期探索阶段。非洲自贸区的建立在推进数据保护立法过程中起到了至关重要的作用。非洲自贸区能够促进自然人、服务、商品的流动，相应地这一过程也伴随着个人数据的跨境流动，因此引发了一系列数据监管保护的问题。

5.3.2.1 《非盟网络安全与个人数据保护公约》

2014 年 6 月 27 日非洲联盟成员国通过《非盟网络安全与个人数据保护公约》（African Union Convention on Cyber Security and Personal Data Protection，以下简称《非盟公约》）。

非盟公约主要分为定义、电子交易、个人数据保护、促进网络安全和打击网络犯罪、最终条款几个部分。截至 2020 年 6 月 18 日，非盟 55 个国家中一共有 14 个国家签署了这一公约，表达了进一步参与条约缔结的积极意愿；其中 8 个国家批准了该公约，表明该国同意受该公约的约束。该公约的生效需要最少 15 个国家批准，因此条约生效和实施情况还有待进一步观察。

首先，该公约提出个人数据保护的目标。每一成员国都应承诺建立加强基本权利和公共自由的法律框架，尤其在保护物理信息（physical data）方面，且应在遵守个人数据自由流动原则的基础上惩罚侵犯隐私权的行为。相关机制的建立应在认识到国家的权力、当地团体的权利和考虑商业开展目的的同时，确保自然人的基本权利和自由[23]。但是，该公约并未对物理信息进行定义，这使得该法律标准的范围和内容具有不确定性。

其次，明确个人数据处理取得合法性的机制。数据处理的主要的法律基础为数据主体的同意，但是在几种处理情形下无需个人同意：①控制者为履行法定义务；②因为公共利益或者授予控制者或者授予已经知晓该数据的第三方的职权；③数据主体在订立合同前要求或者履行以数据主体为合同一方的合同需要；④为保护数据主体重要利益或者基本权利与自由。

再次，该部分还规定了处理个人数据的原则：①收集、记录、处理、存储和传输个人数据应合法、公平且不违反相关规定；②收集数据具有合理目的性、合理比例性、必要性和有期限性；③收集数据应准确并具有时效性；④透明原则，即数据控制者在处理数据时应披露相关信息；⑤保密和安全原则。该部分还明确了敏感数据的处理。敏感数据指反映种族、伦理和地域起源、血缘关系、政治观点、宗教或者哲学信仰、贸易团体成员、性生活以及衍生信息，或者关于数据主体健康状态的信息[23]。

此外，《非盟公约》在第十条及第十四条明确了数据跨境传输规则：①第十条第六款(k)规定，若将个人数据转移到非非洲联盟成员国的第三国，须遵守互惠原则；②第十四条第六款规定，一方面数据控制者不应将个人数据传输至非成员国家，除非该国家确保在隐私、个人的自由和基本权利的保护上达到充分保护水平；另一方面在数据控制者的对外数据传输行为应当经得国家保护机构授权的情形下，前述的数据传输要求不再适用。而非盟要求各成员国应设立一个独立的监管机构来确保个人数据的处理遵守公约内容，包括监管个人数据的跨境传输。

最后，《非盟公约》在个人数据主体的权利中，规定数据控制者应告知数据主体预设的向境外第三方的数据传输。

非盟进行个人数据保护的权利基础为个人隐私及个人的基本权利与自由。非洲人权与自由的发展与非洲长期被殖民被侵占的历史，以及非洲人民遭受侵害和歧视的历史息息相关。1981 年 6 月非盟的前身非洲统一组织通过《非洲人权和民族权宪章》(African Charter on Human and Peoples' Right)规定自由平等、正义与尊严是非洲各国人民实现其合法愿景的主要目的[24]。据此，非盟在数据跨境流动规则上，关注第三国是否达到保护隐私和个人基本权利与自由的水平，并说明了需要国家安全机构授权或批准的例外。

该公约关于个人数据保护和数据跨境传输的内容借鉴了 GDPR，但在内容上更简单和单一。其一，GDPR 下个人主体的相关权利和救济更加完善，并且个人信息权利直接写入《欧盟基本权利宪章》(Charter of Fundamental Rights of the European Union)和《欧盟运行条约》(The Treaty on the Functioning of the European Union)确认成为一项基本权利[25,26]，因此 GDPR 关注的为第三国是否达到该条约下自然人权利的保护水平。相比之下，非盟的公约内容相较而言就更加笼统，仅规定第三国是否达到保护隐私和个人基本权利与自由的水平。其二，在跨境传输规则具体规则设计上，GDPR 考虑到第三国对个人信息权利的保护水平、传输的目的、传输措施的安全性等有区别地创设了不同传输规则及相应的判断规则。然而，非盟则仅明确了互惠原则和充分保护水平等原则性规定。

5.3.2.2 《非洲个人数据保护指南》

为保证《非盟公约》的有效施行，2018 年 9 月非洲联盟委员会(African Union Commission)与国际互联网协会(Internet Society)联合发布《非洲个人数据保护指南》(Personal Data Protection Guidelines for Africa，以下简称《指南》)[27]。该指南由非洲地区和全球的隐私权研究专家起草，这些专家包括行业隐私专家、学者和有关社会团体。

《指南》强调保障网络服务在促进数字经济蓬勃发展的重要性。《指南》主要对于个人在保护个人数据方面如何发挥主观能动性提供了参考的范式。《指南》提出 18 项建议,共分为三个章节:①构建信任、隐私和负责任地使用个人数据的两项基本原则;②给利益相关者(政府和政策制定者、数据保护机构、数据控制者和处理者)的八条行动建议;③具体主题(多方利益相关者解决方案、数字公民的福祉、扶持和维持措施)的八条建议。隐私和个人数据保护是一个广泛且不断变化的领域,《指南》对于目前发展中的非盟制定数据隐私保护政策和具体操作提供了一定的思路和方向。

在数据跨境传输规则建设方面,《指南》指出非盟十分重视建立非洲自由贸易区以促进人员、货物和服务的自由流动,因此对个人信息的跨境传输、网上贸易等方面提出新的要求。数据跨境流动框架的设置是《指南》的重要讨论议题之一,《指南》提出构建国家相互之间的信任是促进数据流动和促进人员、货物和服务自由流动的关键。在非盟成员提供的数据保护水平不对称的问题上,可通过对治理、监管和执法措施及经济因素的关注缓解非盟成员国保护水平不对称的影响。其中,《条约》第 10 条(k)条中提到在非盟之外传输信息的互惠安排,而互惠就是减少个人数据保护不对称性的一种形式。《指南》指出处理个人数据的充分性标准(在成员国之间)是确保法律和执法措施实际互惠的重要机制。

但是,充分性决定也只是其中的方法之一,其他途径也可达到同样的目的。在亚太地区,APEC 并没有将充分性决定作为跨境转移的基础,而是制定了一种自愿问责机制,即 APEC 跨境隐私规则体系(CBPR)和 APEC 数据处理者隐私认证(PRP认证)。此外,非盟仍需建立起统一的个人数据保护政策和法律,建立监管机构和执法措施;制定共同和一致的标准来评估个人数据保护水平的充分性,以实现非盟成员国向非成员国的数据跨境转移。

5.3.3　中国与非盟开展数据跨境规则合作的现状与挑战

中非合作论坛是中非对话的重要平台和机制,在平台的推动下,2018 年北京峰会暨第七届部长级会议通过《中非合作论坛——北京行动计划(2019—2021 年)》,其中提出,中非双方应“分享信息通信发展经验,共同把握数字经济发展机遇,鼓励企业在信息通信基础设施、互联网、数字经济等领域开展合作”[28]。2020 年 12月国家发改委与非洲联盟委员会主席签署《中华人民共和国政府与非洲联盟关于共同推进“一带一路”建设的合作规划》,该文主要围绕我国“一带一路”建设,并与非盟《2063 年议程》对接,是我国和区域性国际组织签署的第一个共建“一带一路”规划合作文件[29]。2021 年 8 月中国宣布将与非洲国家共同制定并实施“中非数字创新伙伴计划",在数字基建、数字经济、数字教育、数字包容性、数字安全和搭建合作平台等方面,共同拓展新业态合作[30]。

相关数字经济领域的合作势必会促进中非间数据跨境流动规则的建立和完善,但其中仍面临着一些问题:一方面,非盟关于数据跨境传输的充分性保护水平认定标准尚未明确,也缺乏统一的个人数据保护法律和政策、监督机构和执行机构,其成员国经济发展的差异将影响其统一个人数据保护框架的建立;另一方面,非洲的电子商务和数字经济发展尚处于起步阶段,当务之急是建立足够安全的网络环境,通过提升硬件技术增加数据存储的安全性并打击网络犯罪,以确保非盟内部的个人数据保护水平的提升。

参 考 文 献

[1] ASEAN. ASEAN history. https://asean.org/about-asean/the-founding-of-asean/. 2020.

[2] ASEAN. ASEAN model contractual clauses for cross border data flows. https://www.dataguidance.com/sites/default/files/asean-model-contractual-clauses-for-cross-border-data-flows_final.pdf. 2021.

[3] 中国驻东盟使团. 东盟发布《东盟数字总体规划2025》. https://www.thepaper.cn/newsDetail_forward_11115214. 2021.

[4] 新华网. 东盟通过《东盟数字总体规划 2025》. http://www.mofcom.gov.cn/article/i/jyjl/j/202102/20210203036209. shtml. 2021.

[5] 董宏伟, 王琪. 聚焦东盟最新数字化发展规划防范数字企业垄断 促进数据跨境流动. https://www.cnii.com.cn/rmydb/202106/t20210625_288569.html. 2021.

[6] ASEAN. ASEAN telecommunications and information technology ministers meeting(telmin)framework on personal data protection. https://asean.org/wp-content/uploads/2012/05/10-ASEAN-Framework-on-PDP.pdf. 2012.

[7] ASEAN. ASEAN digital integration framework action plan(difap)2019—2025. https://asean.org/wp-content/ uploads/2018/02/AECC18-ASEAN-DIFAP_Endorsed.pdf. 2018.

[8] 驻东盟使团经济商务处. 聚焦东盟数字经济发展(二):《东盟数字一体化框架》及其行动计划. http://asean.mofcom.gov.cn/article/ztdy/202007/20200702982592.shtml. 2020.

[9] Digital Watch. ASEAN agreement on e-commerce is signed in singapore. https://dig.watch/updates/asean- agreement- e-commerce-signed-singapore/.2018.

[10] 新华网. 东盟国家签署东盟电子商务协议. http://www.gov.cn/xinwen/2018-11/12/content_5339614.htm. 2018.

[11] ASEAN. Framework on digital data governance, asean telecommunications and information technology ministers meeting (telmin). https://asean.org/wp-content/uploads/2012/05/6B-ASEAN-

Framework-on-Digital-Data- Governance_Endorsedv1.pdf.2012.

[12] ASEAN. ASEAN agreement on electronic commerce officially enters into force. https://asean.org/ asean-agreement-on-electronic-commerce-officially-enters-into-force/. 2021.

[13] ASEAN. ASEAN data management framework. https://asean.org/wp-content/uploads/2021/08/ ASEAN-Data-Management-Framework.pdf. 2021.

[14] 东盟. 东盟发布《数据管理框架》. http://www.ecas.cas.cn/xxkw/kbcd/201115_128549/ml/xxhcxyyyal/202102/ t20210205_4560816.html. 2021.

[15] ASEAN. The bandar seri begawan roadmap: An ASEAN digital transformation agenda to accelerate asean's economic recovery and digital economy integration. https://asean.org/wp-content/uploads/2021/10/Bandar-Seri-Begawan-Roadmap-on-ASEAN-Digital-Transformation-Agenda_Endorsed.pdf. 2021.

[16] RCEP. Regional comprehensive economic partnership. https://rcepsec.org/about/. 2022.

[17] 新华社. RCEP 生效！全球最大自由贸易区正式启航. http://www.gov.cn/xinwen/ 2022-01/01/content_5665954.htm. 2022.

[18] 蒋旭栋. 中国与东盟开展数据跨境规则合作的现状与挑战. 中国信息安全, 2021(2): 57-60.

[19] African Union. About the African Union. https://au.int/en/overview. 2022.

[20] African Union. The digital transformation strategy for Africa（2020—2030）. https://au.int/sites/ default/files/documents/ 38507-doc-dts-english.pdf. 2020.

[21] UNCTAD. The unctad B2C e-commerce index 2020 - Spotlight on Latin America and the Caribbean. https://unctad.org/system/files/official-document/tn_unctad_ict4d17_en.pdf. 2021.

[22] 驻非盟使团经济商务处. 非洲大陆自贸区历史、现状和未来系列之十五——非洲自贸区关于电子商务和数字经济的谈判. http://africanunion.mofcom.gov.cn/article/jd/qt/202010/ 20201003009017.shtml. 2020.

[23] African Union. African union convention on cyber security and personal data protection, https://au.int/sites/default/files/treaties/29560-treaty-0048_-_african_union_convention_on_cyber_ security_and_personal_data_protection_e.pdf. 2014.

[24] African Union. African charter on human and peoples' right. https://au.int/sites/default/files/ treaties/36390-treaty-0011_-_african_charter_on_human_and_peoples_rights_e.pdf. 1981.

[25] European Communities. Charpter of fundamental rights of the European Union. https://www. europarl.europa.eu/ charter/pdf/text_en.pdf. 2000.

[26] European Uninon. Consolidated version of the treaty on the functioning of the European Union. 2012.

[27] Internet Society, African Union Commission. Personal data protection guidelines for Africa- A joint initiative of the internet society and the commission of the African Union. https://iapp.org/ media/pdf/resource_center/data_protection_ guidelines_for_africa.pdf. 2018.

[28] 外交部. 中非合作论坛——北京行动计划(2019—2021 年). https://www.mfa.gov.cn/web/wjb_673085/zzjg_673183/fzs_673445/dqzzhzjz_673449/zfhzlt_673563/zywj_673575/201809/t20180905_7618588.shtml. 2018.

[29] 马培敏. 中国与非洲联盟签署共建"一带一路"合作规划. http://m.news.cctv.com/2020/12/18/ ARTI4fhet1T9pBdrO2hQkXpV201218.shtml. 2020.

[30] 中非民间商会. 中国将同非洲制定实施"中非数字创新伙伴计划". http://www.cabc.org.cn/detail.php?id=2762. 2021.

第**6**章

重点国家及地区立法现状

6.1 新加坡的跨境数据流动管理

新加坡作为全球贸易自由化程度最高的经济体之一,在尊重和保护个人隐私的前提下,对数据的跨境流动采取了比较开放的态度。

6.1.1 新加坡立法梳理

6.1.1.1 新加坡数据保护的立法概况
1. 新加坡《个人数据保护法》及其实施条例

2012 年 10 月 15 日,新加坡议会批准了《个人数据保护法》。该法案于 2013 年 1 月 2 日生效,前后经过 5 次修订,截至目前该法案的最新修订时间为 2020 年。新加坡《个人数据保护法》为新加坡提供了第一部全面保护数据的法律,旨在提供有关收集、使用和保护个人数据的标准。其既承认数据主体的权利,也认可组织需要收集、使用和披露个人数据以用于合理适当的目的,实现了隐私保护和经济发展需要的良性平衡。

"组织(organisation)"与"数据中介(data intermediary)"所进行的个人数据处理(personal data processing)是新加坡《个人数据保护法》规制的对象。根据新加坡《个人数据保护法》第一部分的概念解释,个人数据是指关于一名自然人的数据,且该自然人的身份可以通过该数据、或从该组织已经或可能访问的数据和其他信息识别出,无论数据真实与否。新加坡《个人数据保护法》中的"组织"和"数据中介"

与《欧盟通用数据保护条例》中的"控制者"和"处理者"概念相似。组织被广泛定义为任何个人、公司、法人或非法人团体，无论是否依照新加坡法律成立、受新加坡法律认可、或在新加坡营业或拥有办公室。数据中介则是指代表另一组织处理个人数据的组织。最后，个人数据的处理被定义为：对有关个人信息的一系列操作行为，包括记录、储存、整理或修改、检索、组合、传输、删除或销毁。

由上可见，该法案具有域外效力。新加坡《个人数据保护法》适用于任何组织收集、使用以及披露新加坡境内个人数据的行为，无论这些组织是位于新加坡之内或之外的任何个人、公司、团体或法人团体。值得注意的是，该法案规定了下列例外情况：①以个人身份或家庭成员身份处理个人数据的个人；②处理个人数据的是某个组织的职员，且该数据处理的行为发生于其履行其职务期间；收集、使用、披露个人数据的是政府机构；③对于由个人本人以非个人目的提供的，涉及个人姓名、职务名称、工作地址、工作邮件地址、工作传真以及其他类似的个人信息的商业联络信息处理。

与新加坡国际商港地位以及其发展数字经济的目标相适应的是，新加坡《个人数据保护法》并未将受保护的自然人限定为新加坡公民或居民。因此，就新加坡《个人数据保护法》的域外适用而言，不仅域外组织处理收集自新加坡领土内的个人信息需要遵守新加坡《个人数据保护法》，即使是完全于域外收集的非新加坡公民的个人数据，只要被传输至新加坡处理，也需要遵守新加坡的个人数据保护要求[1]。这一新颖的法律适用范围，相当于赋予了全世界所有自然人在其个人数据于新加坡处理时相当程度的保护。在实践中，这种权利会被如何主张及认可，则尚未可知。

就数据分类而言，虽然新加坡《个人数据保护法》里没有规定特殊类别，但是新加坡 PDPC 认为，本质上敏感的个人数据（即未授权披露，潜在负面效果较为严重的数据）应当受到更高级别的保护。在一例行政处罚决定中，新加坡 PDPC 列举了一份个人敏感数据的清单，包括：新加坡国民身份证号码与护照号码；金融属性的个人数据（如银行账户细节）；新加坡中央证券保管系统的账号信息；保险契约持有人的被抚养人和受益人姓名以及保险的金额、保费和保险类型；涉及毒品和不忠的个人历史；敏感医疗状况；未成年人的个人数据[2]。

新加坡《个人数据保护法》共规定了关于数据处理的十大原则和义务，每个组织在处理个人数据的时候都要遵循这些义务。这十大义务是：同意义务、目的限制义务、通知义务、公开义务、允许访问与更正义务、准确义务、保护义务、存储限制义务、传输限制义务以及数据泄露后报告义务。对于数据处理组织而言，这十条义务均适用并需遵守。但对于数据中介而言，只有保护义务、存储限制义务和数据泄露报告义务会生效（第 4 条（2）款），除非数据中介进行被归类为组织的行为。组织委托数据中介处理个人数据时，数据中介的处理行为都被视为是组织本身做出的（第 4 条（3）款）。因此，组织必须尽职确保数据中介会遵循新加坡的个人数据保护要求，并能及时响应组织就自身义务对数据中介发出的要求。

根据新加坡《个人数据保护法》第 13 至 17 条，收集、使用和披露个人数据的基础是同意，包括明示同意和视为同意(Deemed Consent)。组织在获得个人明示同意时，需要向其提供数据处理的目的、数据使用和数据披露等相关真实、无误导的信息，且不超出为向该个人提供产品或服务的合理需要。就获得同意的形式而言，新加坡 PDPC 建议组织应以书面形式(包括电子形式)或以可供查阅的方式获得同意，并且建议在自然人以口头的方式表示同意时，组织必须事后以书面形式再次确认或留下书面记录[3]。

视为同意在新加坡《个人数据保护法》中原指个人在合理的情况下自愿提供数据。2020 年的新加坡《个人数据保护法》修正案细化了此种情况下的因合同而视为同意的情形，并新加入了通知后视为同意的条款。

无论是明示同意还是视为同意，个人都可以在向组织发出合理通知后，并在获知撤回该同意可能造成的法律后果后撤回同意；组织不得禁止个人撤回同意。

不过，在某些特定情况下，组织可以未经同意而处理个人数据，包括以下情形(见新加坡《个人数据保护法》附录一与附录二)：

(1)符合该组织的合法利益；

(2)涉及个人关键利益，如：

(i)出于明确符合个人利益的任何目的且有必要性，并且无法及时获得同意，或者没有理由预期该个人会拒绝同意；

(ii)有必要应对威胁到个人生命、健康或安全的紧急情况；

(iii)为联系伤者、病人或死者的近亲属或朋友的目的；

(3)涉及公共事务，如：

(i)个人数据是可以公开获取的；

(ii)符合国家利益；

(iii)仅为艺术、文学、档案、历史或新闻机构进行新闻活动的目的；

(4)为改进业务所需；

(5)为商业资产交易(并购等)所需，包括顾客、员工、股东等的个人数据；

(6)为研究所需。

新加坡《个人数据保护法》第 18 条规定了组织在处理个人数据时必须遵循目的限制原则。组织必须在通知个人关于个人数据处理的目的后才能开始进行处理，所通知的目的必须是理性人在该情形下会认为是合理的目的，并且不进行超出该目的的个人数据处理。

新加坡《个人数据保护法》还规定了其他重要的数据处理义务：①通知义务(第 18 和 20 条)，组织在处理个人数据时或之前应当告知相应主体收集、使用、披露该个人数据的目的；②问责义务(第 11 条、第 12 条)，数据处理组织必须任命一名人员负责确保其遵守新加坡《个人数据保护法》，通常称为数据保护官，并制定和实施必要的政策和实践，以履行其在新加坡《个人数据保护法》下的义务，包括接收投诉的流程，组织也必须向其员工传达有关此类政策和做法的信息，并应要求向个人提供有关此类政策和做法；③访问权限与更正义务（第21条、第22条），组织必须允许个人访问或更正其拥有或控制的个人数据，此外，组织还有义务向个人提供有关过去一年个人数据可能被使用或披露的方式的信息；④准确义务（第23条），如果组织可能会使用此类个人数据做出影响相关个人的决定，或将此类个人数据披露给其他组织，则该组织必须做出合理的努力以确保其收集的个人数据是准确和完整的；⑤保护义务（第24条），组织必须通过合理的安全安排来保护其拥有或控制的个人数据，以防止(a)未经授权的访问、收集、使用、披露、复制、修改、处置或类似风险，以及(b)存储个人数据的介质或设备的丢失；⑥存储限制义务（第25条），组织在可以合理地假设此类个人数据的保留不再服务于它的目的时，必须停止保留包含个人数据的文件，或移除个人数据与特定个人的关联；⑦传输限制义务（第26条），组织不得将个人数据转移到新加坡以外的国家或地区，除非能确保转移的个人数据将获得与新加坡《个人数据保护法》相当的保护标准；⑧数据泄露通告义务（第26D条）：如果组织的数据泄露经评估后为应报告的数据泄露，则该组织必须在可行的情况下尽快通知新加坡PDPC，还必须以合理方式通知数据泄露影响的个人。

违反新加坡《个人数据保护法》的处罚有罚金和监禁。新加坡PDPC在新加坡《个人数据保护法》的法律范围内，被赋予一系列权力。新加坡PDPC可以调查组织、复核组织的决定、对组织处以行政罚款；可以下达通知要求停止收集、使用或披露个人数据，或要求销毁个人数据等。此外，2020年新加坡《个人数据保护法》修订版中加入了三项刑事罪名：未经授权披露个人数据、不当使用个人数据以及未经授权重新识别已匿名信息。

迄今为止，新加坡 PDPC 所做出的最高金额的处罚为对 SingHealth 公司和 Integrated Health Information Systems 公司因违反其规定而分别处以250000新加坡元和750000新加坡元的罚款。此次处罚源于 SingHealth 患者数据库系统由于遭受网络攻击导致约150万人的个人数据遭到泄露。

新加坡《个人数据保护法》在 2012 年初次立法后，历经多次修订。修订情况见表6.1。

表 6.1　新加坡《个人数据保护法》修订过程

生效时间	法案号	修订内容
2015 年 1 月 23 日	2015 年通信及新闻部第 19 号令	通信及新闻部长根据新加坡《个人数据保护法》修订附录七数据保护上诉委员会的内容
2016 年 1 月 3 日	2014 年 29 号法案	《商业注册法》修订后，新加坡《个人数据保护法》附录八发生相应更改

生效时间	法案号	修订内容
2016 年 10 月 1 日	2016 年 22 号法案	《资讯、通信及媒体发展法》设立了资讯、通信及媒体发展管理局，并将相应的个人数据保护权力转归该局
2021 年 1 月 2 日	2020 年 40 号法案	《最高法院法》修正案将高等法院拆分为高等法院总庭与高等法院上诉庭，《个人信息保护法》关于诉讼管辖的部分发生相应变化
2021 年 2 月 1 日	2020 年 40 号法案	《个人数据保护法》全面大修

2020 的新加坡《个人数据保护法》修订是一次全面大修。2020 年 5 月 14 日，新加坡 PDPC 发布了最新的《个人数据保护法(修订)草案》(以下简称修正案)。该草案于 2020 年 11 月由新加坡议会批准通过，并已于 2021 年 2 月 1 日生效，目前生效的新加坡《个人数据保护法》版本即为 2020 年版。

修正案意在对上述新加坡《个人数据保护法》和新加坡《个人数据保护条例》等相关立法予以完善。其中主要增加了一些关键性的条款：

第一，加入了"合法利益"例外和"改进业务"例外。新加坡《个人数据保护法》附录一列出了组织可以不经个人同意处理个人数据的一系列例外，此次修订新增了两项重大例外。合法利益例外是指组织处理个人数据符合该组织或其他组织的合法利益，且这些合法利益超出了对于个人的负面效果。该组织必须按照 PDPC 的规章对于负面效果进行详细评估，采取合理措施消除、减少和弥补负面效果，并向相关个人提供上述信息的合理查阅方式(包括该组织的公开数据保护政策)；此外，合法利益例外还包括以下目的：评估、调查和法律程序、收债或还债、法律服务、信用报告、雇佣等。改进业务例外是指组织处理个人数据是为了改进所提供的产品和服务、改进组织内部流程、了解学习该个人或其他个人关于组织所提供的产品和服务的行为和偏好，以及找寻或开发改进适合该个人或其他个人的产品或服务。

第二，引入了强制性数据泄露的通报义务。组织、数据中介和政府机构应当将可能的数据泄露通知新加坡 PDPC 和受影响的个人。值得注意的是，该义务延及政府机构，是新加坡个人数据保护体系首次将政府纳入管制。根据新加坡《个人数据保护法》第 26B(1)条，强制通报义务主要适用于两种情形：(a)对受影响的个人造成或者可能造成严重损害的数据违法；或(b)数据违法可能规模较大。根据新加坡《个人数据保护法》26B(2)和新加坡 PDPR，与规定的个人数据类型和规定情形相关的数据泄露被认定会造成严重损害；这些个人数据类型和情形包括：未公开披露的财务信息；会导致识别易受侵害人群的个人数据(例如会导致识别因犯罪被捕的未成年人的信息)；未公开披露的人寿、意外和健康保险的信息；特定的医疗信息，包括 HIV 感染的评估和诊断；与收养事宜有关的资料；用于验证任何电子记录或交易或对电子记录或交易进行数字签名的私钥；个人账户标识符和用于访问个人账户的数据。就 26B（1）（b）而言，大规模一般是指影响 500 人以上的违规行为。

第三，加大了金钱处罚的力度。违反新加坡《个人数据保护法》的罚金最高额从固定的 100 万新元，增加到 100 万新元或该组织在新加坡年营业额的 10%两数额中的较高者（第 48J 条）。虽然这些处罚仍未达到 GDPR 的水平，但足以引起与新加坡进行相关业务的组织的更多关注。

第四，扩大了视为同意的情形（第 14 条、第 15 条、第 15A 条）：①数据处理为合同所必须。如果某人为订立或履行合同的目的提供其数据，则接收组织可认为该个人同意收集、使用和披露订立或履行该合同的合理必要数据。并且，这种同意的效力延及下游的其他数据接收者。例如，如果某人交出信用卡用于支付服务费用，则组织必须收集、使用个人数据并将其披露给金融服务机构以处理付款。②通知后视为同意。组织在通知个人数据处理原因后，如果个人在期限内不表示反对，则也视为同意收集、使用或披露个人数据，前提是收集、使用或披露对个人产生不利影响的可能性较小。

第五，缩小了责任免除的情形。以前对政府代理人的责任排除已被删除，这意味着私营部门组织不能再以代表公共机构行事为由逃避新加坡《个人数据保护法》下的责任。

第六，增加了数据迁移权（Right to Data Portability），赋予个人将由某一组织的控制或拥有的电子形式的个人数据迁移至另一组织的权利。非法拒绝数据迁移要求以及对于数据迁移要求收取过高费用都有可能导致新加坡 PDPC 的介入、调查、强制执行或要求退还费用。

第七，加强了对电话营销和垃圾邮件的管制。在修正法案出台前，公民个人只有登记加入了谢绝来电（Do Not Call，DNC）的登记之后才能收到保障，而修改内容中则加重了信息发送方的义务，以确保相关未经请求的信息接收者没有在 DNC 登记册上。发送方只有在收到信息接收方新加坡电话号码不在 DNC 登记册中的确认信息后才能对其发送营销信息。

总体而言，新加坡《个人数据保护法》的修订方向是放松了对于企业的数据保护监管，尤其是新的"合法利益"例外、"改进业务"例外和"通知后视为同意"这三大例外加入后，企业在新加坡《个人数据保护法》下的数据处理被赋予了极大自主权。"合法利益"例外意味着企业可以自行衡量个人是否因个人数据处理而受到损害，以及能否在确认有损害的情况下继续进行数据处理。"改进业务"例外则在以欧美和我国为代表的个人数据立法纷纷限制算法自动决策的国际立法方向下，合法化了新加坡企业用算法自动决策来处理个人数据。"通知后视为同意"更是允许企业在无需个人明示或直接联系的情况下收集、分析和披露个人数据。

考虑到此次修订所新加入了国际上广泛接受的"因合同而视为同意"，加之新加坡个人数据立法事实上并不存在个人向个人数据控制者表示反对个人数据处理的权利，以及个人要求销毁个人数据和查阅个人数据的权利相对 GDPR 较小，个人数据主体的个人数据一旦受企业控制，在新加坡数据保护框架下难以主张较大的控制权。

放松监管立法考量可能与新加坡努力成为国际数据中心有关，新加坡既希望促进国际企业将企业掌握的数据在新加坡进行传输、存储等处理活动，同时又为他国自然人提供国际前列的个人数据保护水平。

2. 新加坡其他国内相关法律文件

在新加坡《个人数据保护法》和新加坡《个人数据保护条例》生效前，新加坡尚无有关个人数据保护的较为全面的法律。该国个人数据的处理的规定主要由普通法、特定行业的法律法规等来规范，新加坡《银行法》的第 47 条①即是特定行业的法律法规的例子。新加坡《个人数据保护法》第 4 条第 6 款 b 项明确指出，其他法律规定与该法不一致时，应优先适用特别法。

3. 区域国际法规则

2018 年 2 月新加坡加入了亚太经合组织主导的跨境隐私规则(CBPR)体系。2018年 3 月参与推进的《东盟-澳大利亚数字贸易框架倡议》达成，致力于消除两国之间的上述障碍，寻求更大程度的互联互通，为电子商务、数字货币、知识产权保护和数据管理制定法律框架和标准。

6.1.1.2 数据跨境流动相关立法规定

1. 数据跨境流动的前提条件

新加坡《个人数据保护法》第 26 条明确规定了将个人数据传输到新加坡以外国家或地区的情形。①根据《个人数据保护法》第 26 条第 1 款，除非跨境数据流动符合《个人数据保护法》的要求，组织确保所转移的个人数据在境外所受到保护标准与新加坡类似，否则不允许跨境数据流动。②组织可以根据《个人数据保护法》第 26 条第 2 款向新加坡 PDPC 申请豁免，新加坡 PDPC 可以以书面的形式发出通知免除该组织在第 1 款下数据跨境流动所需符合的条件。

新加坡《个人数据保护条例》对于是否满足新加坡《个人数据保护法》第 26条第 1 款的数据跨境流动的前提条件提供了进一步的解释。根据《个人数据保护条例》第 10 条，满足下列 5 种情形之一的，应当视为符合允许数据跨境流动的条件：①数据主体明示同意将其个人数据转移到该数据接收国；②数据主体构成《个人数据保护法》第 15 条下的因合同的必须而视为同意将其个人数据转移到该数据接收国；③在没有数据主体同意的情形下，是为了新加坡《个人数据保护法》附录一第一部分规定的关键个人利益或者第二部分第二段规定的符合国家利益的目的，并且数据转移组织已经采取了合理的措施保证该个人数据在数据接收国不会

---

① 新加坡 1970 年《银行法》(Banking Act)第 47 条第 1 款：新加坡银行或其人员不得以任何方式向他人披露客户信息，除非《银行法》有明确规定。

被用作其他用途；④该个人数据是正在传输中的数据；⑤该个人数据在新加坡可以被公开获取。

对于上述数据跨境前提情形①，如何认定数据主体明示同意数据跨境流转，《个人数据保护条例》第 10 条第 3 款进一步说明了不构成明示同意的三种情形：①该个人没有被告知其数据跨境传输至境外也会受到与新加坡《个人数据保护法》相当的保护；②数据传输组织以提供产品或服务为前提条件要求数据主体同意数据传输，除非这种传输是为了提供产品或服务之必须；③传输组织通过或试图通过错误或虚假陈述，或者用其他欺骗性或误导性的行为获得数据主体的同意。如果不构成明示同意，可考虑跨境数据流转的其他前提条件是否满足，若不能满足任意一项，在缺乏前提条件的情形下进行跨境数据流转，将面临违反个人信息保护法的风险。

2. 数据跨境流动的接收方义务来源

新加坡《个人数据保护条例》第10条第(1)款规定，组织为确保个人数据在境外会受到类似新加坡标准的保护，应确保数据接收方会受到具有法律效力的义务约束。新加坡《个人数据保护条例》第11条规定，数据接收方具有法律效力的义务来源包括：①任何法律；②满足如下两项要求的任何合同：a.数据接收方在合同中载明的保护水平不得低于《个人数据保护法》，b.数据接收方在合同中载明合同中被转移的数据具体被传输到哪些国家或地区；③任何约束性的公司规则：a.约束性的公司规则仅在缺乏法律、合同或其他有法律约束力文件时才能适用，b.约束性的公司规则必须明确适用的具体约束性的公司规则、明确个人数据将被转移到的国家或地区、明确数据接收方的权利义务，c.约束性的公司规则仅适用于和数据传输方相关的数据接收方(即数据传输方的母公司、子公司或同属一个集团的其他公司)[①]；④其他任何有法律约束力的文件。

3. 数据跨境流动的特殊规则

新加坡承认亚太经济合作组织跨境隐私保护规则体系(CBPR)系统和 APEC 数据处理者隐私认证(PRP 认证)下的认证系统是向境外转移数据的合法途径。根据新加坡《个人数据保护条例》第 12 条的规定，如果接收方持有指定的认证，即亚太经合组织 CBPR 或 PRP 认证，接收方将直接被视为受有法律效力的义务约束，为被转移的个人数据提供了至少与新加坡《个人数据保护法》下的保护标准相当的保障，从而符合数据跨境流动的基本前提。新加坡 PDPA 个人数据传输机制如图 6.1 所示。

---

① 目前，谷歌云、TDCX 等企业已公布了适用于来自新加坡个人数据的约束性的公司规则。参见谷歌云公布的新加坡《个人数据保护条例》(Personal Data Protection Act) 以及 TDCX 公布的"有约束力的公司规则"(Binding Corporate Rules) (https://www.tdcx.com/sg-en/policies/bcr/) 。

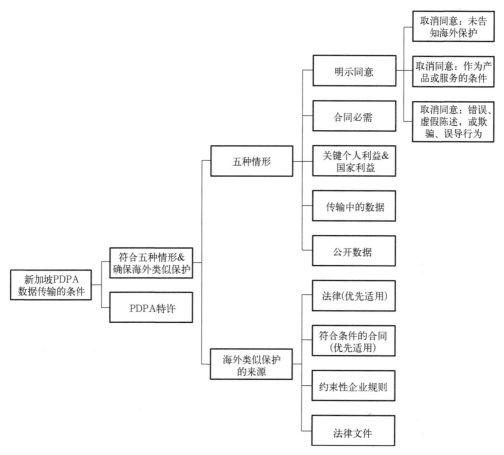

图 6.1 新加坡 PDPA 个人数据传输机制图示

6.1.2 新加坡数据保护机构

新加坡个人数据保护委员会(PDPC)成立于 2013 年 1 月 2 日，是新加坡数据跨境流动的主要监管部门。PDPC 是新加坡资讯、通信及媒体发展管理局(Info-communications Media Development Authority)的组成部分，隶属于新加坡通信及新闻部(Ministry of Communications and Information)。

PDPC 的设立目的是促进和实施个人数据保护法，营造企业和消费者相互信任的环境，提高社会对数据保护重要性的认识，帮助新加坡的企业建立符合新加坡《个人数据保护法》要求的数据保护能力。PDPC 在新加坡个人数据保护相关事务中享有权威的话语权，在相关问题上的处理代表新加坡政府。值得注意的是，在教育、医疗、金融等专业领域，数据内涵更加丰富、保护难度也更大，因此，PDPC 与各专业领域的行业主管部门密切合作，共同管理专业领域的数据跨境流动。

自 2016 年以来，PDPC 发布了一系列执法决定，这些决定有助于明确新加坡《个人数据保护法》对个人数据保护的要求。这些执法决定通常可通过 PDPC 的网站在其执法决定(Enforcement Decisions)中查询。截至 2022 年 1 月 1 日，PDPC 已根据新加坡《个人数据保护法》第 24 条发布了总共 197 项决定理由或决定理由摘要，其中绝大多数案件与违反保护义务有关。违反保护义务的最常见类型包括故意披露个人数据、技术安全保障措施不足、物理储存设备安全状况差、大量散发垃圾邮件以及数据保护力度不足等。

PDPC 还对行业协会针对新加坡《个人数据保护法》制定有关行业准则提供指引。截至目前，PDPC 发布的行业指引包括以下 2 项：2015 年 4 月 1 日 LIA 关于新加坡《个人数据保护法》的人寿保险公司业务守则；2015 年 4 月 1 日 LIA 关于新加坡《个人数据保护法》固定保险代理人行为守则。

6.1.3 新加坡数据保护特色：谢绝来电(DNC)制度

随着当今社会的通信化程度不断提高，无论是在新加坡、中国还是在世界范围内，通过各种通信方式，比如电话、短信、邮件等方式向个人发布广告推销产品的现象已经非常普遍。在广告行业的高额经济利益的驱使下，通信行业一些负有信息保护义务的组织在未经公民个人同意的情况下便非法向其他组织披露公民的个人信息，而通过各种渠道获得公民的个人信息和联系方式的数据组织，又会使用这些信息向公民个人投放各类广告，使民众深受其扰。

谢绝来电(DNC)制度，其专章规定于新加坡《个人数据保护法》第九部分第 36 至 48 条以及附表 8。第九部分第一节里是预备部分，主要是规定了一些具体术语的含义(第 36 条)，例如"信息""发送""发送者""新加坡电话号码""商品""服务"等词语；特别规定了"特定化信息"的含义(第 37 条)；明确了管辖，即消息的发送方或者接收方在"特定化信息"被发送至新加坡电话号码时位于新加坡(第 38 条)。第九部分第二节主要是登记处的一些行政程序上的规定，包括 DNC 登记处的设置(第 39 条)；申请程序(第 40 条)；证据能力(第 41 条)；以及被注销的新加坡电话的信息(第 42 条)，意在对所有新加坡电话号码进行规范管理。第九部分第三节主要是规定了向新加坡电话号码发送"特定化信息"时的规则(第 43-47 条)。此外附表 8 里规定了"特定化信息"的除外情形。

通过 DNC 制度的构建，如果信息权利主体不希望收到广告商的"特定化信息"，无论是通过电话还是手机短信的方式，那么他可以通过向个人信息保护委员会下设立的 DNC 登记处申请将其电话号码为谢绝来电的在册电话号码，一旦登记注册，任何人或组织在未经过权利人同意的情形下，或未按照法律规定的方式向权利人通过电话或短信发送"特定化信息"的行为都将受到新加坡《个人数据保护法》的制裁。这一体制最早构建于 2014 年，可以看出新加坡政府对于个人数据的充分尊重，实现了经济利益和权利保障的良性平衡。

6.2 日本的跨境数据流动管理

日本是经济合作与发展组织(OECD)和亚太经济合作组织(APEC)的成员国。日本在制定国内法时，参考了国际准则或 GDPR 的一些原则与措施。

6.2.1 日本立法梳理

日本的个人信息保护法律体系由《个人信息保护法》、《指导方针》(指南)和《个人信息保护条例》等法律、条例和指南构成，如图 6.2 所示。日本的《个人信息保护法》修正过程详见表 6.2 所示。

民间领域	公共领域	
个人信息保护法(*1) (4、8 章：处理个人信息的企业经营者等的义务、罚则等) (对象：民营企业)	个人信息保护法(*1) (5、8 章：行政机关等的义务、罚则等) (对象：行政机关、独立行政法人等)	个人信息保护条例 (*3) (对象：地方政府等)
指导方针(*2) (通则编、向外国第三方提供信息编、确认和记录义务编、假名化和匿名化处理信息编、授权个人信息保护组织编) *除上述内容外，还编写、公布了问答和其他文件	指导方针(*2) (行政机关等编) *除上述内容外，还编写、公布了行政指南、问答等	
个人信息保护法(*1) (1~3 章：基本理念、国家及地方政府的责任和个人信息保护措施等) 个人信息保护基本政策		
(*1)关于个人信息保护的法律 (*2)在金融相关领域、医疗相关领域、信息通信相关领域等，有单独的指导方针等 (*3)《个人信息保护条例》在 2021 年进行了修订，目前由各条例规范的地方政府的个人信息保护制度将受到《个人数据保护法》第五章等全国性共同规则的约束，管辖权将集中在个人信息保护委员会(计划于 2023 年春季生效)		

图 6.2 有关日本个人信息保护的法律法规体系图[4]

表 6.2 日本《个人信息保护法》的修正过程

时间	修正
2003 年 5 月 30 日第 61 号法	根据《关于执行〈行政机关持有的个人信息保护法〉时相关法律的安排等的法律》第 4 条修正。
2003 年 7 月 16 日第 119 号法	根据《关于改进与执行地方法人行政机构法有关的法律等的法律》第 6 条进行修正。
2009 年 6 月 5 日第 49 号法	根据《关于改进与执行设立消费者事务机构和消费者委员会的法律有关的法律》第 26 条进行修正。
2015 年 9 月 9 日第 65 号法	根据《个人信息保护法》第 1~3 条和《关于在行政程序中使用号码识别特定个人的法律》部分修正。

续表

时间	修正
2016 年 5 月 27 日第 51 号法	根据《关于制定相关法案以通过适当和有效使用行政机关所掌握的个人信息来促进创造新产业和实现充满活力的经济社会和富裕的国民生活方式的法律补充条款》第 6 条进行修正。
2008 年 7 月 27 日第 80 号法	根据《特定综合旅游设施区发展法》的补充条款第 9 条进行修正。
2019 年 5 月 31 日第 16 号法	根据《关于部分修正〈关于在行政程序中使用信息和通信技术的法律〉的补充条款》第 77 条修正，目的是通过使用信息和通信技术增加相关人员的便利，简化和提高行政管理的效率。
2020 年 6 月 12 日第 44 号法	根据《部分修正个人信息保护法》第 1 条和《补充规定》第 11 条进行修正。
2021 年 5 月 19 日第 37 号法	根据《关于为形成数字社会制定相关法律的法律》第 50 和 51 条进行修正。

6.2.1.1　日本数据保护的立法概况

1. 日本《个人信息保护法》

一系列震惊日本的、备受瞩目的数据泄露事件清楚地表明原有的《个人信息保护法》的要求不再满足日本社会当今发展的需求。基于这样的背景，日本在 2015 年对《个人信息保护法》进行了修正。这次修正又促使个人信息保护委员会（Personal Information Protection Commission）成立。该委员会是一个独立的机构，在保护个人权益的同时，鼓励适当和有效地使用个人信息。

日本《个人信息保护法》的目的是保护个人的权益，认为个人信息是有价值的，并且是经常需要的数据，对其保护有利于进行正常和合法的日常业务运营。日本《个人信息保护法》的主要内容：

一是适用范围。

日本《个人信息保护法》适用于所有个人信息处理商业经营者（定义为出于商业目的处理个人信息的经营者），但不适用于中央政府、地方政府和法人组织。政府发布的《2004 年个人信息保护基本政策》中对适用于《个人信息保护法》的对象进行了详细规定。

二是相关基本概念。

日本《个人信息保护法》中与个人有关的信息包含以下两个基本概念。第一，"个人信息"是指：①关于自然人的姓名、出生日期等可识别出特定个人的信息，包括与其他信息对照后可容易地识别出特定个人的信息；②个人识别符号是指为了适用电子计算机而将特定个人身体的某一部分特征变换为文字、号码、记号或其他符号中，可识别该特定个人的符号（如声纹、指纹、DNA 序号等），或个人在被提供服务等时被分配或记录的文字、号码、记号等可识别特定利用人的符号（如会员卡号）。第二，"个人数据"是指构成个人信息数据库等的个人信息，例如企业将所收集的个人信息经过输入、编辑、加工等行为之后生成个人信息数据库时，该个人信息数据库中所包含的个人信息。与"个人信息"不同的是，"个人数据"是可以通过电脑等方式检索的构成一定体系的数据。将个人信息数据库等用于其经营的主体则称为"个人信息处理商业经营者"(以下简称经营者,不包括政府等特殊主体)。在日本《个人信息保护法》中,"个人信息"这一概念通常被用于信息采集阶段的行为,经营者收集个人信息并生成数据库后使用、管理、向第三方提供属于个人信息的数据时,则使用"个人数据"这一概念[5]。

三是经营者的义务。

(1)征得同意。对于普通个人信息,经营者无需征得个人同意即可收集其个人信息,但不能通过欺骗或其他不正当手段收集个人信息。相反,对于敏感的个人信息,经营者原则上需要征得个人的同意,但当敏感数据的收集是法律所规定的或是为了保护生命、促进公共卫生、政府合作或已由个人公开披露时,则无需征得同意。

(2)通知。经营者必须事先向公众披露其使用数据的目的,或在收集后立即通知个人。但是,如果存在:① 迫切需要保护生命或财产的原因;或 ② 从数据收集的情况来看使用目的明确;或 ③ 披露会损害经营者的权利或合法权益时,经营者可能不需要进行通知。

(3)目的限制。在处理个人信息之前,经营者必须尽可能明确地规定使用个人信息的目的。目的的任何更改都必须在原始目的的合理范围内。当个人信息的使用超出了使用目的所必需的范围时,需要征得个人的同意。

(4)准确性。经营者应在使用目的所必需的范围内,确保个人信息的准确性和最新性。

(5)删除要求。一旦数据达到经营者的指定目的,丧失后续使用的必要后,经营者必须立即删除数据。

(6)信息共享。经营者只有在获得个人事先同意的情况下,才能与日本境内的第三方共享个人信息,但以下情况除外:①法律法规要求;②为了保护生命或财产且难以征得同意;③为加强公众卫生或儿童健康且难以征得同意;④与中央政府组织或地方政府合作所需且已取得执行的许可;⑤某些其他情形。

(7)安全性。经营者必须建立适当的安全保护措施,以防止个人信息泄漏、丢失或损坏。

(8)记录。如果发生数据向第三方转移,则经营者必须保留某些信息的记录,例如第三方名称,且该信息应得到第三方确认。

四是关于个人权利。

(1)访问权与更正权。个人有权访问某些数据,例如经营者的名称和使用数据目的,或在特定条件下这些数据是否会识别出个人。个人还可以要求纠正数据中的错误。

(2)公开权。在某些情形下,个人可以要求经营者披露能识别出个人身份的数据。

(3)停止使用与删除权。当能识别出个人身份的数据被违法处理时(例如,通过欺诈或不正当手段获得或用于特定目的的数据),可以要求经营者停止使用或删除数据,并在一定条件下停止向第三方提供此类数据[6]。

五是匿名化加工信息。

"匿名化加工信息"是指为了无法识别特定个人,而对其个人信息进行加工,并使之无法复原。《个人信息保护法》规定生成匿名化加工信息时,有必要遵循以下处理标准:①删除可以识别特定个人的部分或全部描述,例如姓名、地址、出生日期等;②删除所有个人识别符号;③删除可以与姓名、地址等关联的会员代码、ID等;④删除独特信息,例如异常血型和病史;⑤删除可以确定家庭住址或工作地点的位置信息。通过删除所有这些信息,该信息将无法用作个人信息,成为匿名化加工信息。未经同意,这些信息可以提供给第三方。《个人信息保护法》在2015年修正后,分别对处理匿名信息的经营者和信息的接收、使用方施加了新的义务。经营者有义务进行安全控制,以防止处理方法的泄露,并删除个人信息;向公众披露匿名处理信息中包含的与个人有关的信息类别;禁止将匿名化加工信息与其他信息进行核对以识别个人。信息的使用方不得获取与匿名信息处理方式有关的信息,也不得将匿名信息与其他信息进行核对,以确定个人身份;应当努力妥善、及时地处理投诉,并建立必要的制度。

六是关于处罚。

经营者的法律合规性应由个人信息保护委员会监督。必要时,个人信息保护委员会可进行现场检查或要求报告,并根据实际情况给予指导、建议、意见或命令。具体处罚为:违反国家秩序的,处以6个月以下或者30万日元以下的罚款;虚报的,处以30万日元以下的罚款;员工以非法牟利为目的提供、窃取个人信息数据库的,处1年以下有期徒刑或50万日元以下罚金(同时对公司处以罚金)[7]。

2. 2020年修正后的日本《个人信息保护法》

日本《个人信息保护法》2020年修正案加强了数据主体的权利,限制通过"未选择退出"作为理由向第三方转移数据,对报告数据泄露提出了新要求。此外,该修正案更详细地规定了跨境数据传输相关规则,扩大了数据的域外执行权力,加大了对违规行为的处罚力度。

1)加强数据主体权利

首先,2020年修正案授权数据主体更容易请求公司停止使用或删除其数据。修改前的《个人信息保护法》只允许在有限的情况下停止使用或删除个人数据,2020年修正案对此进行了扩展,允许在更广泛的情况下提出请求,包括:①个人数据在被一种可能助长或诱发违法行为的方式使用;②经营者不再有继续使用其个人数据的必要;③经营者保存中的个人数据发生了泄露等情况;④个人数据的处理方式可能导致损害数据主体的权利和利益的其他情况。此外,不像修改前数据主体在要求经营者披露其个人数据时,只能采用书面材料交付这一种方法,修改后数据主体可以要求以电子记录或其他方式获得披露结果。

2020 年修正案也改变了"个人数据"的范围。在修正前，个人数据只要在获取后 6 个月内被删除，并不被视为保存中的个人数据。保存中的个人数据是指经营者有权进行公开、修改、删除等处理活动的个人数据，经营者对保存中的个人数据负有回应数据主体的访问权、公开权等权利的义务。新修正案删除了这六个月的限制，将任何个人数据视为保存中的个人数据，而不再考虑数据的保存期。

2）限制通过"未选择退出"对第三方转移数据

在 2020 年修正案前，如果经营者向个人信息保护委员会提供某些信息，并将那些信息事先通知数据主体或者置于本人容易知道的状态，并且数据主体未提出异议，即"未选择退出"，则经营者可以在未经同意的情况下将数据传输给第三方。根据个人信息保护委员会条例的规定，必要告知的信息包括：向第三方提供个人信息是经营者处理的目的之一；向第三方提供的个人数据项目；向第三方提供的方法；在本人要求后便会停止将可识别本人的个人数据向第三方提供；如何回应与数据主体的权利相关的请求。

2020 年修正案将原有的"不得依据选择退出规定，向第三方提供需要特别注意的个人信息"（需要特别注意的个人信息包括敏感个人信息等）明确为"除需要特别注意的个人信息外，以下信息也不得依据选择退出条款向第三方提供：① 通过欺骗或不正当手段收集的个人数据；② 将其他方根据选择退出条款提供的个人数据，再次根据选择退出条款提供出去"。2020 年修正案及《个人信息保护委员会条例》还新增了通知义务中的内容：①个人信息处理者的姓名或名称和地址，以及其代表的姓名；②如何获取提供给第三方的个人数据；③如何更新提供给第三方的个人数据；④开始向第三方提供与通知相关的个人数据的计划日期。并且该法还新增规定，如果经营者停止通过选择退出条款向第三方提供个人数据，则需要向个人信息保护委员会报告[8]。选择退出条款理解图如图 6.3 所示。

3）报告数据泄露

2020 年修正案新增了经营者向个人信息保护委员会及相关的数据主体报告数据泄露的义务。如果数据泄露可能侵犯个人权益，经营者需要报告个人信息保护委员会以及通知可能受影响的数据主体。报告个人信息委员会要求经营者尽快提交初步报告以解决该情况，并提交第二份报告概述数据泄露的具体原因和可行的补救措施。如果经营者难以通知受影响的数据主体，2020 年修正案允许经营者发布公告并设立办公室处理数据主体的咨询。虽然目前新修正案尚未设定报告义务的具体门槛。但根据个人信息保护委员会已经披露的规则草案，如果：① 敏感个人信息被泄露，② 存在经济损失的风险，以及 ③ 数据泄露事件涉及超过 1000 名数据主体，则此类数据事件需要报告[9]。

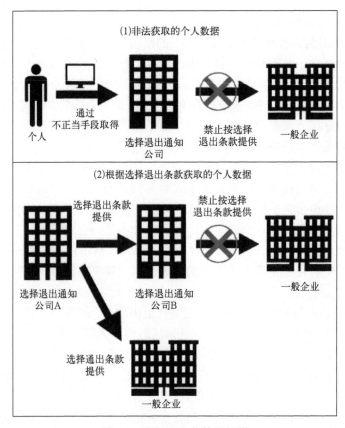

图 6.3　选择退出条款理解图

4) 信息假名化处理

与 GDPR 不同，现行的日本《个人信息保护法》不包括假名化的概念，而 2020年修正案引入这一概念。"假名化加工信息"是指通过删除某些信息(例如姓名或个人识别符号)等加工方式，只要不与其他信息相对照就无法识别特定个人的数据。假名化加工信息与上述介绍过的匿名化加工信息的相同之处在于都需要通过删除、置换个人信息中的部分表述、符号等，但对个人信息进行匿名化加工后不可复原，而进行假名化加工后将该信息与其他信息相对照后仍然可以识别出特定个人。

引入此概念是假名化加工信息能起到一定程度的个人信息保护作用，作为数据的可用性和加工前没有巨大区别，加工过程与匿名化加工信息相比也更加简便。企业可以将假名化加工信息用于自己的盈利目的，进行数据内部分析，而无需遵守日本《个人信息保护法》的某些要求。例如，使用假名化加工信息时不再需要回应数据主体的披露要求或停止使用信息要求以及不再有在数据泄露等情况下进行强制性报告的义务。

但是，假名化加工信息因包含本应作为个人信息而加以保护的信息，其使用范围应限定于为实现特定使用目的的必要范围并公示其使用目的，且原则上不能向第三方提供。

5）跨境数据传输

2020 年修正案规定，经营者将个人数据跨境转移将必须向数据主体提供相关信息，这些信息应详细说明该转移信息将受到的保护。当基于数据主体同意进行转移时，转移该数据的经营者将需要确定接收第三方采取的数据保护措施以及该数据输出国家或地区中的现行的数据保护法律和法规。当基于满足个人信息保护委员会规定的数据传输标准进行数据跨境传输，经营者必须采取必要措施，以确保传输的数据受到持续性的保护。

6）扩大数据的域外执行权力

2020 年修正案扩大了日本《个人信息保护法》的域外效力。根据 2020 年修正案，个人信息保护委员会可以要求外国经营者提供数据加工相关活动的报告。当其存在违反日本《个人信息保护法》的情形时，个人信息保护委员会可以要求其采取必要措施，停止违法行为。这是日本数据管理的重大转变。此前，个人信息保护委员会仅对相关的外国经营者发布行动指南或建议。

7）加大对违规行为的处罚力度

日本监管机构还致力于填补《个人信息保护法》规定的惩罚机制与 GDPR 之间存在的差距。此前，未遵守个人信息保护委员会规定的经营者可能会被处以 30 万至50 万日元的罚款，具体取决于违规行为的性质。相对于 GDPR 对 2000 万欧元或 4%全球营业额的处罚，《个人信息保护法》对违规行为的处罚相对较轻。

因此，2020 年修正案增加了对不同类型违法主体的罚款新规——对组织最高可处以 1 亿日元的罚款，而个人可处以 1 年监禁或 100 万日元的罚款。向个人信息保护委员会提交虚假报告也可能导致 50 万日元的罚款。

6.2.1.2　日本数据跨境流动规则

日本《个人信息保护法》的第 24 条规定了向境外第三方提供个人数据时的限制规则，可总结为一个原则和三个例外。

首先大的原则是，运营者将个人数据提供给境外第三方前，应当获得数据主体本人的同意。

个人信息保护委员会在名为《向外国的第三方传输》（2021 年修订版）的指引中对同意做出了进一步的解释和规定。数据主体的同意应当表示个人同意由处理个人信息的营业者向位于国外的第三方提供数据的意向。并且在获得同意前，传输方必须向数据主体提供判断其是否提供同意的必要信息，包括：有关国外国家的名称；以适当和合理的方式获得的关于该外国的个人数据保护体系的信息；有关第三方为保护个人数据所采取的措施的信息；如果不能提供上述的几项信息应当告知数据主体不能具体说明的事实和理由。《向外国的第三方传输》进一步对法条中的"境外第三方"的概念进行了解释。第三方是指除了传输个人数据的经营者和个人数据所识别的个人以外的任何个人，包括外国政府。就法律实体而言，其是否为第三方，要看其是否与传输个人信息的经营者有不同的独立的法律人格。例如，一家日本公司向该公司在外国注册的当地子公司传输了个人数据，该子公司就构成了法律意义上的境外第三方；但如果接收方是在同一法人格下的处于境外的分支机构，那么就不构成向境外第三方提供个人数据的行为。

同意原则的第一个例外为当接收方所在国提供同等个人信息保护水平的国家。日本《个人信息保护法》第 24 条规定，当接收方的地区或国家的个人信息保护制度达到了个人信息保护委员会要求的与日本的个人信息保护制度相当的水平时，不需要获得数据主体的同意就可进行传输。目前，只有英国和欧盟国家(包括欧洲经济区)被列入个人信息保护委员会发布的具有同等数据保护水平的国家名单。

第二个例外为当接收方采取了必要适当的标准和机制。当接收方构建了符合日本《个人信息保护委员会规则》所规定的标准，并持续采取与日本《个人信息保护法》规定的经营者就个人数据的处理所应采取的措施所相当及必需的措施和机制时，不再需要数据主体的同意作为传输的必要条件。

《个人信息保护法下根据充分性认定从欧盟与英国境内接收的个人数据的处理补充规则》规定，个人信息保护委员会根据该法第 24 条规定的标准属于以下的任何一项：①经营者和个人资料接收方已通过适当和合理的方法，确保个人资料接收方在处理个人资料方面实施与该法第四章第 1 节规定的目的相一致的措施(第四章第 1 节规定了个人信息处理经营者的义务)；②接收方已获得基于有关处理个人资料的国际框架的认可。就第一项具体而言，传输方可以通过与接收方订立合同的方式，保证接收方在境外处理个人数据时持续采取相当于日本个人数据处理经营者所需采取的措施。如果他们同处于一个公司集团中，那么接收方应当受到约束性标准的约束。就第二项的国际框架的认可而言，日本已认可 APEC 的跨境隐私规则体系(CBPR)认证。

此外，如果因为接收方已经建立了相当于日本《个人信息保护法》规定的个人数据保护水平的措施而允许传输，则传输方必须应要求向数据主体提供有关该外国的个人信息保护制度的信息，并始终确保接收方保持该保护水平。

第三个例外为与法令和公共利益相关的例外情况。日本《个人信息保护法》第 23 条第 1 款规定以下情形除外：一是基于法令的情况；二是为了保护人的生命、身体或财产所必要，但是难以取得本人同意的情况下；三是为提高公共卫生或促进儿童健康成长有特别需要，但难以取得本人同意的；四是国家机关或地方公共团体或受其委托的人在执行法令规定的事务时，需要经营者的协助，但在征得本人同意后，有可能对执行该事务产生影响。例外情况总结见表 6.3 所示。

表 6.3　与法令及公共利益相关例外情况总结表

与法令和公共利益相关的例外情况	是否取得同意	例子
1. 基于法令的情况(仅限于日本的法令)	——	配合日本警察的搜查令
2. 为了保护人的生命、身体或财产所必要	难以取得本人同意	日本公民在日本境外发生危及生命的事故时向境外的医疗机构传输个人信息
3. 为提高公共卫生或促进儿童健康成长有特别需要	难以取得本人同意	因儿童虐待事件的调查需要向相关机构传输该儿童的个人信息
4. 国家机关或地方公共团体或受其委托的人在执行法令规定的事务时,需要经营者的协助	征得本人同意后,有可能对执行该事务产生影响	需要个人信息的国家机关发出的统计调查等情况

　　总而言之,当向外国第三方提供个人信息时,原则上需要征得数据主体的个人同意。如果满足法律规定的以下任何例外情况,不需要个人同意。这些例外情况包括:一是作为拥有与日本相当水平的个人信息保护制度的国家/地区,《个人信息保护法实施条例》规定的国家/地区(详见 2016 年《个人信息保护委员会条例》第 3 号);二是第三方已建立符合 2016 年《个人信息保护委员会条例》第 3 号规定的标准的制度,作为持续采取与个人信息处理经营者应采取的措施相对应的措施的必要制度时;三是属于该法第 23 条第 1 款,与法令和公共利益等相关的例外情况[10]。日本个人数据跨境流动法规总结如图 6.4 所示。

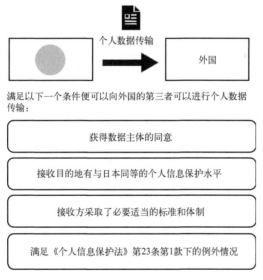

图 6.4　日本个人数据跨境流动法规总结图

　　此外,个人资料的转移需要传输方和接收方保留特定的记录,接收方也必须对所转移的个人资料的来源进行查询,除非转移是法律允许的例外情况。

　　传输方必须保留以下记录:传输日期(如果传输是根据选择退出进行的)、接收方和数据主体的姓名或其他标志,以及传输的数据类型(例如姓名、年龄、性别等划分);数据主体对传输的同意,如果没有获得同意,那么需要记载传输所依据的具体事实。

接收方必须保留以下记录:收到个人数据的日期(如果传输是根据选择退出进行的)、传输方的名称或其他标识符及其地址(如果传输方是一个法律实体,则其法定代表人的名称)、数据主体的姓名、转移的数据类型,以及数据主体对传输的同意,如果没有获得同意,那么需要记载传输所依据的具体事实。

6.2.2 日本数据保护机构

日本的数据保护机构是个人信息保护委员会。个人信息保护委员会的职责是保护个人的权利和利益,同时其考虑如何适当和有效地利用个人信息。个人信息保护委员会是日本法律框架中高度独立的机构之一。具体来说,个人信息保护委员会根据日本《个人信息保护法》和《号码法》履行下列职责:

(1)制定和促进个人信息保护基本政策。根据日本《个人信息保护法》,制定《个人信息保护基本政策》,努力促进公共和私营部门保护个人信息。

(2)个人信息处理监督。对处理个人信息的经营者等进行必要的指导、建议、报告收集、现场检查,如有违反法律的情况,可提出建议、命令等。

(3)与认证个人信息保护组织有关的事务。认证个人信息保护组织,是指获得个人信息保护委员会认证的公司,旨在自愿努力促进每个行业和业务领域的私人保护个人信息。如果公司等要求提供投诉或提供信息,个人信息保护委员会将根据法律等将公司认证为个人信息保护组织。此外,个人信息保护委员会可能会对授权的个人信息保护组织采取报告收集和命令等措施。

(4)对特定个人信息的处理进行监督和检查。对行政机关和经营者等处理特定个人信息的人员进行必要的指导、建议、报告收集和现场检查,并在发生违反法律的行为时提供建议和命令。

(5)与特定个人信息保护评估相关的事务。特定个人信息保护评估由国家行政机关和地方政府等在持有特定个人信息文件之前自行评估信息泄露等风险,并在书面说明并公布对策。个人信息保护委员会编制了准则,规定了评估的内容和程序,并批准了国家行政机关编制的特定个人信息保护评估表。

(6)与投诉、调解有关的事务。为了回答有关个人信息保护法的解释和制度的一般性问题,并就个人信息处理投诉的提出提供必要的建议和调解,个人信息保护委员会设立了"个人信息保护法咨询电话接受咨询。"此外,为了回答有关处理特定个人信息的一般问题,并就向另一方提出投诉提供必要的建议和意见,个人信息保护委员会设立了"投诉调解员",接受咨询。

(7)国际合作。除了参加个人信息保护国际会议外,个人信息保护委员会还与境外相关机构交换信息,努力建立合作关系。

(8) 宣传和提高认识。个人信息保护委员会利用小册子、网站和简报会，开展宣传和提高认识活动，以保护个人信息，并适当和有效地使用个人信息。

(9) 其他。除上述事务外，个人信息保护委员会还提交国会报告，说明个人信息保护委员会所负责事务的处理情况，并开展必要的调查和研究。

6.2.3　日本特色：构建基于信任的数据流动

日本既是 APEC 隐私保护框架的缔约方，又通过了欧盟的充分性认定，在个人信息方面具有较高水平。此外，日本试图在欧盟、美国话语权外，建立"基于信任的数据流动(Data Free Flow with Trust，DFFT)"理念的新的话语权。

DFFT 理念，是指在信任基础上的数据自由流动，包含数据自由流动与数据安全两个方面。大阪 G20 峰会上，为了获得多数成员国的同意，日本提出了比较宽泛的 DFFT 理念，倡导跨境数据的"自由流动""信任"等模糊概念。《二十国集团贸易和数字经济部长会议部长级声明》中提到了可信数据自由流动的概念："数据跨境流动，信息、思想和知识产生更高的生产力，同时我们意识到数据的自由流动带来了一定的挑战。通过继续应对隐私、数据保护、知识产权和安全相关的挑战，我们可以进一步促进数据的自由流动，加强消费者和企业的信任。为了建立信任并促进数据的自由流动，国内和国际上的法律框架都应得到尊重。这种可信数据自由流动将利用数字经济的机遇。将合作鼓励不同框架的互操作性，并肯定数据对发展的作用"。这实际上表明了日本在数据跨境流动上的主张。

根据日本 IT 综合战略本部的解释，DFFT 理念可分为两个部分：一是倡导数据自由开放流动，这是治理跨境数据的前提，表明日本有意打破全球数据流动壁垒与数据过度的主权保护，倡导全球数据自由流动；二是建立安全基础上的数据信任，这是跨境数据流动治理规则建立的依据，表明日本积极倡导建立全球数据流动的规则。

日本实现可信数据自由流动倡议的机制是"大阪轨道"。大阪轨道试图制定数字经济国际规则，尤其是在数据流动、电子商务方面，包括 WTO 电子商务联合声明谈判。大阪轨道是一种全球治理的模式。因而，大阪轨道依靠国际贸易、法律法规、技术以及其他治理领域包括多边、区域，多边或双边各个层面适用于政府、企业或用户的约束性和非约束性规则。与 GDPR 和 CBPR 体系相比，这一倡议不是具体的法律机制，而只是推动合作的框架。日本启动大阪轨道时就明确，推动可信数据自由流动的主要抓手是 WTO 电子商务谈判，但由于参加方众多，最终谈判结果如何仍存疑[11]。

目前来看，日本已经形成了依靠 DFFT 理念、个人信息保护委员会监管、政府与民间共治、多位一体规范与技术保障的日本框架，在美欧两大数据话语权基础上，掌握了一定的全球跨境数据流动治理话语权[12]。

6.3 韩国的跨境数据流动管理

在数据跨境流动的强制性问题上，韩国与欧盟的要求较为相似，主张在符合特定条件或情形时，数据流动不被禁止。韩国关于跨境数据流动管理的法律规定没有一部专门性法律，而是分散于各领域的立法当中。

6.3.1 韩国立法梳理

6.3.1.1 韩国数据保护的立法概况

韩国在数据领域的立法开始较早，个人信息保护的相关立法[13]最早可以追溯到20世纪80年代，早在1989年，韩国就制定了《个人信息保护法草案》，并随后出台了一系列相关法律法规，对不同领域的法律规范进行完善、细分。2005年，韩国宪法法院判决，公民享有"私人信息自决权"。2011年3月，韩国颁布《个人信息保护法》，其目的是保护个人的自由和权利，并进一步实现个人的尊严和价值。

2020年，韩国国会通过《个人信息保护法》(Personal Information Protection Act，以下简称韩国PIPA)，《信息通信网络的利用促进与信息保护等相关法》(以下简称韩国《网络法》)，《信用信息使用和保护法》(Credit Information Use and Protection Act，以下简称韩国《信用信息法》)。这"数据三法"的修正案，并由总统颁布相关施行令(Enforcement Decrees)，构成新时代韩国个人信息保护的基本法律框架，最终建立起以总理直辖的个人信息保护委员会和个人信息纠纷调解委员会为管理核心的、涵盖面广的、规定详细的个人信息保护法律体系。该体系包括行政管理制度、诉讼机制、救济制度，充分考虑了个人信息保护相关的事前稽核预防、事中监控、事后处罚，无论是公共部门还是私营部门，都必须统一遵守。

1. 宪法上的公民信息权利

2005年，韩国宪法法院在2004宪法190号案中判决韩国公民的私人信息自决权是受到宪法保护的权利[14]。私人信息自决权是指"信息主体控制其个人信息何时、何地以及怎样披露与使用的权利"，即信息主体自行决定其个人信息的披露与使用。法院同时认定，受该权利保护的个人信息主要是那些事关个人独立人格权的事项，包括人的身体特征、信仰、个人位置、社会状况等，不限于私人或个人领域的信息，也包括在公共领域形成的信息，甚至包括之前披露的信息[15]。

韩国宪法法院认为，私人信息自决权是基于韩国宪法第10条的人的尊严与价值和追求幸福权，以及第17条私生活秘密的自由，以及宪法中总体体现的基本自由、民主和国家主权原则。韩国宪法法院承认，该项权利并非韩国宪法明示保护的基本权利，而是意识形态上基于上述原则的未明示权利。

2. 韩国《个人信息保护法》

韩国《个人信息保护法》(PIPA)的主要内容包括：

一是定义范围。PIPA 第 1 条列出了法律术语定义，其中最重要的是以下三项：

(1)个人信息，指的是可以通过全名、居民注册号或图像等方式识别出特定个人的信息；以及虽然本身不能识别特定个人，但与其他信息可以轻易识别特定个人的信息，是否轻易取决于所使用的时间、成本和技术等合理考量；但不包括已隐名化或假名化，不经还原无法识别特定个人的信息。

(2)处理，是指对于个人数据进行的收集、生成、联系、联动、记录、储存(storage)、保有(retention)、增添价值、编辑、搜索、输出、订正、恢复、利用、提供、公开、销毁以及其他类似行为。

(3)个人数据控制者，是指在其自身活动中直接或间接处理个人信息的公立机构、法人、组织和个人等。

二是明确保护个人信息的原则。PIPA 第 3 条明确规定保护个人信息的八项原则，即①明确目的和最小范围收集原则；②必要处理原则；③数据准确原则；④安全处理原则；⑤公开履责原则；⑥最少侵害原则；⑦假名与隐名化原则；⑧尽责守法原则。

三是明确数据主体的权利。PIPA 第 4 条规定，数据主体对其个人信息享有以下权利：有权被告知个人信息的处理情况；有权决定是否同意以及对个人信息处理的同意范围；有权确认是否正在处理个人信息，并要求访问(包括提供副本)个人信息；有权暂停处理、更正、删除和销毁个人信息；有权通过迅速和公平的程序对处理个人信息所造成的任何损害进行适当的补救。值得注意的是，在侵权救济方面，韩国规定了举证责任倒置的原则，即如果个人信息控制者未能证明不存在错误的意图或疏忽，则不得免除其赔偿责任。

四是收集处理个人信息的要求和限制。PIPA 第 3 章规定，除了获得主体同意外，个人信息控制者必须在符合其他法定情形时才可以收集、处理个人信息，并且收集的信息只能在目的范围内使用。在获得数据主体同意的同时，控制者也必须履行其告知义务。

五是个人信息的假名化处理。PIPA 第 3 章第 3 节规定，个人信息控制者可以不经信息主体同意，为统计目的、科学研究目的、为公共利益的存档目的等处理假名信息，但应采取合理的保护措施，防止假名化的个人信息被恢复。

六是个人信息跨境流动的有关规定。具体内容见下文 6.3.1.2 节。

七是对违法行为的处罚。违反 PIPA 的处罚既包括行政罚款，又有刑事责任，根据行为者主观目的、行为严重和危害程度的不同，执法部门可以择一适用。

值得注意的是，从 2020 年到 2021 年的短短一年时间内，韩国先后三次修正PIPA。就其根本原因在于韩国急于获得欧盟的充分性认定。韩国在加入 APEC 跨境隐私规则体系(CBPR)之后，便开始进行 GDPR 的充分性认定审查申请程序。不过，欧盟认为韩国的个人信息保护监督机构并不充分独立，韩国 PIPA 也不完善，两次中断了审查程序。韩国为了确保能够通过欧盟的审查，对韩国个人信息保护三大立法进行过多次修正[16]，终于在 2021 年 12 月 17 日成功获得 GDPR 的充分性认定[17]。

目前生效的韩国 PIPA，系经韩国国会于 2020 年 2 月 4 日通过的 16930 号法案修订，并于 2020 年 8 月 5 日生效。本次修订的主要内容为：将个人数据保护权责整合至个人信息保护委员会，并将该委员会由总统直辖转为总理直辖；协调韩国 PIPA 与其他具有个人数据保护内容的法律，将相关内容整合至韩国 PIPA；定义个人信息假名化，并规定为公共利益进行统计、科学研究和档案保存可以不经数据主体同意处理假名化的个人信息；要求处理假名化个人信息机构采取必要措施保护这些信息，并禁止任何个人或实体恢复假名化信息。

韩国个人信息保护委员会于 2021 年 1 月 6 日在其官网公布了《个人信息保护法(修正草案征求意见稿)》(简称韩国 PIPA 草案)，草案修正的主要内容如下：

一是增强数据主体的权利，赋予个人数据可携权(Right to Data Portability)。人们可以根据草案自行决定何时、向谁以及在何种程度上使用和提供他们的个人信息，草案还赋予了数据主体对相关数据的可携权，即数据主体要求传输数据的权利。这一规定显著增强了个人对其信息的控制。

二是引入对自动化决策做出回应的权利。随着大数据和人工智能的发展，自动化决策机制成为个人信息领域的新应用。为了避免自动化决策违背数据主体意愿而侵害其权利，草案引入了数据主体对自动化决策做出回应的权利，个人有权拒绝、提出异议或者要求处理者说明仅依据自动化结果做出的对个人生命、财产等具有重大影响的决策，以维护自身的权益，实现对数据主体意愿的尊重。

三是根据实际需要进行个人信息保护架构的修改。受到新冠疫情的影响，非接触性活动日益增长，互联网使用成为常态。而韩国 PIPA 的原本架构是将互联网领域个人信息保护作为特别规定，通过第 6 章"互联网权益保护"进行专章保护，但在互联网成为人们生活必备工具的背景下，线上线下分类规制的二元体系难免会导致法律适用上的混乱和负担。基于此，草案将第 6 章的所有特别规定统一为一般规定，把类似的条款进行合并，对部分条款做出修改。

四是新增对移动视觉数据处理设备的规定。目前的韩国 PIPA 只对电视等固定的视觉数据处理设备进行了规定，但对无人机、无人驾驶汽车等可移动的视觉处理设备没有规定。草案原则上禁止任何人在公共场所使用移动视觉数据处理装置收集个人视觉数据，但在符合某些法定情形，或者个人对移动视觉数据处理设备的收集、使用行为没有表示拒绝的除外。此外，草案规定了通过移动视觉数据处理设备收集、使用个人信息者的事先告知义务，原则上应当事先通过告示、灯光、声音等标识拍摄设备，在特殊情形下，应当事后告知。

五是规定个人信息处理者对假名信息的删除义务。假名信息即将个人信息的一部分予以删除，或者用其他方式替代后形成的，第三人如果没有追加信息则无法识别的信息。草案拟对韩国 PIPA 第 28 条第 7 项做出修改，删除对第 21 条的豁免，对于个人信息处理者而言，其在实现目的后对假名信息也负有删除义务。

六是建立多元化的数据跨境流动机制。具体内容见下文 6.3.1.2 节。

七是从刑事处罚导向转为经济制裁导向。按照现在的韩国 PIPA，即使是偶然的数据泄露和轻微的违规，数据处理者也会受到严苛的处罚，这对数据处理者而言无疑是沉重的负担。另外，目前的处罚以刑事责任为主，但大部分侵犯个人信息的行为都是为了追求企业的经济利益，而刑事处罚则主要针对个人。草案因此限制了对刑事处罚的适用，并且大幅增加对个人信息管理人员的问责和行政处罚，对于侵犯个人数据权益的违法行为，最高可处以收入总额 3%的行政罚款，另一方面，个人信息处理者承担刑事责任限制为以"为自己或第三人利益为目的"为前提。

3. 韩国《网络法》

韩国《网络法》[18]旨在促进信息通信网络的使用，保护使用信息通信服务的人，同时创造健康、安全地利用信息通信网络的环境，为改善国民生活和促进公共福利提供服务。

该法主要分为十章，涉及促进信息通信网络的适用、创造信息与通信服务安全使用环境、确保信息通信网终的稳定性、电信收费服务、国际合作、处罚等方面的内容。

关于个人信息方面，该法主要规定了：①禁止使用网络传播违反个人信息保护的内容；②赋予诽谤争议调解委员会解决因传播个人信息而导致的侵犯隐私争端；③禁止以欺骗行为通过网络收集个人信息；④为盈利广告目的在用户电脑上收集个人信息需要用户同意。

在本法中，还规定了重要数据的跨境制度规定（具体见下文 6.3.1.2 节）。

4. 韩国《信用信息法》

韩国《信用信息法》[19]旨在建立健全信用秩序，促进信用信息的有效利用和系统管理，妥善保护个人信息的秘密，防止滥用信用信息，建立健全信用秩序。这里的"信用信息"，指的是在金融交易等商业中判断交易对方信用时所需的信息，如能够识别特定信用信息主体的信息、能够判断信用信息主体交易内容的信息、能够判断信用信息主体信用度的信息、能够判断信用信息主体信用交易能力的信息等。

该法主要分为七章，涉及信用信息许可等、信用信息的收集与处理、信用信息的流通与管理、相关行业、信用信息主体保护等方面。

在第六章关于信用信息主体的保护中，第 32、33、34 等法条规定了个人信用信息的同意提供、使用、传输以及个人识别信息的收集、使用、提供的要求。如第32 条规定了同意提供、使用个人信用信息的内容。信用信息提供、使用人向他人提供个人信用信息的，应当按照总统令的规定，从有关信用信息主体以第 32 条第 1 款规定的方式提供个人信用信息时，事先征得个人同意。但是，为了在现有同意的目的或使用范围内保持个人信用信息的准确性和最新颖性，则不适用。

任何希望从个人信用评级公司、个人商业信用评级公司、企业信用查询公司或信用信息集中机构获得个人信用信息的人，只要根据总统令的规定，以符合第 1 款之一的方式从相关信用信息主体处获得个人信用信息，应单独征得同意(在事先同意的目的或使用范围内保持个人信用信息的准确性和最大信用性的情况除外)。在这种情况下，如果个人信用评分因为新获取的个人信用信息而下降，则寻求接收个人信用信息的人应通知相关信用信息主体。个人信用评估公司、个体工商户信用评估公司、企业信用查询公司或者信用信息集中机构依照第二条规定提供个人信用信息的，应当按照总统令的规定，确认提供个人信用信息的人是否经第二条规定的同意。信用信息公司等在就提供和使用个人信用信息获得同意时，应按照总统令的规定，对提供服务所必需的同意事项和其他可选同意事项进行说明，然后分别征得其同意。在这种情况下，强制性同意应说明其与提供服务的相关性，并且应告知可选同意或不同意提供信息。信用信息公司不得以信用信息主体不同意任择同意为由，拒绝向信用信息主体提供服务。

6.3.1.2　韩国数据跨境流动规则

在新兴经济体中，韩国的数字经济和数字贸易发展程度比较高，其数据跨境流动政策值得关注，除积极推动国内立法和政策完善外，韩国在数据跨境流动的国际合作中也十分活跃。

1. 韩国数据跨境流动要求

韩国关于数据跨境流动的立法比较零散，整体上看，韩国在数据跨境流动的自由度上不如美国等国家高。从国家安全的角度出发，韩国对某些特殊领域提出了数据本地化的要求，严格限制或禁止某些特定数据的出境。

2. 个人信息数据的跨境流动

韩国关于个人信息跨境的立法主要在韩国 PIPA 第 17 条、第 39 条 12 款，以及该法《施行令》第 48 条第 10 款中。其中，韩国 PIPA 第 17 条第 3 款规定，个人信息向第三人传输的"数据主体同意"原则，要求个人信息控制者向任何第三人提供个人信息时，应当向数据主体通知该条第 2 款所列事项，并征得数据主体同意[20]。第 39 条第 12 款则规定了对跨境信息的保护：一是要求信息和通信服务提供者等不得违反本法执行与用户个人信息有关的国际合同；二是数据主体同意原则，即信息和通信服务提供者等向境外提供(包括访问)、外包处理或储存用户的个人信息，应获得用户的同意；并且获取同意前应将跨境信息的细节，接收国家、日期和方法、接收方名称、接收方使用该信息的目的和期限等告知数据主体；三是规定了"数据主体同意"原则的例外，即通过公开的隐私政策或电子邮件、书面通知等总统施行令所规定方式将上述为获取同意所必须告知的信息通知数据主体，则可以不先征得用户同意而外包处理或储存个人信息；四是需要实施总统施行令所规定的保障措施；五是后续传输责任，所有位于境外的个人数据接收者都需要在继续向第三国传输数据时，继续遵守第 39 条 12 款的所有规则。

韩国 PIPA《施行令》第 48 条第 10 款所规定的主要是个人数据境外接收方所需实行的安全保障措施。该款要求个人数据传输方事先与接收方签订合同，使接收方承担同等的个人数据保护责任、遵守投诉处理和争端解决机制。

由于个人数据跨境流动的复杂性，韩国逐渐意识到单一的"数据主体同意"原则已经很难满足实际需要。因此，在 2018 年 8 月，韩国通信委员会(KCC)修正《网络法》，提出了"对等原则"，即韩国监管机构可以对限制个人数据流出的国家进行同样的个人数据跨境转移限制，"对等原则"为其动态控制数据流向提供了手段[21]。2020 年 2 月 4 日的韩国 PIPA 最新修正案吸收了该条款(第 39 条第 13 款)。

2021 年 1 月的韩国 PIPA 草案对于韩国的个人数据跨境传输又有新修订。韩国现有的数据跨境流动规则如上文所述，主要依赖数据主体的同意和数据控制者的通知。但在电子商务全球化、跨境化的背景下，数据跨境流动已成为必然，无论是对企业而言，还是对国家而言，数据跨境流动的需求都越来越大。以数据主体同意作为数据跨境流动的主要标准，给企业带来了很大的负担。另一方面，一旦获得数据主体的同意，企业就可以不受限制地将个人信息转移到境外，哪怕接收者所在国家或地区的数据保护水平并不充分，这引发了人们对自身数据安全的担忧。草案旨在建立多元化的个人数据跨境流动机制,通过新增以下第 28 条第 8 项规定了个人数据出境的情形：

(1)获得数据主体同意；

(2)相关法律、法规或国际条约、协定另有规定；

(3)为了收集、委托处理、储存个人信息，与数据主体订立合同及履行合同时，在个人信息处理政策中已公开或已告知数据主体后进行的数据跨境传输；

(4)数据接收方获得了主管机关的认证；

(5)接收方所在地区或国家与韩国 PIPA 的个人信息保护程度实际相同或相当，或者传输给符合前述条件的国际机构。

3. 空间地理数据的跨境流动

由于韩国在技术上仍与朝鲜处于战争状态，为了保护国家安全，韩国数据本地化法律有其独特性。早在 1961 年的《土地调查法》，韩国就出于国家安全利益的考虑，对空间地理数据的跨境传输予以限制，禁止将地图、照片、调查结果或任何土地检测数据传输至境外，禁止外国企业使用韩国国内资源。

2009 年 6 月 9 日,韩国颁布了新的《测量、水路调查和地籍相关法》(Act on Land

Survey，Waterway Survey and Cadastral Records），该法取代了先前的《测量法》《水道法》和《地籍法》，将三者整合在一起。新法仍然延续了 1961 年《测量法》的规定，第 16 条规定禁止将土地、水道等基础调查成果带出韩国：①未经韩国国土交通部部长许可，任何人不得将基础调查成果中的地图等或为调查目的而拍摄的照片带出韩国。但该规定不适用于总统令规定的情况，如与外国政府交换基本调查的结果等。②任何人不得将属于第 14 条第 3 款任何一项（即涉嫌危害国家安全或者其他重要国家利益的或其他法律及附属法令规定为保密事项，如保密、限制查阅等）的基本调查的结果带到国外。

有关一国的土地、水道、地籍等信息与国家的地理环境、基础管理、领土等息息相关，对国家安全利益的重要性不言而喻，基于此，也可以解释为何韩国始终对此类数据的跨境流动秉承保守态度，要求这类信息满足在韩国境内的本地化存储。

4. 重要信息数据的跨境流动

韩国《网络法》第 51 条中对重要信息流向境外做出了限制。第 51 条第 2 款规定了重要信息的范围，即重要信息包括有关国家安全保障的安全信息和关键政策的信息和关于国内开发的先进科学技术或仪器内容的信息。政府可对信息及通信服务提供者采取下列措施：①建立体制和技术装置，防止不当使用信息和通信网络；②防止非法破坏或非法操纵信息的体制和技术措施；③防止信息和通信服务提供商在处理过程中了解到的重要信息泄露的措施。

5. 韩国数据跨境流动的国际合作

除了在国内进行法律修改以提高数据保护水平、满足数据跨境流动需要外，韩国的数字经济发展也很大程度依托于国际合作。

1) 韩国与美国的国际合作

2012 年的韩美自由贸易协定（KORUS FTA）是首次在双边贸易规则中提出数据自由流动问题的协定。该协定的第 15.8 条提到，认识到信息自由流动对促进贸易的重要性，承认保护个人信息的重要性，双方应努力避免对电子信息流动设置或维持不必要的壁垒[22]。此后十年内，韩国也活跃于数据跨境流动国际合作的舞台，努力实现国家层面的互利共赢。

除了 FTA 外，韩国还于 2017 年 6 月加入 CBPR。CBPR 是 APEC 在美国主导下推出的行业自律型数据流动方案，主张数据的自由流动。

2) 韩国与欧盟的国际合作

2017 年，韩国刚加入 CBPR 后，就与欧盟开启了 GDPR 充分性认定的谈判，但欧盟以韩国的立法尚不完善，个人信息保护机构也不充分独立为由，先后两次中断了审查程序。正如上文所述，韩国为了通过欧盟的充分性认定，在一年内对韩国《个人信息保护法》及相关配套文件多次进行修改，仅韩国《个人信息保护法》就修改了 3 次。

2021 年 3 月 30 日，韩国与欧盟委员会发布联合声明[23]，宣告双方启动充分性谈判。充分性谈判的一个重要步骤是韩国对韩国《个人信息保护法》的修改，此次修改加强了韩国独立数据保护机构——个人信息保护委员会(Personal Information Protection Commission，以下简称韩国 PIPC)的调查和执行权力。这是韩国与欧盟隐私标准日益国际趋同的关键因素，也为韩国最终完成充分性谈判铺平了道路。

2021 年 6 月 16 日，欧盟委员会在其官网发布声明[24]，宣布正式启动对韩国个人数据传输保护充分性的认定程序，该认定将涵盖向韩国商业运营者和公共机构提供个人数据。如果该认定获得通过，将为欧洲人在其个人数据被转移到韩国时提供强有力的保护，并构成欧盟-韩国自由贸易协定(FTA)的一部分，促进欧盟和韩国的数据合作。欧盟数据保护委员会(EDPB)经评估后认为韩国与 GDPR 的数据保护水平基本一致。

2021 年 12 月 17 日，欧盟委员会通过了韩国的充分性决定。韩国成为继日本之后，第 2 个进入欧盟"白名单"的亚洲国家。在韩国充分性认定取得实质性进展的背后，是长达 4 年多的磋商。这意味着从该日期起，可以从欧洲经济区(EEA)自由向韩国的私人和公共实体传输个人数据(包括从韩国进行远程访问)。

3) 韩国与东盟的国际合作

2021 年 12 月 6 日，据韩国产业通商资源部消息，经韩国国会批准并报东盟秘书处，《区域全面经济伙伴关系协定》(RCEP)正式于 2022 年 2 月 1 日起对韩国生效。作为全球规模最大的自贸协定，韩国对 RCEP 各成员的出口额占韩国出口总额一半左右，协定生效后韩国也将首次和日本建立双边自贸关系[25]。中国、日本等比韩国稍早完成协定核准的国家于 2022 年 1 月 1 日正式生效。根据协定，RCEP 在 6 个东盟成员国和 3 个非东盟成员国获批准后，即可在这些批准的国家之间相互生效。

尽管 RCEP 对于中日韩三国的数据跨境传输具有重要意义，但是 RCEP 在作为一种数据跨境传输的规范方面还存在较多问题。如 RCEP 谈判方较多导致协定具有较大的妥协性，各国个人信息保护水平参差不齐。再如 RCEP 服务贸易采取传统的服务部门划分方法致使部分新兴产业(社交网络、网络通信等)难以获得准确归类，进而无法确定成员方对其数据跨境传输有权采取何种的规制措施等。因此，仍需要三国之间建立更加具体的合作机制以完善三国之间数据跨境传输的相关规定[26]。

6.3.2 韩国数据保护机构

韩国的数据保护机构主要是个人信息保护委员会，韩国 PIPC 在性质上是一个中央行政机构，是在总理领导下成立并独立开展个人信息保护工作的机构。

6.3.2.1 个人信息保护委员会

韩国 PIPC 是韩国的独立数据保护机构，在 2020 年 1 月 9 日将数据三法（韩国《个人信息保护法》、韩国《网络法》、韩国《信用信息法》）修正后，原本分散在行政安全部、广播通信委员会等各部委的个人信息保护职能集中了起来，由 PIPC 统一承担。

1. 韩国 PIPC 的职责范围

韩国 PIPC 的职责具体包括完善法律法规，制定和实施政策、制度和规划，调查侵权行为，处理投诉，调解纠纷，与国际组织和数据保护机构进行交流与合作，开展研究，提供教育，宣传法律和政策，支持和传播技术发展，培养与个人信息保护有关的专业人员等。

2. 韩国 PIPC 的组织结构

韩国 PIPC 的组织结构如图 6.5 所示，其在主席、副主席、新闻发言人和秘书长之外，另在四个领域下设部门。

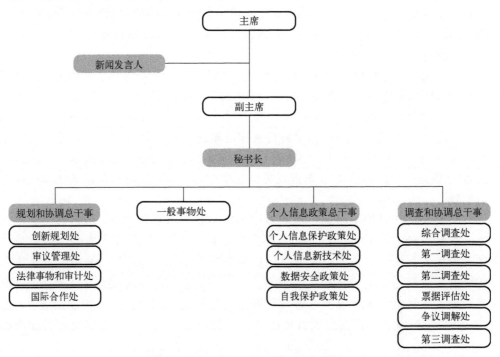

图 6.5 韩国 PIPC 的组织结构图[27]

6.3.2.2 个人信息纠纷调解委员会

韩国 PIPC 官网还单设个人信息纠纷调解委员会一栏。个人信息纠纷调解委员会（Personal Information Dispute Mediation Committee，以下简称韩国 PIDMC）是一个准法律组织，由不超过 20 名成员组成，处理的纠纷范围除了韩国 PIPA 规定的与个人信息有关的问题外，还包括其他一些相关法律规定的个人信息侵权问题。但是，如果韩国 PIDMC 认为一个案件由另一个机构或机关来解决更为合适，它可以通过决议将该案件从名单上排除。

韩国 PIDMC 通过对纠纷案件的审查，做出赔偿命令，对与个人信息有关的事故损害进行预防，提出法律制度的改进建议，对商业企业的错误商业交易行为提出纠正建议等。韩国 PIDMC 根据 PIPA 第 40 条的规定，受理当事人之间有关个人信息的争议，并通过调解以更友好和合理的方式解决这些问题。如有必要，韩国 PIDMC 可建议调解各方在调解前达成和解，可以建立一个调解小组，该小组由每个部门的调解案件中不超过 5 名委员会成员组成。其中一名成员应是有执照的律师。韩国 PIDMC 委托的调解小组的决议应被理解为韩国 PIDMC 的决议。

此外，韩国 PIDMC 可要求争议各方提供调解争议所需的材料。在这种情况下，除非存在任何合理的理由，否则这些各方应遵守该要求。如果认为有必要，委员会还可以要求争议方或相关证人到委员会并听取他们的意见。

6.3.3　韩国特色：数据立法动态多

2020 年 1 月修改的"数据三法"核心仍然是韩国《个人信息保护法》，该法的修改内容已在前文做出介绍。韩国《网络法》修正的主要内容是将个人信息相关内容全部移交给个人信息保护法。韩国《信用信息法》修正的主要内容是，为制定商业性统计、研究、保存公益性记录等，在未经信用信息主体同意的情况下，可以利用或提供假名信息[28]。可以看出，这些修改主要还是为了实现与韩国《个人信息保护法》的同步和协调。此外，为了配合"数据三法"的修订，作为"数据三法"实施细则的各自总统施行令也有相应修改。此处将主要介绍《个人信息保护法施行令》。

在上述法律之外，韩国于 2020 年 8 月 4 日对《个人信息保护法施行令》(Enforcement Decree of The Personal Information Protection Act，以下简称《施行令》) 做出相应修正，主要修正内容如下：

(1) 新增对 PIPC 委员进行营利性活动的禁止性规定。委员不得以营利为目的从事任何与保护委员会根据《个人信息保护法》第 7~9(1) 条审议和解决的事项有关的活动，不得以营利为目的从事任何与韩国 PIDMC 所调解的事项有关的活动。

(2) 新增或修正有关承担个人信息保护职能的各委员会职责、构成的规定。《施行令》对专业委员会的原有规定进行了修改，并新增了对个人信息保护政策委员会、市/省机构间个人信息保护委员会的职责、成员及组织机构的规定。

(3) 修改了制定个人信息保护总体计划和实施计划的程序。修改后的《施行令》要求：保护委员会在不迟于第三年计划开始前一年的 6 月 30 日之前，每三年制定一项保护个人信息的总体计划。保护委员会应在每年 6 月 30 日前制定如何制定下一年度实施计划的准则，并将该准则通知相关中央行政机构负责人；相关中央行政机构的负责人应根据上述准则，在总体计划的基础上，制定其管辖范围内的部门实施计划，并在每年 9 月 30 日前提交给保护委员会；保护委员会应在不晚于当年 12 月 31 日之前对相关机构提交的实施计划进行审议和决定。

(4)将行政安全部原有的个人信息保护职责转移给个人信息保护委员会。这主要也是为了与 PIPA 的修改相配套，实现个人信息保护职能在机构间的整合。

(5)新增未经数据主体同意使用或提供个人信息的规定。未经数据主体同意使用或提供个人信息又被称作额外使用或提供信息，在这种情形下，个人信息控制者应考虑以下事项：

①是否与收集个人信息的最初目的有合理的联系。

②根据收集个人信息的情况和处理方式，是否可以预见对个人信息的额外使用或提供。

③对个人信息的额外使用或提供是否不公平地侵犯了数据主体的利益。

④是否已经采取了确保安全的必要措施，如假名化或加密。

个人信息控制者应在隐私政策中事先披露上述事项的评估标准，隐私官员应检查个人信息控制者是否按照相关标准使用或提供额外的个人信息。

(6)扩大了个人敏感信息的范围。原来的敏感信息只包括从基因测试中获得的 DNA 信息等和构成犯罪历史记录的数据。此次修改将为独特识别个人而对与个人的身体、生理或行为特征有关的数据进行特定技术处理所产生的个人信息，以及揭示种族或民族血统的个人信息均纳入了敏感信息，实际上增强了对数据主体的保护。

(7)新增关于处理假名化信息的特别规定的专章。包括专家数据整合机构的指定和取消、不同个人信息控制者处理的假名信息的组合、专家数据整合机构的管理和监督、确保假名化信息安全的措施、处理假名信息的附加罚款标准等五个部分。

(8)新增个人信息保护认证的相关规定。

总的来说，作为亚洲地区的发达国家，韩国在个人数据产业的发展和个人数据保护上也处于亚洲领先定位。为了维护其国际合作和数据贸易，韩国在国内立法和国际参与方面都做出了很多努力，不仅是在个人信息保护的一般性规则方面，在不同的特定行业、领域，韩国都制订了相应的规则。自 2009 年以来，在国际电信联盟信息通信技术发展指数中，韩国一直位居前列。截至 2020 年 12 月，韩国的互联网和智能手机的普及率位居世界第一。同时，在联合国电子政务发展指数中，韩国也一直位居榜首。尽管韩国为了获得 GDPR 的充分性认定多次修订个人数据保护制度，但韩国的网络空间仍然存在三大运营商独大的情况[29]。这种详尽的个人数据保护制度如何与韩国扶持大型运营商的现况磨合，仍待观察。

6.4 印度的跨境数据流动管理

印度数据本地化和跨境传输等相关立法的目的主要是发展该国数据产业。印度物联网、机器学习、人工智能等新一代技术的发展均需要数据支撑,而印度拥有庞大的人口和市场,在此基础上产生了大量数据。数据本地化不仅为印度发展新技术提供了基础资源,同时也为印度本土的数据中心、数字基础设施服务市场的发展提供了契机。

6.4.1 印度数据保护立法

图 6.6 展现了印度现行个人数据保护制度,但印度目前没有采用单独的立法来解决数据或隐私权保护的问题。实际上,印度宪法中并未明确承认隐私权是一项基本权利。直到 2017 年,印度最高法院才通过 K.S.普塔斯瓦米法官(已退休)及其他原告诉印度政府及其他人案(Justice K S Puttaswamy (Retd.) & Anr. vs. Union of India and Ors)判决确认隐私权是一项基本权利。法院在判决书中写道:"在这个信息技术几乎支配着我们生活的方方面面的时代,法院面临的任务是在一个相互关联的世界中,如何为个人自由赋予宪法意义。当我们重新审视我们的宪法是否将保护隐私作为一项基本原则的问题时,法院必须对数字世界中自由的需求、机会和危险保持敏感。"这一判决成为印度隐私权保护的里程碑。2000 年的《信息技术法》和 2011 年的《信息技术(合理的安全实践和程序及敏感个人数据或信息)规则》是印度与数据保护相关的主要立法。2019 年 12 月,印度已经将《个人数据保护法案 2019》(Personal Data Protection Bill,2019)提交联合议会审议。2021 年 12 月,印度议会联合委员会

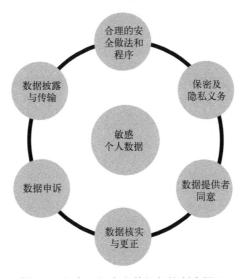

图 6.6 印度现行个人数据保护制度图示

在历经共计 78 次会议后提交了审议报告，包括 81 项修正案和 12 项建议，并附有一份新法案，即《数据保护法案 2021》(Data Protection Bill, 2021)。然而，2022 年 8 月，印度政府以议会联合委员会对法案修改过多为由，撤回了 2019 年版本，并承诺将制定符合印度国情的个人数据保护法。最终，于 2022 年 11 月形成了当前第四版的《数字个人数据保护法案 2022》(Digital Personal Data Protection Bill, 2022)。

6.4.1.1　印度数据保护的立法概况

1.　《信息技术法》

1) 定义

印度《信息技术法》(Information Technology Act, 2000, 以下简称印度 IT 法) 是印度的关于信息技术的一部总则性法律。第 2 条将"数据"定义为，"信息、知识、事实、概念或指令的表述，而且这些表述正在预备或已经预备为固定的形式，并且已经、正在或将要在计算机系统或计算机网络中进行处理，以及以任何形式存在或内部存储于计算机的存储器中"。"信息"则"包括数据、消息、文本、图像、声音、语音、代码、计算机程序、软件和数据库或微缩片或计算机生成的微缩片"。可以看出，印度 IT 法尽量以全面列举、甚至循环定义的方式将所有可能经计算机处理的信息纳入法律管辖范围。

2) 数据控制者义务

(1) 敏感个人数据保护义务。

2008 年修订加入、2009 年 10 月生效的印度 IT 法第 43A 条规定，在其计算机资源中拥有、控制或处理任何个人敏感数据或信息的法人实体应当实施和维持合理的安全实践和程序 (reasonable security practices and procedures)。而合理的安全实践和程序具体是指：保护这些信息免遭未经授权的访问、破坏、使用、修改、披露或损害的安全实践和程序。这些实践和程序可能在双方的协议中规定，也可能是任何法律中的规定。如果没有这样的协议或任何法律，则为中央政府在与专业机构或协会协商后可能规定的合理安全实践和程序。

如果数据控制者和处理者在实施和维护合理的安全实践和程序方面存在疏忽，并因此给任何人造成损失或导致任何人非法获利，则应对受影响者承担赔偿或补偿责任。第 43A 条相较于 2008 年之前的第 43 条 (关于入侵和损害计算机系统的一般性规定) 取消了赔偿的最高限额。

该条法律本质上是确立了一种新的民事侵权之诉，并以数据控制者或处理者的疏忽履责为成立侵权的标准。对于敏感个人数据，法人实体的责任按照一般的侵权之诉的标准需要尊重个人与法人间的意思自治，而法律与行业标准均只起到补充作用。鉴于敏感个人数据数量大，存储、控制和处理情况复杂，以及违法行为难以查证等因素，个人通常而言难以通过诉讼保护自身的相关权利，这条立法应属于印度进行个人数据保护立法的尝试。

（2）不违背保密及隐私义务。

印度 IT 法第 72 条及第 72A 条规定，经法律授权而获取信息者，以及因提供服务的合同而获取任何个人信息者[①]，如果未经信息相关者同意，故意或知情地向第三方披露该信息，将被处以刑事监禁或罚款。

（3）公司义务延及公司员工及管理人员。

根据第 85 条，直接执行、掌控或负责公司违法行为的公司员工，也要承担相应刑事或民事责任；但若该员工能证明其对公司的违规行为不知情或其已努力采取所有尽职措施防止违法行为发生，则不应负责。

董事、经理等高级管理人员对于公司的职责标准更高。如果公司的违法行为经过其同意、纵容或能追溯到其疏忽大意，就应承担相应责任。

3）特别法庭

印度建立了一套专业审理信息技术相关案件的专业法庭，并在较低审级的阶段排除了普通法院体系的管辖权。为了行使印度 IT 法下的权利，个人必须向印度政府任命的、具有相关专业知识的裁决官（Adjudicating Officer）提出投诉并由裁决官审理（印度 IT 法第 46 条、47 条）；对裁决官的决定不服的，则应向电信争端解决和上诉法庭（Telecom Disputes Settlement and Appellate Tribunal，TDSAT）上诉；对于 TDSAT 的裁决结果，可再次上诉至相应州的高等法院。

2. 《信息技术（合理的安全实践和程序及敏感个人数据或信息）规则》

尽管印度 IT 法 43A 条所规定的是通过民事侵权诉讼规范个人数据保护的机制，但印度中央政府似乎扩展了该条法律所赋予的规定"合理的安全实践和程序"的授权，通过印度通信与信息技术部（Ministry of Communications & Information Technology）就敏感个人数据的保护标准发布了详尽规定，即《信息技术（合理的安全实践和程序及敏感个人数据或信息）规则》（The Information Technology (reasonable security practices and procedures and sensitive personal data or information) Rules，2011，以下简称《IT 规则 2011》）。目前，该规则被普遍视为印度当前生效的最全面的个人隐私和个人数据保护规定，并且尚无针对其合法性的质疑。

1）定义

根据《IT 规则 2011》，"个人信息"是与自然人相关的任何信息，且与其他法人实体可用或可能可用的信息结合后，能够直接或间接识别该人。《IT 规则 2011》在印度 IT 法定义的基础上通过举例的方式对敏感数据的范围做出进一步细化。敏感的个人数据或信息是指与以下方面有关的个人信息：①密码；②财务信息，如银行账户、信用卡、借记卡或其他支付工具的详细信息；③身体、心理和精神健康状况；

[①] 包括"中介"，印度 IT 法 79 条免除了"中介"在大部分情况下的义务；中介被定义为代表他人接收、存储或传输电子数据者，包括电信服务商、网络服务商、网页寄存服务商、搜索引擎、在线支付、在线拍卖、在线市场和网吧。

④性取向；⑤医疗记录和病史；⑥生物识别信息；⑦为提供服务而向法人实体提供的与上述信息有关的任何详情；⑧法人实体为了根据合同或其他情况处理、存储上述信息而接收的上述信息。

由于印度 IT 法第 43A 条未定义法人实体，《IT 规则 2011》将其定义为，"任何公司，包括商行、独资企业或其他参与商业或专业活动的个体之联合"，即并不包括自然人或仅参与慈善和非专业活动的组织。

《IT 规则 2011》中大量使用未经定义的信息提供者(provider of information)这一术语，其与国际普遍使用的"数据主体"定义是否一致，尚不明确。

2) 个人数据安全规定

《IT 规则 2011》就隐私政策、数据收集、数据纠正权、数据披露和数据传输等方面做了详细规定，并要求法人实体采用国际标准或行业标准进行自我规范。

就数据收集方面，《IT 规则 2011》要求法人实体或其代理人在收集敏感个人数据时获得信息提供者的书面同意①，所收集的敏感个人数据应是为了该法人实体运作和活动的合法目的，并且符合最小收集原则；法人实体或其代理人在直接从受影响者(person concerned)收集数据时，应采取合理措施确保受影响者知晓与该数据收集相关的信息。

信息的提供者有权选择不向法人实体提供其所寻求的数据或信息。信息提供者在寻求获得企业的产品或服务时应始终拥有做出此项选择的权利，并且可以选择撤回之前做出的同意。与许多其他国家立法不同，如果信息提供者不同意数据收集或撤回同意，《IT 规则 2011》允许企业不向信息提供者提供与所收集信息的目的关联的产品或服务。除了选择不共享数据或信息的权利外，信息提供者还有权审查他们提供的数据或信息，并在信息不正确的情况下要求法人实体更正或修正此类数据或信息。

印度政府表示，法人实体如果能够确立并实践一套详尽、有文件记录的信息安全政策和规划，就将被视为已经实施了合理的安全实践和程序。首先推荐采取的标准是国际上通行的 ISO/IEC 27001 信息安全管理标准，其次是行业组织和协会所订立的标准。法人实体如果每年聘请经印度政府认证的独立审计专员就所采用的信息安全政策和规划进行审计，也可以被视为已实施了合理的安全实践和程序。

此外，法人实体还应指定一名申诉官(Grievance Officer)，负责处理信息提供者提出的与信息处理相关的申诉。该申诉官的姓名和联系方式应公布在官网上，并在

---

① 尽管规则表示，"书面"仅包括书信、传真或电子邮件，但印度通信与信息技术部之后澄清，"书面"也包括"任何形式的电子通信"。参见印度通信与信息技术部《关于<信息技术(合理的安全实践和程序及敏感个人数据或信息)规则>中与<信息技术法>43A 条相关规定的说明》（Clarification on Information Technology (reasonable security practices and procedures and sensitive personal data or information) Rules, 2011 under section 43A of the Information Technology Act, 2000)。

接到申诉的一个月内完成处理。

3）数据披露和数据传输

数据披露要求获得数据提供者的事前许可，或者是法人实体的法律义务所必需。

数据传输要求法人实体能确保数据传输后仍保持同等水平的数据保护，并且是为履行法人实体与信息提供者之间的合同所必需或者获得了信息提供者的同意。

此处并未区分数据披露或数据传输的目的地是否位于印度境内。

4）适用范围

根据印度通信与信息技术部的事后澄清，《IT 规则 2011》并不具备域外适用，因此印度之外的法人实体无需遵守该规则；并且该规则只适用于与信息提供者有直接合同关系的法人实体，而不适用于为这类法人实体提供数据相关服务的间接法人实体。

5）处罚

《IT 规则 2011》本身并无政府机构执法监督的规定，也没有规定新的行政或刑事罚则，或建立新的民事诉讼权利。若法人实体违反《IT 规则 2011》的规定，最终仍需要受影响的当事人依照印度 IT 法第 43A 条提起侵权之诉，以民事诉讼的方式监督信息安全制度的实行。目前而言，司法案例中较少把《IT 规则 2011》关于敏感个人数据保护规定应用到第 43A 条的判决中，并且法院一般不会以《IT 规则 2011》的详细规定审查法人实体是否合规，而是在说理时引用《IT 规则 2011》保护个人隐私的精神。

3.　《个人数据保护法案 2019》

印度《个人数据保护法案 2019》由电子和信息技术部长（Minister of Electronics and Information Technology）提出。目前，该法案已于 2021 年 12 月通过了议会联合委员会的讨论和审议，即将正式提交议会。

1）定义

个人数据是草案所保护的对象，被定义为与可被直接或间接识别出的自然人相关的数据；在数据分析的情形下，还包括任何从这些数据中所获得的推论。

印度《个人数据保护法案 2019》中的数据受托人（Data Fiduciary）概念，与 GDPR 中的数据控制者近似。"数据受托人"是指包括政府、公司、任何法人实体在内，单独或与他人共同确定个人数据处理之目的和方式的任何主体。更值得关注的是重要数据受托人（Significant Data Fiduciary）概念，印度数据保护监管机构将有可能将部分数据受托人列为重要数据受托人，并对其附加更为严格的合规义务，具体义务的因素包括处理数据的数量、敏感性、数据受托人的营业额、数据处理活动的损害风险、新处理技术的应用以及其他可能造成损害因素。

此外，《个人数据保护法案 2019》还特别强调，任何用户数量超过一定门槛，或对印度选举民主、国家安全、公共秩序、主权完整产生显著影响的社交媒体中介都有可能被认定为重要数据受托人[30]。该条应是在印、美等国因大型社交媒体平台的影响发生选举混乱甚至暴力骚乱后做出的反应。

2) 适用范围

草案第 2 条规定："本法适用于(a)在印度境内收集、披露、共享或以其他方式对个人数据的处理；(b)印度邦、任何印度公司、任何印度公民、任何个人或根据印度法律注册或创建的任何或团体对个人数据的处理；(c)不位于印度境内的数据受托者或数据处理者对个人数据的处理，若该处理：(i)与在印度开展的任何业务有关，或与向印度境内数据主体提供商品或服务的任何系统性活动有关；或(ii)涉及对印度境内数据主体进行画像的任何活动。"同时，该条也规定，匿名数据的处理不适用该法，但涉及促进制定数字经济政策行为的除外。

3) 数据主体的权利

印度《个人数据保护法案 2019》中规定数据主体享有四类权利(第五章)。

一是确认和访问权。数据主体有权从数据受托者处确认数据受托者是否正在处理或曾经处理数据主体的个人数据，获知数据受托者正在处理或已经处理的数据主体的个人数据或其概要，以及获取数据受托者针对数据主体的个人数据所进行的处理活动的简要总结。

二是更正和删除权。数据主体有权要求更正不准确或者误导性的个人数据、完善不完整的个人数据、更新过时的个人数据和删除处理目的不再必要的个人数据。

三是数据可携权。如果数据处理是通过自动化手段进行的，那么数据主体有权以结构化、通用化且机器可读的格式接收：向数据受托者提供的个人数据、在数据受托者提供服务或使用产品的过程中产生的数据、构成数据主体画像的一部分、或者数据受托者以其他方式获取的数据。并且，数据主体有权将这些数据转让给其他任何数据受托者。

四是被遗忘权。如果数据披露已经达到数据收集目的或者不再为该使用目的所必要、数据主体撤回同意或者违反了现行有效的法律规定，数据主体有权限制和阻止数据受托者继续披露其个人数据。

4) 数据处理的原则

数据受托者处理个人数据的行为受到八项处理原则的约束，数据受托者的处理行为必须遵守这些原则(第二章)。第一，禁止随意处理。除非是出于特定的、明确的和合法的目的，数据受托者不得处理任何个人数据。第二，限制处理目的。个人数据应以公平合理的方式处理，确保数据主体的隐私，并遵从数据主体所同意的目的以及其合理期望个人数据会被用于的其他附带或相关目的，同时考虑该个人数据被收集时的语境和情形。第三，限制个人数据收集。个人数据的收集应仅限于数据处理的目的所必需的数据。第四，数据收集通知。数据受托人在收集数据时或合理可行时，应向数据主体提供有关数据处理的充分通知。第五，个人数据质量。数据受托人应确保正在处理的个人数据完整、准确、无误导性。第六，限制个人数据保留。个人数据应仅在满足处理目的所需的时间内保留，超过这一期限，数据受托者应当删除这些数据。第七，数据受托人负责制。数据受托人应确保由自身或其代理进行的数据处理。第八，同意为处理所必需。处理数据必须获得数据主体的同意，而这种同意必须是：自由、知情、特定、清晰和可撤回的，并且商品和服务的提供不得以同意数据处理为前提。

除了遵守上述数据处理原则之外，数据受托人还需要公布隐私政策，并可以选择获得数据保护机构对这些政策的认证(第22条)。此外，数据受托人还需保证其处理活动的记录公开化、透明化(第23条)，实施安全保护措施(第24条)，向数据保护机构报告对数据主体造成重大损害的数据泄露情况(第25条)，并建立有效的申诉纠错机制(第32条)。

该法案还在数据受托人中特别划分出一类主体称为"重要数据受托人"(第26条)。数据保护机构将有权根据参与者处理的个人数据量、营业额和所处理个人数据的敏感性、所进行的数据处理的伤害风险、新技术的应用等要素，将参与者认定为重要的数据受托人。该法案对重要的数据受托人施加了更进一步的义务。例如，如果重要数据受托人打算进行新技术的试验、大规模的数据分析、使用敏感个人数据或其他对数据委托人造成损害风险的处理活动，那么他们需要提前进行数据保护影响评估(DPIA)，并将评估结果提交给数据保护机构(第27条)。反之，数据保护机构有权限制其活动或对其拟实施的处理行为施加附加条件。此外，重要的数据受托人必须以规定的形式保存记录、进行审计并任命数据保护官(DPO)(第30条)。

5)数据跨境传输的规则

《个人数据保护法案2019》第7章规定了数据传输的限制。

6)数据保护机构(DPA)

《个人数据保护法案2019》第9章新设立了DPA统管个人数据保护事宜。详细介绍见6.4.2节。

7)处罚

违反《个人数据保护法案2019》的不同条款会导致不同的处罚。与GDPR下的情况类似，数据受托人违反该法的义务，最高可能会被处以最高1.5亿印度卢比(约1200余万人民币)或数据受托人上一财政年度全球总营业额的4%，以较高者为准。

数据受托人如果在实施和维护保护敏感个人数据或信息的安全实践和程序方面存在疏忽的，受影响的人可以要求其支付相应的赔偿。

未经数据受托人或数据处理者同意而重新识别先前已被数据受托人或数据处理者去标识化的个人数据的人可能会被处以最长三年的监禁和最高20万印度卢比(约合1.6万人民币)的罚款。可以看出，该法案对于处罚部分的规定总体上效仿了欧盟GDPR中的相关规则。

8) 替代印度 IT 法

由于该《个人数据保护法案 2019》具备全面立法的性质，该法生效后将废除印度 IT 法第 43A 条关于个人数据保护标准和诉讼的规定。从逻辑上而言，依照印度 IT 法第 43A 条而订立的 IT 规则 2011 也会被一并废除。

4. 《阿德哈尔法案 2016》

2009 年，印度政府推出了阿德哈尔(Aadhaar)计划，其致力于采集每个印度居民的指纹、虹膜信息，旨在建立一个印度居民生物识别数据库。具体来说，Aadhaar 计划是为印度全国 12 亿人口建立生物识别身份数据库，该数据库搜集了印度所有居民的指纹及扫描虹膜，并为每个人配发专有的 12 位身份证号码，每张身份证内有一个电脑芯片，芯片里包含指纹、瞳孔扫描等信息。2019 年该计划补充纳入人脸信息。Aadhaar 计划遭受了许多质疑，并且其在法律层面的监管一度缺位，直到 2016 年后，印度才推出了《阿德哈尔法案 2016》(The Aadhaar Act，2016)。

该法案主要分为八章，第六章规定了信息的保护规则。其中，第 28 条规定，管理局或其任何官员或其他雇员或维护中央身份数据存储库的任何机构，无论是在服务期间还是之后，均不得向任何人透露存储在中央身份数据存储库或认证记录中的任何信息；但 Aadhaar 号码持有者可以要求管理局以法规可能规定的方式提供对其身份信息的访问，不包括其核心生物特征信息。第 29 条规定，①根据本法收集或创建的核心生物识别信息不得与任何人以任何理由分享；或以任何理由与任何人分享；或用于生成 Aadhaar 号码和根据本法认证以外的任何目的；②根据本法收集或创建的身份信息，除核心生物识别信息外，只能按照本法的规定和条例规定的方式共享；③请求实体或离线核查实体所掌握的身份信息不得用于任何目的，但在提交任何认证或离线验证信息时以书面形式告知个人的目的除外；或为任何目的而披露，但在提交任何认证或离线验证信息时书面告知个人的目的除外。同时规定目的应以个人可理解的清晰和准确的语言进行；④根据该法收集或创建的关于 Aadhaar 号码持有人的 Aadhaar 号码、人口统计信息或照片不得公开发表、展示或张贴，除非是为了条例可能规定的目的。

6.4.1.2 印度数据跨境流动规则

1. 《IT 规则 2011》

在《IT 规则 2011》下，数据披露要求获得数据提供者的事前许可，或者是法人实体的法律义务所必需。而数据传输要求法人实体能确保数据传输后仍保持同等水平的数据保护，并且是为履行法人实体与信息提供者之间的合同所必需或者获得了信息提供者的同意。该规则并未区分数据披露或数据传输的目的地是否位于印度境内。

由于该法规不具备域外适用效力，也不影响法人实体的承包商，因此事实上对于印度个人数据跨境的约束力极其有限。

2.《电子药房规则草案》

2018 年，印度发布了《电子药房规则草案》(Draft E-pharmacy Rules)。其中规定：电子药房注册持有人通过处方或其他任何方式从客户处收到的信息不得出于其他任何目向外披露，也不得向其他任何人披露。电子药房门户网站应在印度建立，通过该门户网站开展电子药房业务，并应将生成的数据本地化，在任何情况下，通过电子药房门户网站生成或镜像的数据均不得以任何方式发送到印度境外或将其存储。实际上，该法案是以电子医药行业为试点推行了限制数据跨境流动的政策。

3.《国家电子商务政策草案》

2018 年，印度发布了《国家电子商务政策草案》(Draft National E-Commerce Policy – India's Data for India's Development，以下简称《政策草案》)。该草案明确了印度将推进数据本地化存储，比如在境内建立数据中心、使用境内服务器等。然而 5 类数据不受此规定限制，包括：①不是在印度收集的数据；②印度境内企业基于合同所需向境外以 B2B 模式传输的数据；③与软件和云计算服务相关的技术数据；④跨国公司基于内部系统所需跨境传输数据；⑤符合规定标准的初创企业的数据传输。但是，IOT 设备在公共空间收集的团体数据(Community data)、电子商务平台、社交媒体、搜索引擎等产生的数据仅能在印度境内存储。

2019 年 3 月 8 日,美国信息技术与创新基金会(Information Technology & Innovation Foundation)专家奈杰尔·科里(Nigel Cory)撰文，评论了印度颁布的《政策草案》[31]。文章认为，《政策草案》承认事关印度数字经济成功的诸多政策议题、概念和技术，特别是承认数据的作用。印度的政策制定者能够从这样一个整体的视角来制定政策框架，这点应予以肯定。然而，《政策草案》还是存在一些令人误导甚至有害的一面，部分折射出印度政策制定者目光短浅、重商主义的本性。更为重要的是，这种误导将会降低数据的潜在社会和经济效用，不利于印度数字经济的发展。同样，与印度当地科技企业的过度支持以及重出口、轻进口的做法可以说是南辕北辙。正如"经济民族主义"将不可避免地降低企业的生产力、增加消费者的成本，"数据民族主义"也将给经济造成负面影响，因为这种政策将会遏制印度的数字创新能力，增加关键生产资料的成本，导致经济效率低下，损害印度具有全球竞争力的信息技术行业。

4.　《个人数据保护法案 2019》

《个人数据保护法案 2019》第 7 章对数据跨境传输的规制呈现出以下几大特点：

第一，将个人数据纳入数据本地化的规制范畴。印度《个人数据保护法案 2019》在很大程度上也借鉴了 GDPR 的规定。但与 GDPR 不同的是，印度《个人数据保护法案 2019》不仅对个人数据的跨境流动规则做出了相应的规定，还将其纳入数据本地化规制的范畴，要求个人数据必须在印度本地存储，敏感数据传输后也必须在印度存有备份，而关键个人数据(critical personal data)则仅能在印度处理。这延续了印度《电子商务政策草案》对个人数据统一适用数据本地化的规定。

第二，根据数据类型，对其进行分级管控。就普通个人数据而言，印度《个人数据保护法案 2019》并无数据跨境传输的相关规定。而该草案的第 33 条规定，重要个人信息只能在印度境内处理，而对于敏感个人信息仅在特定情况下需要在境内处理[32]。

第三，设有多种监管机制。在个人数据跨境流动方面，印度充分借鉴了欧盟经验，引入了多种数据跨境传输可行机制。例如，充分性认定机制、标准合同机制、集团内部计划机制、数据保护局批准机制等。

第四，还设有一些豁免性条款。例如：印度《个人数据保护法案 2019》规定，印度中央政府可以豁免部分一般个人数据的本地化要求。类似的规定也出现在《印度电子商务：国家政策框架草案》中，在该政策草案中明确了跨国公司内部业务数据传输、云服务相关数据传输等五种无需遵守数据本地化或跨境传输要求的数据传输类型[33]。

根据印度《个人数据保护法案 2019》第 33 条的规定，敏感个人数据在获得了数据主体明确同意的前提下，才可以被传输至印度以外。但根据现行立法的规定，获得明确同意的实际操作流程尚不清楚，有待未来将要设立的数据保护机构对此做出澄清。除了征得数据主体同意外，印度《个人数据保护法案 2019》还要求敏感数据的境外传输符合以下机制之一：

(1)遵循符合条件的合同。这种数据跨境传输应符合经印度 DPA 批准的合同或集团内部规划，且该合同或集团内部规划有效保障了数据主体的权利，包括后续再次跨境传输的情形，以及规定了数据受托人在不遵守该合同或集团内部规划而造成损害时的责任。

(2)传输接收方或接收国符合印度个人数据保护标准。印度中央政府在咨询印度 DPA 后可以认定：一个国家、一个国家内的某个或某类实体或某个国际组织根据相关法律或国际条约能够使敏感个人数据受到足够水平的保护，并且此种传输不会不利于具备管辖权的相关机构执法。该种认定须经定期审查。

(3)DPA 特别许可单次个人数据传输。

该法案并未对不属于敏感个人数据的个人数据跨境传输做出任何限制。在没有具体法律的情况下，可以暂时推定法律不限制此类传输，但前提是此类传输满足合法处理个人数据的一般要求。

对于关键个人数据的范围，印度《个人数据保护法案 2019》等待留给印度中央政府自行规定。在有限的几种情况下，关键个人数据可以被传输至印度境外。如转移是为了健康或紧急服务提供者及时行动所需，此类转移必须在规定的时间内向数据保护机构报告；或者，该关键个人数据传输接收方或接收国符合印度个人数据保护标准，并且印度中央政府经咨询 DPA 后认定该关键个人数据传输不会不利于国家安全和战略利益。印度《个人数据保护法案 2019》的个人数据跨境传输机制如图 6.7 所示。

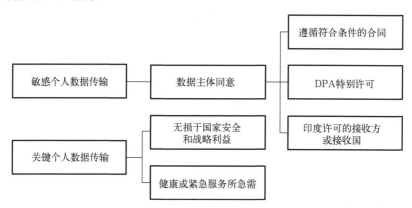

图 6.7 印度《个人数据保护法案 2019》的个人数据跨境传输机制图示

6.4.2 印度数据保护机构

在现行立法下，印度的数据保护机构是电子和信息技术部（Ministry of Electronics and Information Technology，MeitY）。电子和信息技术部有权就电子和信息技术领域的问题提供指导。为应对数据安全事件，电子和信息技术部成立了印度计算机应急小组（CERT），作为接收和回应所有违规通知的节点机构。此外，印度IT 法和《IT 规则 2011》中没有规定具体的数据保护机构，因此，MeitY 是唯一有权对这两部法律进行澄清的机构，但目前 MeitY 没有发布一个寻求澄清的正式程序。根据目前的法律，违规通知只能被发送到 CERT。

根据《个人数据保护法案 2019》第 10 章，印度拟设立一个新的数据保护机构（DPA），该机构直属于中央政府，将具有指导、监督和执行等多种职能。新的 DPA由中央政府根据由内阁秘书、法律事务部长和 MeitY 部长组成的遴选委员会的建议选出，包括一名主席和不超过六名成员，每人任期五年。DPA 主席和成员具有相对独立性和专业性，非因法定事项不得解职，并且应在相关领域具备 10 年以上经验。DPA 负责保护数据主体的权益，防止个人数据误用，确保印度《个人数据保护法》的执行，以及促进数据保护意识。在这些职责下，DPA 具有一系列监督、执法、审计、认证、建议和听取并调查投诉等权力，并能发布指导意见。

6.4.3 印度特色：数据本地化

印度《电子药房规则草案》《个人数据保护法案 2019》等均规定了数据本地化的要求。

印度数据本地化和跨境传输等相关立法的目的主要是发展该国数据产业，而非基于国家安全、隐私权等原因。根据房地产、基础设施咨询公司 Cushman 以及 Wake-field 的报告，印度的数据在 2010 年约为 40000PB，到 2020 年可能会达到 2300000PB，是全球速度的两倍①。咨询公司预测，如果印度拥有上述所有数据，到 2050 年它将成为数据中心市场的第二大投资者，全球第五大数据中心市场。作为一个急需促进经济增长的新兴经济体，印度需要重新定位其在推动经济发展的世界贸易中的位置，为其在全球数据经济中争取优势。以期继英国、美国、中国主导前三次工业革命之后，将印度打造成为工业革命 4.0 时代第一个成熟的经济体。

6.5 英国的跨境数据流动管理

由于成功脱欧，英国成为对于欧盟国家外的第三方国家。因此，如何处理"第三国"和欧盟之间的数据转移问题成为一大难题。

6.5.1 英国立法梳理

英国涉及跨境数据流动管理的法律法规主要为英国 DPA 2018，以及 2021 年 1 月 1 日起生效的 UKGDPR。根据《英国–欧盟退出协议》（UK–EU Withdrawal Agreement），在 2020 年 2 月 1 日至 2020 年 12 月 31 日的过渡期内，英国将与其是欧盟成员国时一样继续适用欧盟的法律。这意味着包括 GDPR 中的权利和义务，在过渡期间内会继续适用于英国的企业和个人[34]。英国信息专员办公室（Information Commissioner's Office，ICO）继续作为在英国运营的企业和组织数据的主要监管机构。

英国退出欧盟之后，只要在脱欧协议确定的过渡期内，英国还可以继续留在欧盟的关税同盟及欧洲共同市场内。然而，过渡期在 2020 年 12 月 31 日结束，双方如无贸易协议，则需要以世界贸易组织的规则进行贸易往来。因此，为促进跨国企业发展与数据合理流动，英国与欧盟签订了《英欧贸易合作协定》（UK–EU Trade and Cooperation Agreement），这是一项双边自由贸易协定（Free trade agreement），因此也被称为《英欧自贸协定》（UK–EU Free Trade Agreement）。这份协定规定了跨国企业数据流动的机制，奠定了英欧双方在 2020 年 12 月 31 日结束过渡期之后的未来合作框架[35]。

6.5.1.1 英国数据保护的立法概况
1. UKGDPR

UKGDPR 于 2021 年 1 月 1 日起生效，与英国 DPA 2018 并存。UKGDPR 是根据 GDPR 法律条文起草的，并进行了修订。修订后的 UKGDPR 在实质内容上与

---

① 安德鲁·弗雷《印度为数据中心的大规模增长做好了准备》，Cushman & Wakefield，全文见 https://www.cushmanwakefield.com/en/singapore/insights/blog/india-poised-for-massive-data-center-growth。

GDPR 保持几乎一致，在很大程度上反映了 GDPR。它规定了英国大多数个人数据处理的除执法和情报机构外的主要原则、权利和义务。

为了帮助理解 UKGDPR 和 GDPR 的具体不同，英国政府公布了具有修订痕迹的一版 UKGDPR 文档(文档名为 Keeling Schedule)，上面明确地把 GDPR 有而 UKGDPR 不再需要的法条做出了红色划线处理，而替换或者新加入的词语标为蓝色。UKGDPR 和 GDPR 的不同之处主要如表 6.4 所示。

表 6.4 GDPR 和 UKGDPR 对比

GDPR	UKGDPR
监管机构：欧盟数据保护委员会	监管机构：英国信息委员会
处理未成年人个人数据需要单独同意或授权：16 岁以下	处理未成年人个人数据需要单独同意或授权：13 岁以下
有权利拒绝自动化处理其个人数据	有合理理由都可以使用自动化处理

需要注意的是，如果企业或个人持有 2021 年 1 月 1 日之前收集的任何境外数据(遗留数据)，则将受 GDPR 约束(冻结 GDPR)。在短期内，冻结的 GDPR 和 UKGDPR 之间不会有任何重大变化。

2. 英国《2018 年数据保护法》

DPA 2018 创设了英国数据管理的框架，取代了 1998 年英国的《数据保护法案》(以下简称 DPA1998)，并于 2018 年 5 月 25 日生效。DPA 2018 对照 GDPR 对原有立法进行修改，并细化了欧盟法律框架下的数据管理规定。

1)DPA 2018 的主要内容

DPA 2018 共有 7 部分，总计 215 条，分别为概述、一般性处理规则和对 UKGDPR 的补充、执法处理、情报处理、信息委员会、法律实施以及补充规定和终章。其中第二部分的第二章为对 UKGDPR 的补充规定，第三章则规定了不适用一般性规定的情形，主要是手动非自动化处理，以及涉及国家安全或为防御目的而进行的信息处理。第三部分的执法处理主要是指主管机关为执法目的而进行的个人数据处理，或者是对《执法指令》(Law Enforcement Directive)的实施。第七部分的补充规定明确了监管、数据主体的权利和限制、政府数据处理的框架等，并进一步补充了 DPA 2018 对王室和议会的适用规则。

2)DPA 2018 中的核心定义

DPA 2018 中基础名词的定义条款主要为第一部分第三条。其中对"个人数据"进行了定义，个人数据是指任何身份性的，或可直接或间接识别个人身份的信息，其范围十分广泛，个人姓名、身份证号、银行卡号、位置信息、生物信息等均属于个人数据。个人数据的处理具有十分广泛的内涵，对数据的收集、记录、整合、存储、变更、检索或使用等均属于处理，进行这些处理行为的主体又被称作控制者或处理者。

这些定义与 GDPR 的规定并无二致，英国 DPA 2018 中的其他相关术语以及规则也与 GDPR 具有高度的一致性，英国 DPA 2018 对 GDPR 的定义部分没有做出实质性的更改。

3. GDPR、UKGDPR 和英国 DPA 2018 的关系

GDPR 从 2018 年 5 月 25 日起在欧盟成员国之间直接适用，但是，GDPR 并未涵盖数据保护的所有方面，在有些领域欧盟将具体立法权交由成员国自行补充完善。正是基于欧盟下放给各成员国的立法权，英国制定了更为具体和明确的 DPA 2018，英国 DPA 2018 使 GDPR 适应国内法律体系，给出详细定义、公共机构规则、制定执行程序和权力等。

UKGDPR 是英国通用数据保护法规，这是一项英国立法，于 2021 年 1 月 1 日生效。UKGDPR 是英国脱欧后版本的 GDPR，它规定了除执法和情报机构外，英国大多数个人数据处理的关键原则、权利和义务。因此，在英国脱欧后，GDPR 不再适用于英国的情况下，为了继续适用 GDPR 中的相关规则，英国颁布了自己的 GDPR，UKGDPR 与 GDPR 基本保持一致。

此外，UKGDPR 与英国 DPA 2018 的适用并不冲突，两部立法颁布的时间和条件均不同。UKGDPR 是在脱欧的背景下，英国颁布的与 GDPR 基本一致的法律；而英国颁布 DPA 2018 只是为了将 GDPR 在英国国内更有效地实施。如今，UKGDPR 与英国 DPA 2018 并列适用，UKGDPR 中的章节与 DPA 2018 的某些章节涉及的主题相同。在某些情况下，DPA 2018 对 UKGDPR 中的规定提供了明确性、进一步的细节或例外情况。

4. 英国数据跨境流动标准合同条款

2022 年 3 月 21 日，英国版的数据跨境流动标准合同条款(UK-SCC)正式生效。根据 UKGDPR 和英国《2018 年英国数据保护法》，公司在将个人数据从英国转移到没有足够数据保护水平的国家时，除其他事项外，必须实施有效的数据传输机制。标准合同条款是验证这些转移的常用机制。英国脱欧过渡期在 2020 年 12 月 31 日已结束，EU-GDPR 不再适用于英国，其适用的是 UKGDPR。因此，当欧盟在 2021 年 6 月公布修订后的 SCC 时，它们并不自动适用于英国，而英国公司继续依靠旧的 EU-SCC 来验证数据传输。

2022 年 3 月 21 日，IDTA 和欧盟 2021 年标准合同条款的附录(英国附录)正式生效。英国公司必须在 2024 年 3 月 21 日之前完全执行英国的 SCC，并在此期限内用这些新条款更新现有合同。同时，对于现有的合同和 2022 年 3 月 21 日至 2022 年 9 月 21 日之间执行的合同，公司有三种选择：①继续使用旧的欧盟合同条款；②执行新的 IDTA；③在执行欧盟合同条款的同时执行新的英国附录。对于 2022 年 9 月 21 日或之后签订的合同，公司必须使用新的英国 SCC：这意味着或者完全执行 IDTA，或者执行英国附录和欧盟 SCC。

6.5.1.2　英国与欧盟之间的数据跨境流动

英国脱欧后，欧盟和英国之间的数据跨境流动包括两种：一种为数据从英国流动到欧盟，另一种为数据从欧盟流动到英国，如图 6.8 所示。首先，从英国到欧盟的数据流动规则在脱欧前后并没有重大变化，综上所述，英国的数据跨境白名单中包括整个欧洲经济区。因此，从英国向欧洲经济区传输数据不需要额外的措施或授权，英国政府也明确表示企业不需要对脱欧前的传输方式进行调整。相比之下，从欧盟到英国方向的数据跨境流动则更为复杂，在英国脱欧后经历了几个阶段才取得有效期为 4 年(自 2021 年 6 月 28 日起)的欧盟对英国的充分性认定。以下是按照时间顺序对欧盟到英国的数据流动规则进行的梳理。

图 6.8　欧盟与英国之间的数据跨境流动图示

1.　《欧盟-英国贸易与合作协定》

1)《欧盟-英国贸易与合作协定》的基本内容

2020 年 12 月 24 日，英国和欧盟达成了《欧盟-英国贸易与合作协定》(EU-UK Trade and Cooperation Agreement，TCA)。TCA 于 2021 年 1 月 1 日生效，标志着英国脱欧后的过渡期间结束。TCA 协议不仅涵盖商品和服务贸易，还涉及与欧盟利益相关的其他领域，例如投资、竞争、国家援助、税收透明度、航空和公路运输、能源与可持续性、渔业、数据保护和社会保障协调等。此外，TCA 也为刑法和民法领域下的执法和司法合作建立了新的框架。

2)《欧盟-英国贸易与合作协定》中的数据传输

自 2018 年 5 月 25 日，GDPR 在所有成员国(包括英国)生效以来，英国数据保护一直受 GDPR 的管辖。但是，自 2021 年 1 月 1 日起(英国脱欧过渡期间结束)，GDPR 在英国不再有直接影响，这意味着欧盟将视英国为"第三国"[36]。具体来说，当个人数据从欧洲经济区转移到英国时，将被视为转移到其他第三国——需要根据 GDPR 第五章采取适当的保护措施。

GDPR 禁止将个人数据从欧洲经济区转移到第三国，除非个人数据受到批准的转移机制保护，或者某些有限的例外情况。许多人一直希望欧盟与英国之间的数据传输机制是，英国为从欧洲经济区传输的个人数据提供充分的保护。但是英国国家安全监督立法的广度可能会妨碍英国充分性认定。因此，最安全的做法是制定适当的替代措施，如标准合同条款[37]。然而，TCA 协议为制定替代措施提供了一个短暂的缓冲期间。根据 TCA 协议，英国和欧盟已同意在欧洲经济区(EEA)和英国数据传输之间适用过渡期,在此期间数据传输不会被视为向第三国传输(即附加保障措施不是强制性的)，这意味着避免了组织采取措施的需要。

2. 《关于英国数据保护充分性决定草案》

2021 年 4 月 14 日，欧盟数据保护委员会第 48 次全体会议通过了《关于英国数据保护充分性决定草案》(Draft UK Data Protection Adequacy Decisions Summary，以下简称《充分性决定》)，并公布了欧盟委员会关于草案的两个意见。第 14/2021 号意见以 GDPR 为基础，评估了在《充分性决定》中，一般数据保护的方面，以及政府以执法和国家安全为目的从欧洲经济区转移个人数据的访问情况。此外，第 15/2021 号意见基于《执法指令》，并根据《执法指令》下充分性参考的第 01/2021 号建议，以及关于欧洲监控措施基本保障的第 02/2020 号建议中反映的相关案例法，对《充分性决定》进行了分析。这是由欧盟委员会提交并由 EDPB 评估的第一份关于第三国在《执法指令》下充分性的执行决定草案。

3. 《充分性决定》的通过

欧盟委员会于 2021 年 6 月 28 日在官网发布新闻，称委员会基于 GDPR 和《执法指令》(LED)通过了两项关于英国的《充分性决定》，个人数据现在可以从欧盟自由流动到英国，并享有与欧盟法律保护水平基本相当的保护。《充分性决定》的关键要素如下：

(1)英国的数据保护体系继续以英国作为欧盟成员国时适用的规则为基础。英国已将 GDPR 和 LED 的原则、权利和义务完全纳入其脱欧后的法律体系中。

(2)关于英国公共机构对个人数据的访问，特别是出于国家安全原因的访问，英国规定了强有力的保障措施。

(3)充分性决定首次加入了日落条款，严格限制充分性决定的有效期限为四年，此次充分性决定将在生效四年后自动失效。在此之后，只有在英国继续确保充分的数据保护水平情况下，欧盟委员会的充分性决定才可能被延长。在这四年中，委员会将继续监督英国的法律，如果英国偏离了目前的数据保护水平，委员会可以在任何时候进行干预。如果委员会决定重新进行充分性调查，相关程序将重新开始。

6.5.1.3 英国数据跨境流动规则

1. UKGDPR 中关于数据跨境流动的规定

UKGDPR 第五章下的第 44 条到第 50 条规定了英国的跨境数据流动规则。如之前介绍，UKGDPR 和 GDPR 高度相似，第五章也是如此。UKGDPR 只在必要的地方将欧盟相关的表述替换为英国的法规和英国监管机构，并对完全不适用的条例，如与欧盟法相关的第 48 条内容进行了删减。

第 44 条为转移的一般性原则，规定的内容与 GDPR 完全一致，即数据控制者和处理者只有在满足条例第五章及其他规定条件时才能向第三国转移个人数据。

第 45 条规定了基于充分性保护认定的情况下，数据传输者可以无需特定授权而向被认定的第三国进行个人数据的转移。这也被称为"白名单"制度，欧盟正是通过这一制度影响其他国家和地区的数据立法，以争夺自身在国际社会上的数据话语权的。

第 46 条规定如果不是根据 DPA 2018 下的充分性规定，数据控制者或处理者只有在提供适当的保障措施，以及为数据主体提供可执行的权利与有效的法律救济措施时，才能将个人数据转移到第三国或国际组织。适当保障措施包括：

(1) 公共机构或实体之间签订的具有法律约束力和可执行性的文件；

(2) 符合 UKGDPR 第 47 条的约束性的公司规则（BCR）；

(3) 英国国务大臣根据 DPA 2018 第 17C 条而制定的数据保护标准条款（DPA2018 第 17C 条规定了国务大臣有权力制定其认为合适的数据保护标准条款，且有义务经常性审查现行有效的数据保护标准条款）；

(4) 英国信息专员根据 DPA 2018 第 119A 条发布的数据保护标准条款（DPA 2018 第 119A 条规定了信息专员在发布数据保护标准条款时需要满足的一定条件，包括在发布前必须咨询国务大臣的意见、发布后必须向国务大臣送交一份副本，以及国务大臣须提交给英国议会由其决议是否批准）；

(5) 根据 UKGDPR 第 40 条制定的行为准则，以及第三国的控制者或处理者为了采取合适的安全保障而做出的具有约束力和执行力的承诺，包括数据主体的权利；

(6) 根据 UKGDPR 第 42 条而被批准的认证机制，以及第三国的控制者或处理者为了采取合适的安全保障而做出的具有约束力和执行力的承诺，包括数据主体的权利；

(7) 经过英国信息专员同意的，数据控制者或处理者与控制者、处理者、第三国或国际组织的个人数据接收者之间的合同条款（SCC）；

(8) 经过英国信息专员同意的，公共机构或公共实体之间在行政性安排中所插入的条款，包括可执行的与有效的数据主体权利。

最后，UKGDPR 第 49 条规定了在不符合第 45 条充分性规定以及第 46 条的适当保障措施的情况时，在符合一系列条件的例外情况下仍可以向第三国的个人进行数据转移。

总的来说，通过解读 UKGDPR 第五章关于数据跨境的规定，可以看出英国并未对 GDPR 的原文做出大幅度修改，只在必要的地方替换了相关名词，不适用的地方进行了删减，而需要扩充的地方则直接引用了英国 DPA 2018 中的法律规定。此举在沿用 GDPR 对第三国个人数据传输高标准规定的基础上，减少了英国企业对适用新生效的 UKGDPR 成本。

2. DPA2018 中关于数据跨境流动的规定

DPA2018 第三部分第五章同样规定了英国的跨境数据流动规则。DPA2018 作为 UKGDPR 的补充法规，和 UKGDPR 的规定几乎一致，且涵盖了协助 UKGDPR 在国内具体执行和落地的细节规定。其中，DPA 2018 第 73~76 条规定了跨境数据流动适用的一般条件，第 77~78 条为特殊规定。

根据 DPA 2018 第 73 条，即数据传输的一般性原则规定，除非满足下列条件，否则数据控制者不能将个人数据传输到第三国或国际组织：

（1）传输数据是为了实现执法目的；

（2）传输是基于特定情况进行的：第一，基于充分性决定；第二，如果不是基于充分性决定，则基于适当的保障措施；第三，如果既不是基于充分性决定，也不是基于适当的保障措施，则应当基于第 76 条所规定的特殊情况。

（3）当拟定的数据接收者是第三国有关部门或者属于相关国际组织的部门时，可以进行数据跨境传输。又或者数据控制者是 DPA 2018 附录 7 第 5~17 段、第 21、24~28、34~51、54 和 56 段中的指定部门时，在同时满足法律规定的情况下也可以向境外传输数据。此外，若拟定的接收者是第三方国家的个人而非有关部门，并且在符合第 77 条规定的附加条件情况下，同样可以进行数据跨境传输[38]。

从上述规定中可以看出，英国在数据跨境流动的评估与欧盟一样，以接收国或国际组织对数据保护水平和措施的充分性、适当性程度为主要衡量因素。具体而言，充分性要求体现在 DPA 2018 第 74 条中，即只有当接收数据的第三国具有足够的个人信息保护能力和水平才能获得英国的充分性决定。这一规定与 UKGDPR 第 45 条对应，也被称为"白名单"制度。此外，根据 DPA 2018 第 74 条，如果是取得了欧盟充分性保护认定的国家或国际组织，英国也给予其充分性认定，向这样的国家传输个人数据无需获得任何专门授权。

目前英国的白名单上共有 42 个国家，分别是欧洲经济区的 30 个国家（欧盟的 27 个国家加上列支敦士登、冰岛和挪威），以及欧盟已经给予充分性认定的除英国外的 12 个国家（分别是瑞士、加拿大、阿根廷、根西岛、马恩岛、泽西岛、法罗群岛、安道尔、以色列、乌拉圭、新西兰和日本）。当然充分性认定并不是进行数据跨境传输的唯一途径。DPA 2018 第 75 条，对应 UKGDPR 第 46 条，都提到在此之外数据控制者也可以依据适当保障措施而进行数据跨境传输，这可以作为成本相对较低的替代性方案使用。

只要采用充分性决定和适当性措施这两种方式，能够满足大多数英国数据跨境流动的需求。但在某些情形下，上述两种方式均无法成为英国数据跨境流动的基础，此时，数据跨境流动也可以基于 UKGDPR 第 49 条规定的特殊情形，以及 DPA 2018 第 76 条另规定的其他特殊情形进行。

这些可以进行数据跨境传输的法定特殊情形如下：

(1)为了保护数据主体或其他个人的重大利益；

(2)出于保护数据主体合法利益的需要；

(3)为了防止对成员国或第三国公共利益造成直接且严重的威胁；

(4)出于个人案件的执法目的；

(5)出于个人案件的合法目的。

综上，基于UKGDPR和DPA 2018中关于数据跨境的立法规定，可以总结得出英国数据跨境共有四个主要原则，具体内容如表6.5所示。

表6.5 UKGDPR和DPA 2018关于数据跨境的总结

数据跨境的规定	UKGDPR	DPA 2018
(1)数据跨境的一般性原则	第44条：转移的一般性原则，规定数据控制者和处理者只有在满足第五章规定的条件时才能向第三国转移个人数据	第73条：数据传输的一般性原则规定，除非满足相应条件，否则数据控制者不能将个人数据传输到第三国或国际组织
(2)基于充分性保护认定的数据跨境	第45条：基于充分性保护认定的情况下，数据传输者可以无需特定授权而向被认定的第三国进行个人数据的转移。（"白名单"制度）	第74条：如果取得了欧盟充分性保护认定的国家或国际组织，英国也给予其充分性认定，向这样的国家传输个人数据无需获得任何专门授权（"白名单"制度）
(3)适当性保障措施	第46条：如果不是根据充分性规定，数据控制者或处理者只有在提供适当的保障措施，以及为数据主体提供可执行的权利与有效的法律救济措施时，才能将个人数据转移到第三国或国际组织（适当性保障措施具体内容见本章节）	第75条：除获得充分性保护认定外，数据控制者也可以依据适当保障措施而进行数据跨境传输，这可以作为成本相对较低的替代性方案使用（适当性保障措施具体内容见本章节）
(4)符合数据跨境转移的例外情形（不满足上述(2)、(3)点时适用）	第49条：在不符合第45条充分性规定以及第46条的适当保障措施的情况时，在符合一系列条件的例外情况下仍可以向第三国的个人进行数据转移（同GDPR例外措施）	第76条：采用充分性决定和适当性措施均无法成为英国数据跨境流动的基础时，数据跨境流动也可以基于第76条中另行规定的其他特殊情形进行（例外情形具体内容见本章节）

6.5.2 英国数据保护机构

信息专员办公室(Information Commissioner's Office，ICO)成立于2005年，是负责处理英国数据保护和隐私问题的独立监管机构。ICO是由信息专员担任首席执行官和会计主管，并接受数字文化传媒体育部财政支持[39]。ICO旨在维护公共利益的信息权利，促进公共机构的开放性和加强个人数据隐私的保护。信息专员是根据英国1998年版《数据保护法》要求设立，并取代了数据保护登记官，负责个人数据保护的官员。信息专员由英国女王根据《公职任命业务守则》任命，并直接向议会报告，信息专员的主要职责是基于公共利益维护公众的信息权利，保护个人隐私，促进信息公开，对违反监管的情况实施制裁。

具体来说，ICO的主要职责包括：

（1）开展国际性的数据保护工作。ICO 对于政府在一些问题上的关键政策目标，起到了支持作用。如新型欧盟-英国关系的谈判，以及在新的双边和多边贸易协定中如何考虑数据和数据保护的问题方面。此外，ICO 在经济合作与发展组织（OECD）、欧洲委员会、全球隐私大会等组织中，影响并引领着全球数据保护制度操作性方面的工作。

（2）收集和处理公民关于信息权利问题的提问和投诉。ICO 的部分职责是通过收集和处理公众提出的问题，来改进组织的信息权利。在某些情况下，ICO 会将更多类似问题的信息汇总在一起，和组织提出的其他问题一起探讨和分析。这些问题有助于 ICO 了解一个组织履行义务的情况，并帮助 ICO 确定可以对该组织采取何种改进措施。

6.5.3　英国数据保护特色：欧美的中间路线

在英国和欧盟之间的数据跨境流动上，二者之间的共识远远大于分歧。早在脱欧之前，英国就将 GDPR 通过修正案的方式纳入了英国 2018 年《数据保护法》，形成了 UKGDPR。UKGDPR 基本沿用了 GDPR 的基本原则与核心概念，同时对其进行扩展与修改，以更符合英国国情。脱欧后，英国与欧盟间的数据跨境流动先依据《欧盟-英国贸易与合作协定》展开，但随后欧盟委员会对英国做出第三国适当性认定，个人数据即可在该认定有效期（4 年）内自由从欧盟流向英国[40]。

一方面，英国在数据跨境流动上采取的态度较欧盟更为开放。就"白名单"上国家数量而言，GDPR 白名单上的国家，包括欧盟成员国和欧洲经济区国家在内共计 30 个[41]。相比较，英国跨境数据流动白名单上已经有 42 个国家。具体来说，英国以现有的白名单为基础，优先与美国、澳大利亚、韩国、新加坡、迪拜国际金融中心和哥伦比亚达成数据充分性协议，建立国际数据合作伙伴关系。同时，英国在未来的长期目标中，将印度、巴西、印度尼西亚和肯尼亚作为优先合作国家。英国与优先合作伙伴之间达成数据充分性协议，是英国正在实施计划中的关键环节，该计划旨在释放数据的力量，推动英国数据的增长和创新。

由此可见，英国通过扩展自己的国际合作伙伴计划，巧妙避开了欧盟与美国及澳大利亚等国家的现有数据跨境流动障碍，在保持符合自身利益的高数据保护标准的同时，充分发挥数据的力量来推动经济增长和创造就业。此计划还体现了英国在脱欧后掌控了数据跨境流动规则的制定权，以及在加强数据国际合作方面，凸显了英国全球领导地位和增强影响力的决心。这与欧盟一向严格的数据保护制度形成鲜明对比，体现了英国脱欧后在数据跨境流动上更为开放的态度。

另一方面，英国在数据跨境流动上采取的态度较美国更为保守。与英国和欧盟统一的数据立法不同，美国目前仍未有一部联邦性数据保护法典。尽管近年来，美国参议院与众议院分别收到了涉及数据保护的多份提案，但这些提案至今仍处于讨论阶段。因而，美国目前的个人数据保护法散见于不同行业的单独立法，主要包括健康、金融、消费者、教育、就业等方面[42]。

相较于美国，英国早已于 1998 年制定了《数据保护法》（DPA 1998），在过去的近二十年里，这部法律伴随着数字经济的到来深刻影响并改变了创新、商业、消费服务等方方面面的活动。但是，随着数据安全威胁的与日俱增，英国又于 2018 年颁布了新的《数据保护法》（DPA 2018）来缓解数据安全对于国家的影响。由此可见，英国一直有相应的立法来规制数据跨境的问题，而美国采取分散立法的方式保护公民隐私权并未对个人数据提供严格的保护，在数据跨境方面的规制较为开放和宽松。

综上，脱离欧盟后，英国的计划和动作都体现了其在试图开辟一条位于欧盟高度监管的数据保护制度和美国开放式态度之间的中间路线。因此，自 2021 年 6 月 28 日充分性决定通过后的 4 年内，英国的法律和数据保护框架仍会保持现有特色，即在欧盟和美国中间保持着中间路线。至于 4 年后，英国会在多大程度上偏离欧盟的轨道，以及 4 年后欧盟委员会对英国数据保护充分性评估的结果，都还是未知数。未来英国与欧盟之间数据跨境流动的合作，以及英国的全球数据合作计划的具体实施效果，都需要我们拭目以待。

6.6 俄罗斯的跨境数据流动管理

相较于世界大多数国家和地区的主流做法，俄罗斯的数据流动管理政策更为严格，数据本地化存储已成为俄罗斯跨境数据管理制度的最大特点。

6.6.1 俄罗斯立法梳理

数据主权对于俄罗斯而言具有重大意义。俄罗斯目前有两部涉及数据管理的国家专门立法，即《俄罗斯联邦个人数据法》（Federal Law No. 152-FZ of July 27，2006 on Personal Data，以下简称《个人数据法》）和《关于信息、信息技术和信息保护法》（Federal Law No. 149-FZ of July 27, 2006 on Information，Informational Technologies，and the Protection of Information，以下简称《信息法》）。2001 年，俄罗斯加入了《关于个人数据自动化处理的个人保护公约》（The Council of Europe's Convention for the Protection of Individuals with Regard to Automatic Processing of Personal Data，以下简称《108 号公约》），其中的数据出境规则针对"白名单"对象和其他对象做出了明确区分。

6.6.1.1 俄罗斯数据保护的立法概况
1. 《俄罗斯联邦个人数据法》

《个人数据法》制定于 2006 年，后经 2010 年、2011 年、2012 年、2013 年、2014

年、2020 年，共计 6 次修订和增补。该法旨在保障公民在个人信息收集、处理、使用中的权利，规制信息、信息技术和信息保护领域所产生的法律关系。该法规定，个人数据可以跨境流向欧洲委员会《108 号公约》中的缔约国，以及其他确保个人数据主体权利得到充分保护的国家。2020 年 12 月 9 日，俄罗斯联邦国家会议杜马发布《个人数据法》的修正案草案，在草案中进一步明确了公共个人数据的处理规则。该草案于 2021 年 3 月 1 日正式生效。

《个人数据法》认为个人数据是指任何直接或间接涉及自然人的信息。个人数据的处理则是指包括收集、记录、系统化、累积、存储、更新、更改、检索、使用、传输(包括提供和查阅)、删除个人信息等在内的任何单独或一系列行为。其主要调整有关联邦政府机构和其他政府机构、地方自治机构和其他市政机构对个人数据的处理。

《个人数据法》规定了一系列数据主体享有的权利。首先，个人数据主体就其数据享有同意权，未经数据主体的同意，数据处理者不得对其个人数据进行处理。其次，在个人数据不完整、过时、不正确或被非法获取时，数据主体也有权要求数据处理者对其个人数据进行修改、更正、删除、销毁，以保护自己的权利。再者，当数据主体向处理者查询其个人数据时，处理者应当以可查阅的形式将数据提供给个人，但如果数据主体重复进行非必要的查询，给处理者带来不必要的成本时，处理者也有权拒绝提供信息。数据主体对于个人信息的访问权并非绝对不受限制，在某些情形下，如获取个人数据会侵犯第三人利益，或者个人数据涉及国家情报活动等，数据主体对其信息的访问会受到相应的限制。

《个人数据法》也明确了数据处理者的义务。数据处理者对个人数据的收集应该以数据主体的同意为前提，并且同时履行告知义务，告知数据主体处理者的名称、相关资质、处理目的和法律依据，以及数据主体所享有的权利等；在数据主体行使查阅权时，处理者如果拒绝向其提供有关数据，应当向数据主体做出解释，并说明拒绝的法律后果。

《个人数据法》2020 年修正案的主要内容涉及公开的个人数据处理。现行法律对公开的个人数据处理的规定如下：①经过书面同意公开的个人数据，任何主体都可以进行处理；②对于已公开的个人数据，并非永久持续性公开，个人可以向数据处理者或者根据法院及其他有权国家机关的决定，要求第三方随时删除其已经公开的个人数据。由此可见，俄罗斯实际上虽然允许第三方不受限制地处理已公开的个人数据，但是对于数据主体而言仍具有潜在的侵权可能。

为了进一步保障数据主体的权益，2020 年颁布的《个人数据法》修正案针对已经公开的个人数据处理办法做出了进一步的明确要求：

(1)要求数据主体对于公开的个人数据，应当取得单独的、明确的同意。具体而言，应当将取得公开的个人数据和其他个人数据的同意分开对待，而不能一概而论。在获得数据主体同意时，必须明确处理目的、同意期限等。此外，这种同意必须由数据主体以明示方式做出，而不得以默认勾选等方式获得。

（2）数据主体对于公开个人数据的处理同意可以是有限制的同意。一是可以限制网络经营者将数据主体公开的个人数据转移给第三方；二是可以禁止第三方公开处理个人数据，或者对第三方处理个人数据的请求提出限制和要求。这种限制同样必须以明示的方式做出，如果个人未提出限制的要求，则任何第三方均可不受限制地处理公开的个人数据。

（3）数据主体有权要求网络运营者删除其已经公开的个人数据，且无需提供任何证明，以证明其数据受到非法处理。即数据主体可以无条件地要求运营者删除已公开的个人数据，当运营者收到删除请求时，应及时删除相关数据。

（4）但在两种特殊情形下，处理已公开的个人数据不受数据主体同意的限制：①对于个人数据的处理是必要的，是为了执行和完成俄罗斯联邦法律赋予个人数据处理人员的权力和履行其职责；②对个人数据的处理符合俄罗斯联邦法律规定的国家、社会和其他公共利益。

此修正案旨在建立起保护个人数据主体权利和自由的机制，平衡公民和个人数据控制者之间权利和利益。根据修正后的法律，个人数据主体的同意是处理公开的个人数据的唯一法律依据，这进一步加强了对个人数据主体权益的保障。

2. 《关于信息、信息技术和信息保护法》

《信息法》于 2006 年 7 月 8 日经俄罗斯国家杜马通过，2006 年 7 月 14 日获俄罗斯联邦议会通过，该法以《俄罗斯联邦宪法》和《俄罗斯联邦国际协定》为基础。该法主要调整的范围是相关主体行使查阅、接收信息的权利，以及应用信息技术、确保信息保护过程中产生的法律关系。该法律的主要内容如下：

《信息法》第 1 条明确了其适用的范围，即本法规范下列关系：①行使查阅、接收、转让、制作、传播信息的权利；②应用信息技术；③确保信息保护。同时，《信息法》第 1 条第 2 款还规定了该法不适用的情形，即不适用于与之等同的智力活动结果和应用个性化法律手段保护所产生的关系。

《信息法》所称信息持有人是指通过自己创造信息或者根据法律或合同，获得允许或限制某些特征确定的信息而获取权利的人，可以是公民（个人）、法人实体、俄罗斯联邦、俄罗斯联邦主体或市政实体。除非联邦法律另有规定，否则信息持有人享有以下权利：①有权允许或限制他人查阅信息、确定查阅信息的程序和条款；②自行使用信息，包括传播信息；③根据合同约定或其他法定理由向他人转让信息；④在他人非法接受或非法使用信息时，以合法手段保护其权利；⑤采取涉及信息的其他行动或允许采取这些行动。除上述权利之外，信息持有人也应当负有一定的义务：①尊重他人的权利和合法利益；②采取措施以保护信息；③在联邦法律规定的情况下负有限制获取信息的义务。

《信息法》中规定的信息是指该法调整法律关系的对象，即无论其形式如何的数据(信息、数据)。根据获取信息的限制不同，可以将信息分为一般可访问的信息和受联邦法律限制访问的信息(有限访问信息)；根据提供或传播信息的程序，信息又可以分为自由传播的信息、相关当事人同意提供的信息、根据联邦法律应提供或传播的信息、在俄罗斯联邦境内传播受到限制或禁止的信息。俄罗斯联邦的立法可以根据信息的内容或信息的持有人而规定信息的具体类型。这些信息可能是公共关系、民事关系和其他法律关系的对象，可以由任何人自由使用并由一个人转让给另一个人，除非联邦法律对信息的获取和传播有特殊要求。

《信息法》对一般可访问信息做出了专门规定。一般可访问信息包括公共知识数据和其他不受查阅限制的信息。任何人都可以自行决定使用一般可访问信息，但同时必须遵守联邦法律中关于相关信息传播限制的规定。以公开数据形式发布的信息，应根据俄罗斯联邦基于国家机密的立法要求在互联网上发布。但在某些情况下，以公开数据形式发布的信息，可能导致国家秘密泄露的，应当根据有关机关的要求，终止以公开的形式提供上述信息。此外，《信息法》也对有限访问信息做出了规定，该法规定了对获取有限访问信息的限制。它重视对信息主体(尤其是公民个人)信息权利及信息的保护，对公民信息权利、义务、权利被侵犯时的救济途径及信息保护的内容进行了规定，为随后的俄罗斯互联网立法提供了新思路。该法还要求保护构成职业秘密的信息，以及有关公民私人生活的信息。

《信息法》的规制重点是通过通信网络限制信息流动。该法在适当考虑普遍接受的国际惯例情况下，对接入电信网络的人群进行管理。俄罗斯联邦在管理企业时，可以制定强制性规定对使用电信网络的个人、组织进行身份识别。只要是使用通信网络传递信息，都需要受到联邦法规的程序和条件限制。此外，为规范通信网络，以便识别在俄罗斯联邦互联网上禁止传播的网站，联邦要求应当建立《识别被禁止在俄罗斯联邦传播信息的域名、网站页面标识和网络地址的全面登记册》。如果互联网上的域名或页面标识纳入该限制性登记册，托管提供商必须通知其所服务的互联网网站所有者，并告知其需要立即删除在该互联网页面包含禁止在俄罗斯联邦传播的信息，从事提供互联网接入服务的通信运营商必须限制对此类互联网站点的接入。如果网站所有者拒绝或不作为，托管提供商必须在 24 小时内限制访问该网站。

与网络数据相关的还有 2017 年 7 月通过的第 276-FZ 号联邦法《关于数据、信息技术和数据安全的联邦法修正案》(Federal Law No. 276 FZ On Amendments to the Federal Law "On Data, Information Technologies and Data Security", 以下简称 VPN 法案)。该修正案要求虚拟专用网络(VPN)和类似技术的运营商阻止俄罗斯用户访问被俄罗斯政府禁止的网站和其他资源。该法律授权俄罗斯联邦通信、信息技术和大众媒体监督局(Federal Service for Supervision of Communications, Information Technologies and Mass Media, 以下简称 Roskomnadzor)停运那些提供规避政府封锁指示的网站，还授权俄罗斯的执法机构(包括内政部和联邦安全局)确定违规者和要求 Roskomnadzor 对俄罗斯禁止的在线资源和服务的提供者进行特殊登记[43]。

除对信息保护进行一般性规定外，例如不受非法访问、获取信息的机密性等，该法还对信息持有人和信息系统经营者的义务做出如下规定：①对俄罗斯联邦公民个人信息进行收集、记录、整理、保存、核对(更新、变动)、提取的数据库应当存放在俄罗斯境内；②禁止未经授权获取信息或向无权获取信息的人员转让信息；③应当及时发现未经授权获取信息的案件；④排除与违反信息获取程序有关的不利后果的可能性；⑤防止技术信息处理设施受到可能导致其无法运行的影响；⑥本条例针对因未经授权而被修改或销毁的资料，即时予以恢复；⑦确保对信息的保护水平进行监控[44]。

3. 《关于个人数据自动化处理的个人保护公约》

俄罗斯作为非欧盟成员国，因此，欧盟成员国之间缔结的条约并不能自动对俄罗斯发生法律效力，除非俄罗斯参与该条约的缔结程序。值得注意的是，俄罗斯联邦在 2001 年 11 月 7 日就签署《108 号公约》，并于 2013 年 5 月 15 日批准该公约，明确该公约在 2013 年 9 月 1 日对俄罗斯生效。《108 号公约》的具体内容在第 1 章中已经详述，在此着重强调《108 号公约》与俄罗斯法案的相互关系。根据第 152-FZ 号联邦法律规定，若在转移个人数据的司法管辖区内能保证对个人数据提供充分保护时，向境外的个人数据传输不再需要数据主体的额外同意。所有签署《108 号公约》的国家(以欧洲国家为主)都被视为对数据主体的权利和利益提供充分保护的管辖区。

6.6.1.2 数据跨境流动规则

《个人数据法》第 12 条规定了个人数据的跨境流动。表 6.6 展示了应当满足数据跨境流动的前提条件。

表 6.6 满足俄罗斯《个人数据法》中数据跨境流动的前提条件

(1)	数据处理者必须保证数据接收国的数据保护水平足够充分，即数据接收国已加入《108 号公约》或在 Roskomnadzor 所列名单上
(2)	数据处理者已经取得了数据主体的书面同意
(3)	数据接收国和俄罗斯联邦签订了国际条约，该条约中允许双边跨境数据流动
(4)	若为实现下列目的所需，同样应视为满足数据保护水平的要求：①为了维护俄罗斯联邦宪法制度；②为了保障国防和国家安全；③为了保障运输系统安全稳定运行，在运输系统方面保护个人，以及社会和国家的利益不受非法干涉
(5)	为了履行数据主体作为一方当事人的合同
(6)	为保护个人数据主体或他人的生命、健康和其他切身利益，但由于客观原因无法取得个人数据主体的书面同意情形

针对以上前提条件中第一种认定足够确认数据保护水平的路径，《个人数据法》规定，非《108 号公约》签署国如果能够被视为提供了足够的个人数据保护水

平，也可被 Roskomnadzor 纳入允许个人信息跨境流动的名单(The List Of Countries With Adequate Protection Of Data)上。这意味着如果一国被纳入视为提供足够保护水平的名单，那么该国作为数据接收国可以直接满足数据跨境流动的前提条件，而无需再取得数据主体的明示同意。截至 2019 年，Roskomnadzor 公布的名单里包含的国家为安哥拉、阿根廷、澳大利亚、贝宁、加拿大、智利、哥斯达黎加、加蓬、以色列、日本、哈萨克斯坦、马来西亚、马里、蒙古国、摩洛哥、新西兰、秘鲁、卡塔尔、新加坡、南非、韩国和突尼斯。值得注意的是，中国和美国两个国家均未被纳入其中。

就数据传输总体上来看，值得注意的是《个人数据法》在数据跨境前提条件中并没有承认相关文件的效力，包括标准合同条款、约束性的公司规则以及被数据接收国政府批准的行业标准。因此，在涉及与俄罗斯联邦跨境数据传输时，这些文件不能作为数据跨境传输的前提条件。在这种情形下，取得数据主体的同意或满足其他数据跨境传输的前提条件就显得尤为重要。

涉及俄罗斯的数据跨境流动，除了需要满足上述《个人数据法》第 12 条规定的前提条件外，还需要在俄罗斯境内的数据库复制和储存俄罗斯公民的数据资料，即满足本地化要求后，便可以展开数据流转。

6.6.2　俄罗斯数据保护机构

俄罗斯数据保护机构，包括俄罗斯联邦通信、信息技术和大众媒体监督局(Roskomnadzor)，联邦技术和出口管制局(The Federal Service for Technical and Export Control，FSTEC)和联邦安全局(Federal Security Service，FSS)，他们在数据跨境流动领域发布的法规中规定了许多法律和技术要求。这方面的规章制度正在不断修订和完善。

Roskomnadzor 是俄罗斯联邦执行机构，负责监督、控制和审查俄罗斯大众媒体。其职责范围包括审查俄罗斯电子媒体、大众传播、信息技术和电信，监督各主体遵守法律，以及保护正在处理的个人数据的机密性和组织无线电频率服务的工作。此外，Roskomnadzor 还负责解释《个人数据法》等立法规定，并解决数据管理实践中的问题，以及负责两大登记系统的正常运营：数据运营商注册登记和数据运营商违规登记。

另一个重要的权威机构是 FSTEC，即联邦技术和出口管制局，它是俄罗斯联邦的一个军事机构，隶属于俄罗斯国防部。它许可武器和两用技术项目的出口，还负责俄罗斯的军事信息安全，并要求西方科技公司在允许其产品进口到俄罗斯之前提交源代码和其他商业机密。在数据保护方面，FSTEC 主要负责推动制定数据保护的技术标准，包括适用于 IT 系统的数据传输的要求。FSTEC 有时也会与 Roskomnadzor 合作开展活动，联合执法，共同监管。

在部分情形下，联邦安全局也将承载数据保护的角色。例如在使用硬件或者软件处理特定个人数据时（例如生物数据），需经过 FSTEC 或 FSS 的批准。此外，如果涉及处理被加密的个人信息，数据处理者应当满足 FSS 第 378 号行政令的规定，采用有组织性和系统性的措施为个人数据处理提供安全保障。

6.6.3　俄罗斯特色：数据本地化

6.6.3.1　本地化相关立法

2014 年 7 月 21 日，俄罗斯联邦总统签署《关于修改有关更新信息电信网络个人数据处理程序的某些立法法案》（Federal Law No. 242-FZ of July 21, 2014 on Amending Certain Legislative Acts Concerning Updating the Procedure for Personal Data Processing in Information-Telecommunication Networks，以下简称《数据本地化法》）。该法于 2015 年 9 月 1 日生效。《数据本地化法》修订了《个人数据法》：①增加了数据运营商在收集、存储和处理俄罗斯公民个人数据方面的义务；②增加了 Roskomnadzor 用于阻止非法处理俄罗斯公民个人数据的网站和在线资源的新机制。

《数据本地化法》第 2 条要求所有数据运营商应当确保俄罗斯公民个人数据的任何有关记录，应系统化、积累、存储、更改或提取发生在位于俄罗斯联邦境内的数据中心。这意味着数据运营商收集的任何俄罗斯公民的个人数据，都必须存储在位于俄罗斯的服务器、IT 系统、数据库或数据中心。这意味着俄罗斯法律禁止数据运营商，在没有首先将数据存储在俄罗斯境内的情况下，就将俄罗斯公民的个人数据存储在俄罗斯联邦境外。此外，《个人数据法》第四章规定了对数据运营商的义务，其中第 19 条明确个人数据可在专用于个人数据的信息系统之外使用和存储，但仅限于将此类数据先存储在俄罗斯境内。

2015 年 8 月 3 日，俄罗斯通信和大众传媒部（通常称为"Minsviaz"）发布了详细的也是唯一的书面指南,阐明了第 242-FZ 号联邦法实施的新的个人数据本地化要求。《数据本地化法》要求所有国内外公司在俄罗斯境内的服务器上存储和处理俄罗斯公民的个人信息。根据法律规定，任何存储俄罗斯国民信息的组织，无论是客户还是社交媒体用户，都必须将该数据移至俄罗斯服务器。但是，《数据本地化法》并不禁止从国外访问或复制位于俄罗斯境内的服务器、IT 系统、数据库或数据中心，也未对俄罗斯公民个人数据本地化的后续传输（包括跨境传输）施加任何特殊限制。Minsviaz 指南表明，远程访问数据，使用该数据或删除数据（只要删除不会违反相关法律）不会受到影响。新法律不会影响任何有关个人数据跨境传输的现行俄罗斯法律和法规。与过去的做法一致，只要遵循俄罗斯关于个人数据的其他法律，如表 6.7 所示，就可以将有关俄罗斯公民的个人数据转移出俄罗斯[45]。

表 6.7   俄罗斯数据跨境传输相关法律的总结

国家类别	跨境传输的要求
《个人数据法》规定的"充分保护"国家与"不充分保护"国家	区分了为个人数据提供"充分保护"的国家和"不提供个人数据保护"的国家,如果数据接收方位于法律提供"不充分保护"的国家,则《个人数据法》要求满足某些条件(详见上文)
《欧洲理事会第 108 号公约》签署国	俄罗斯 No. 152-FZ 联邦法案允许个人信息从俄罗斯境内传输至《第 108 号公约》的签署国;根据 No. 152-FZ 联邦法案,Roskomnadzor 可以将非《第 108 号公约》的签署国,加入其个人信息跨境流动的"白名单"中
上述国家之外的国家	如果转移到上述国家之外的国家(即不在其他国家名单上或不是《108 号公约》签署国的司法管辖区)目前可以在相关数据主体的书面同意下进行数据转移

综上,俄罗斯公民的个人数据必须首先在俄罗斯数据库("主数据库")中"记录、系统化、累积、存储、修改、更新和检索",但随后可以转移到俄罗斯以外的其他数据库。例如,这种个人数据的二级或并行数据库可用于备份目的。同时,指南要求,国外可用的二级数据库不应具有俄罗斯主要数据库中没有存储的信息,换句话说,俄罗斯的主数据库应当含有最新、最全面的数据。

6.6.3.2   各方对本地化存储的态度

若企业要实现数据本地化存储,则常需要在目标服务地境内租赁或者设立新数据库,这会增加外国企业在境内开展业务的成本。因此,数据本地化存储对外国企业会造成一定的影响,俄罗斯对数据本地化存储的要求引发了许多互联网企业的争论,这些争论大致可梳理为两类:一类是主动遵守该要求并进行落实的苹果、易趣等企业,如苹果和莫斯科的 IXcellerate 公司进行了合作,苹果公司将俄罗斯用户的云端数据存储在 IXcellerate 公司的数据中心;另一类是反对该要求甚至以退出该国市场进行威胁的微软、谷歌等企业,如谷歌的工程技术部门已经退出俄罗斯。

6.6.3.3   本地化存储实施的现状

自 2015 年 9 月起,俄罗斯开始要求数据本地化存储后,俄罗斯联邦通信、信息技术和大众媒体监督局 Roskomnadzor 就对众多企业开展了一系列检查活动。综合数次的检查情况来看,多数企业都较好地遵守了数据本地化存储的规定。

该监督局在规定实施后,对 317 家企业进行了检查,发现其中只有 2 家企业不合规。2016 年该监督局的年度检查计划包括对微软、三星、惠普等企业进行检查。截至 2016 年 6 月,在该年度共计进行的六百余次检查中,有 45000 多家企业合规,仅有 4 家企业不合规。俄罗斯联邦通信、信息技术和大众媒体监督局 Roskomnadzor 已经对不合规的企业处以罚款,并责令其在 6 个月内改正。此外,该监督局还在 2016 年底对其他 900 余家企业进行检查。

整体来看,虽然俄罗斯在立法上严格要求企业将数据本地化存储,并进行了积极的监督检查，却在执法处罚力度上相对温和。一方面，根据美国信息技术产业理事会介绍，俄方检查机构通常只检查书面文件(如与当地服务器服务商签订的合同)，不检查服务商软硬件；另一方面，对于违反规定的企业，检查机构目前只是给予轻微罚款和限期改正的处罚。

6.7 中国香港特别行政区的跨境数据流动管理

近年来，中国香港特别行政区积极融入大湾区的建设，发挥自身独特优势，期待其在扮演国际金融中心、贸易中心、航运中心角色之外，还能早日成为大湾区的国际数据中心。

6.7.1 中国香港立法梳理

中国香港是亚洲中最早制定完整且全面的个人信息保障法律的司法管辖区，早在 1995 年就制定了《个人资料(私隐)条例》(以下简称《私隐条例》)。不过，香港特区政府的传统是以"循序渐进"的方式引入新的法律，一开始是轻描淡写，不采取严厉的惩罚措施，以便让受影响的实体有时间适应。中国香港在制定有关数据保护的法律时也完全符合这一传统。在最初的数据保护法律订立的二十余年后，《私隐条例》仍然是中国香港在数据保护方面唯一现行有效的法律，但有关数据跨境的第 33 条法规截止到 2022 年 2 月还没有实施。香港个人资料私隐专员公署(以下简称私隐公署)也公布了帮助资料使用者遵守此条例的实务守则和指引。需要注意的是，这些守则和指引都不具备法律效力。

6.7.1.1 中国香港数据保护的立法概况

1996 年起实施的香港法例第 486 章《私隐条例》是中国香港关于数据保护的主要立法，该法案旨在保障有关个人资料的隐私权，并监管数据控制者和处理者收集、持有、处理和适用数据的行为。《私隐条例》在 2012 年主要针对使用个人资料进行直接促销的现象进行了重大修订，而在 2021 年主要针对未经资料当事人同意而恶意公开其个人资料的行为进行了重大修订。

1)个人资料的定义

《私隐条例》没有使用中国内地常用的"个人数据"或"个人信息"的概念，而是采用了"个人资料"一词。根据定义条款，个人资料(personal data)指符合下列三项条件的任何资料：第一，直接或间接与一名在世的个人有关的；第二，从该资料直接或间接地确定有关的个人的身份是切实可行的；第三，该资料的存在形式是使查阅及处理均是切实可行的。另外，《私隐条例》中也未对个人信息这一概念进行细分，如敏感个人信息等。

2) 资料使用者和资料处理者

资料使用者(data user),指独自或联同其他人或与其他人共同控制该资料的收集、持有、处理或使用的人。《私隐条例》适用于资料使用者对个人资料的收集、持有、处理和使用,而不论收集或者处理是否发生在香港范围内,只要个人资料是由香港的使用主体控制便受到该条例的管辖。

资料处理者(data processor),为代另一人处理个人资料且不为该人本身目的而处理该资料。资料处理者一词在《私隐条例》整篇中仅在附表 1 中的保障资料原则二"个人资料的准确性及保留期间"中出现。此原则规定,如果资料使用者聘用(不论是在香港或香港以外聘用)资料处理者,该资料使用者必须采取合约规范方法或其他方法,防止转移给该资料处理者的个人资料保存时间超过处理该资料所需的时间。

3) 资料当事人权利

一是知情权。根据《私隐条例》附表的规定,资料当事人在被收集个人资料之前,应当被告知其是否有义务或凭自愿提供资料。此外,资料当事人有权知道资料当事人收集资料的目的和潜在受让人的类别。

二是访问权。根据《私隐条例》第 18(1)条,资料当事人有权提出正式的数据访问请求(data access request,DAR),要求资料使用者告知是否持有请求提出方作为资料当事人的个人资料;和提供任何此类数据的副本。《私隐条例》第 19 条进一步规定,在收到 DAR 后,资料使用者必须自收到之日的 40 天内向资料当事人提供所请求数据的副本。如果资料使用者无法满足资料当事人的要求,他们有义务在期限内向资料当事人发出书面通知,告知其拒绝的理由。否则,不遵守 DAR 将有可能构成犯罪。在此过程中,资料使用者为遵守 DAR 可以向资料当事人收取费用,但费用不应过高。资料使用者根据要求提供的个人资料的副本也应当在切实可行的范围内以适当的语言和清晰易懂的形式提供。

三是纠正权。根据《私隐条例》第 22 条,如果资料当事人随后发现其个人资料有任何不准确之处,他们可向资料使用者提出资料更正要求(data correction request,DCR)。除 22 条第 2 款及第 24 条另有规定外,如资料使用者也认同 DCR 所涉及的个人资料不准确,在收到该项要求后的 40 天内资料使用者须对该资料做出根据要求的更正,并向提出要求者提供经过改正后的该资料的副本一份。资料使用者在以下几种情况下可以拒绝根据 DCR 进行改正:第一,要求者提出的 DCR 中使用的语言不是中文或英文;第二,资料使用者不认同 DCR 涉及的个人资料是不准确的;第三,资料使用者没有收到足够的信息来确认涉及的个人资料是否真的为不准确的;第四,资料使用者没有收到足够的信息来确认要求者的身份,例如其是否为个人资料当事人或获得了当事人的授权的第三方;第五,资料使用者不认同 DCR 中要求的对个人资料的更正是正确的;第六,由于其他资料使用者的个人资料处理方式,导致收到 DCR 的资料使用者无法进行更正。

四是删除权。《私隐条例》没有明确规定删除权，但根据《私隐条例》附表的规定，所有资料使用者必须采取一切切实可行的步骤，确保个人数据的保存时间不会超过实现收集目的所需的时间。

4) 资料使用者义务

资料使用者的主要义务被规定在《私隐条例》附表 1 当中，具体而言有六大原则。

原则一规定，个人资料的收集应该是必要的、合法的和公平的，并且收集的资料不得超过收集目的。它还规定了资料使用者在收集资料时或收集之前必须向资料当事人提供的信息，包括使用资料的目的，资料可能被转移到的接收者，资料当事人是否有义务提供资料，如果有但不提供的后果。在首次使用收集到的资料之前，资料使用者还必须采取一切切实可行的步骤，明确告知资料当事人其访问和更正权，向资料使用者提出行使该权力要求时负责处理的负责人的姓名(或职称)以及地址。

原则二规定，资料使用者必须采取一切切实可行的步骤，以确保所收集的个人资料准确无误。

原则三规定，个人资料只能用于收集的原始目的或直接相关的目的。如资料使用者在收集资料后欲更改资料用途，须事先取得资料当事人的明示同意。

原则四规定，资料使用者采取一切切实可行的步骤来保护个人资料，以确保由资料使用者持有的个人资料(包括以不能切实可行地予以查阅或处理的形式存在的资料)不受未获准许的或意外的查阅、处理、删除、丧失或使用所影响。

原则五规定，资料使用者须采取所有切实可行的步骤，以确保任何人能了解资料使用者在个人资料方面的政策及实务，能知道资料使用者所持有的个人资料的种类以及能知道资料使用者持有的个人资料是为或将会为什么主要目的而使用的。

原则六规定，资料当事人有权确定资料使用者是否持有其个人资料，并具有相应的查阅权和更改权。

5) 处罚

根据《私隐条例》第 64A(1)条的规定，任何资料使用者无合理辩解而违反本条例下任何规定(除了第 64A(2)条的例外情况)，即属犯罪，一经定罪，可处第 3 级罚款，最高为 1 万港币。

此外，根据第 50 条的规定，私隐公署可在完成调查后向资料使用者发出执行通知。资料使用者违反执行通知，即属犯罪，一经首次定罪即可处第 5 级罚款，最高 5 万港币，及监禁 2 年。此外，如罪行在定罪后持续，可处每日 1000 港币罚款。一经再次定罪可处第 6 级罚款，最高 10 万港币，及监禁 2 年；如罪行在定罪后持续，可处每日 2000 港币罚款。

此外，资料使用者未经资料当事人同意，将资料当事人的个人资料用于直接促销，或未提供将要使用的个人资料种类等相关资料的，属违法行为，可处以罚款 50 万港币和 3 年监禁。如果资料使用者向第三方提供个人资料以获取利益，资料使用者也将被处以 100 万港币的罚款和 5 年的监禁。

值得注意的是,《私隐条例》中还明确规定精神损害也可以提起赔偿请求。

6.7.1.2 中国香港数据跨境流动的立法梳理

1.《个人资料(私隐)条例》第 33 条

《私隐条例》未对数据跨境转移做出明确定义,但私隐公署出台了有关个人资料跨境的《跨境资料转移中的个人资料保护指南》(以下简称《指南》),在该《指南》中对数据跨境转移做了定义:"将数据转移到香港以外的地方,通常表现为将个人资料从香港发送或者传输到另一个司法管辖区进行储存或者处理等行为。例如,通过快递、邮寄或电子方式发送包含个人数据的纸质或电子文件。"

《私隐条例》第 33 条是针对资料跨境传输的专门规定。第 33 条规定个人资料原则上不能被转移至香港之外,除非满足以下至少一条:

(1)个人资料私隐专员(为由香港的行政长官委任的私隐公署首长,以下简称专员)认为传输目的地有与《私隐条例》大体上相似或有已经生效的与《私隐条例》的目的相同的法律(第 33(2)(a)条)(可理解为香港的"白名单制度",与欧盟的充分性认定制度相似)。

(2)该资料输出者有合理理由相信在该地有与《私隐条例》大体上相似或有已经生效的与《私隐条例》的目的相同的法律(第 33(2)(b)条)(此条与上一条的重点区别为认定的主语不同,上一条是专员认定而此条为资料输出者认定)。

(3)有关的资料当事人已以书面同意该项移转(第 33(2)(c)条)。

(4)该资料输出者有合理理由相信在有关个案的所有情况下:①该项移转是为避免针对资料当事人的不利行动或减轻该行动的影响而做出的;②获取资料当事人对该项移转的书面同意不是切实可行的;③如获取书面同意是切实可行的,则资料当事人是会给予上述同意的(第 33(2)(d)条)。

(5)该资料凭借《私隐条例》第 8 部分豁免而不受保障资料原则三所管限(第 8部分下规定的豁免情况包括与资料当事人的身体健康或精神健康有关的,和未成年人的照顾及监护有关的,和香港法律程序有关的,危急处境相关的,用于统计及研究目的的,以及为了香港的安全、防卫或国际关系的目的、为预防犯罪等目的而被使用的个人资料等事由)(第 33(2)(e)条)。

(6)该使用者已采取所有合理的预防措施并已做出所有应尽的努力,以确保该资料不会在传输目的地以违反《条例》的方式收集、持有、处理或使用(第 33(2)(f)条)。

但是,自从 1995 年《私隐条例》被制订以来,第 33 条是条例中唯一一条尚未实施的条文(截至 2022 年 2 月)。因此,根据《私隐条例》最新修订版(2021 年 10月修订版),将个人资料转移出香港并无任何直接限制。不过需要注意的是,资料使用者在从事跨境转移个人资料的活动时,包括资料使用者在境外持有、处理或使用被转移的个人资料，仍然有义务遵守《私隐条例》的其他关于个人资料的规定。例如，上文中介绍过的《私隐条例》附件中的保障资料原则三规定，如无有关资料当事人的明示同意，个人资料不得用于新目的。因此，将个人资料转移出香港前，资料使用者需要保证跨境传输的目的必须与原来收集有关个人资料时的目的相同或直接相关，或者在不相关的情况下获得资料当事人的明示同意。此外，如果资料使用者授权了其他人士在境外对被转移的个人资料进行处理等活动，依据《私隐条例》第 65(2)条，被授权人士的行为将被视为资料使用者的行为，也会受到《私隐条例》的监管。

尽管香港在 2021 年 10 月 8 日刊宪公布了《2021 年个人资料(私隐)(修订)条例》，修订的部分并不涉及第 33 条或者其生效时间。对于第 33 条迟迟不生效的原因，政制及内地事务局局长谭志源在 2015 年的香港立法会会议上表示实施第 33 条需要多方面的准备，因为第 33 条下更严厉的规管将对不同界别的跨境资料转移活动造成范围广且大的影响。他指出，香港特区政府正在与私隐公署密切跟进有关工作，包括聘请有专业知识和背景的顾问研究资料使用者合规第 33 条而必须采用的措施、探讨其他司法管辖区在遵规和执法方面的相关做法、研究实施细节(例如检讨指明地方名单的安排)等。正如他所说，香港特区政府在 2016 年就第 33 条的实施聘请了顾问进行营商环境影响评估，而在两年后的 2018 年又聘请了一家国际性的律师事务所作为顾问提供相关意见。谭志源另表示，香港特区政府也在密切留意《指南》的实际执行情况及相关意见。准备工作的目的为确保实施第 33 条所必需的配套已经具备，在完成所有准备工作后，香港特区政府会考虑为条文订立生效日期。

除了上述对推迟生效的解释，香港个人资料私隐专员黄继儿律师在 2020 年 1 月举办的"大湾区数据互联互通与安全发展高峰论坛"的报告也提出了她的见解。该报告中提到，推迟实施第 33 条主要是因为"资料处理的数码化和企业经营的全球化加剧了在港经营企业对第 33 条的担忧"。具体而言，包括以下四方面的原因：①企业担忧第 33 条实施后将对其日常经营产生影响，例如对国际贸易和网上销售的影响；②中小企业对合规感到困难，例如缺乏资源和法律知识；③缺乏私隐公署对合规第 33 条的细节指导(尽管私隐公署已经公布了《指南》作为指导，但香港企业根据该《指南》内容已提出了更多实际合规过程中可能的忧虑，例如其缺乏监控外国接收方是否合规的资源等问题)；④企业实施合规措施需要更多的时间。由此可见，中国香港作为国际经贸交往的中心和国际数据中心，在港企业对于数据自由流动具有较高的需求。因此，香港地区数据保护和数据自由流动之间的矛盾格外突出，如何在二者之间做出平衡是香港立法者当前面临的艰难抉择。

2.　《跨境资料转移中的个人资料保护指南》

1)对第 33 条适用范围的澄清

《指南》是私隐公署公布的专门针对跨境资料转移中资料使用者义务所提供的

实务性合规指引。虽然《私隐条例》第 33 条关于跨境资料转移的规定截至 2022 年 2 月尚未生效，但这一指南是为第 33 条的实施作准备，它帮助资料使用者认识到，第 33 条生效后在资料的跨境转移中需要承担的责任。不论第 33 条何时实施，私隐公署鼓励资料使用者采用指南中所建议的实务行事方式，作为企业管治责任的一部分。

关于第 33 条的适用范围，《指南》中特别提到，资料使用者将个人资料处理工作外派及委托给其代理人的趋势日益普遍。如资料使用者聘用资料处理者代表资料使用者在香港以外地方处理个人资料，资料使用者必须采取订立合同或其他方法，以防止资料被转移给资料处理者后的保存时间超过处理该资料所需的时间，并防止未经授权或意外地查阅、处理、删除、遗失或使用转移给资料处理者处理的资料，例如：资料使用者将客户的个人资料转交位于香港以外的承办商以便用于直接电话促销，然而在使用个人资料作直接促销时，仍须遵守《私隐条例》的规定，资料使用者仍须为其代理人根据第 65 条获授权而做出的行为负责。

在上述聘用第三方服务提供者的例子中，资料使用者"有意识地"聘用了外界人士处理个人资料，而有关过程涉及资料转移到香港以外的地方。资料使用者对资料当事人负有个人资料的保护责任，有义务确保第三方服务提供者不会在违背第 33 条的情况下，在香港以外的地方从事储存或处理个人资料。

但当一个位于香港的个人或实体转移个人资料，由互联网路由经过香港以外的地方，但仍然是转移给同样位于香港的接收者，并不属于第 33 条管辖的范畴。然而，如果目标收件人位于香港以外，则需要遵守第 33 条的规定，例如：一个跨国公司在位于香港的内部服务器中储存个人数据，但其在香港以外的办事处工作的雇员被允许下载个人数据，这被视为属于第 33 条规制的范围。

2) 对第 33 (2) 条的说明

关于第 33 条所提的满足条件才能跨境输出个人资料，《指南》中做了进一步的说明。

第一，第 33 (2) (b) 条关于资料输出者有合理理由相信传输目的地有"与本条例基本相似或具有相同目的的任何法律"生效，这一例外情况主要是针对未经专员评估的司法管辖区，而非经专员审查并认定不足以列入白名单的司法管辖区。

如果个人资料的传输目的地不在专员的白名单上，资料使用者仍可把个人资料转移到香港以外的地方，只要他们有合理理由相信该地方有"任何与条例实质上相似或目的相同"的法律。为满足这项规定，资料使用者应自行对拟定接收者所在地的资料保障制度进行专业评估和评价。有关评估应考虑多项因素，包括资料私隐制度的适用范围、条例中是否有相等的保障资料原则条文、资料当事人的权利及救济方法、遵守程度及资料转移限制。单纯的主观的信任并不充分，资料使用者必须能够证明其相信是合理的。资料使用者在评估时可以参考专员在编制白名单时所采用的方法。

第二，第33(2)(c)规定，如果资料当事人书面同意转移，资料使用者可以将个人资料转移到香港以外的地方。《指南》中明确，这种同意需要以书面形式明确和自愿地做出，并且没有被撤回。对于资料使用者来说，取得同意是一项更严苛的要求，因为给予同意表明资料当事人同意其个人资料被送往一个个人资料保护水平不确定及可能不合标准的地方。资料当事人应被告知转移个人资料的目的和做出这种同意的后果，即个人资料被转移到另一个地方后，可能受到较低标准的保护。

为了取得资料当事人对转移的书面同意，资料使用者应首先向资料当事人提供有关其个人资料将被转移到哪些地方的信息。这些信息应以容易理解和可读的方式呈现，并在明显的地方提供。

第三，33(2)(d)中规定，资料使用者可把个人资料转移到香港以外的地方，如果其有合理的理由相信该转移是为了避免或减轻对资料当事人的不利行动。这一例外适用于特殊情况，即为保护资料当事人之利益而必须进行的转移，而资料使用者在转移前获得资料当事人的书面同意是不可行的。例如，为履行资料当事人为一方的合同而必须转移个人数据，如果不进行转移，资料当事人将遭受重大经济损失。这一豁免的适用范围很窄。资料使用者必须证明他们的相信是合理的，并提供相关的事实情况。

第四，第33(2)(f)条中还规定了一种可以进行跨境传输的方法，即资料使用者已采取所有合理的预防措施和尽职调查，并做出所有应尽的努力，以确保有关的个人资料获得等同于条例所规定的保障。《指南》中通过举例表明，在转让双方之间签订可执行的合同是满足这一例外情况的方法之一。《指南》在附件中提供了一套资料传输条款的范本合约，以协助资料使用者以合约形式来遵守有关规定。私隐公署表示这些条款的制订是依据欧洲理事会、欧洲共同体委员会，以及国际商会联合制定的协议。希望根据第32(2)(f)条进行跨境转移个人资料的各方可以将这些条款列入跨境资料转移协议。范本中的核心条款中涵盖了转让方的义务、受让方的义务、责任和赔偿、争端的解决以及终止协议的情况。范本的附表是一份转让的说明，需要作为协议的一部分由各方填写，主要要求简要说明转让方及受让方和转让有关的活动、所转移的个人资料涉及的资料当事人种类、转让的目的、数据的类别、受益人、受让方将采取的安保措施和受让方将采取的非合同措施和审计机制。范本还提供了补充条款的清单，包括第三方权利和受让人的额外义务的条款，但是私隐公署表示没有这些补充条款也不会使数据转移协议不足以满足第33(2)(f)条。跨境传输者可以根据自己的商业需求对条款进行修改或补充，包括把这些条款加入像外包协议一样更广泛的协议或者改变为多方协议。这一示范条款范本仅是建议，并非强制。

如果是发生在集团内部的跨境转移，那么资料使用者应当实施足够的内部保障措施和政策，这一情形类似于欧盟《通用数据保护条例》(GDPR)中的约束性的公司规则(BCR)。但截至 2022 年 2 月，私隐公署尚未出台相应的范本或指南以明确"内部保障措施和政策"的具体内容。

3. 港澳地区的数据跨境立法对比

与中国内地不同，中国香港、澳门地区在数据保护上各有不同的立法，关于数据跨境流动的法律规定也不尽相同。

澳门与香港地区的数据跨境流动立法，明确规定了在特定的情况下方可进行个人资料跨境转移。两地的法规对比如表 6.8 所示。

表 6.8　中国香港与中国澳门的个人资料跨境转移法规对比

可以跨境转移的情况	香港《私隐条例》	澳门《澳门个资法》	区别对比
"白名单"制度	第 33(2)(a) 条：个人资料私隐专员认为传输目的地有与《私隐条例》大体上相似或有已生效的与《私隐条例》的目的相同的法律。	第 19 条：遵守本法律规定，且由公共当局确认接收转移资料当地的法律体系能确保适当的保护程度的情况下，方可将个人资料转移到特区以外的地方。	澳门要求除了接收方在白名单上以外，还明确要求遵守《澳门个资法》后方可传输。
资料输出者自己做出充分性认定	第 33(2)(b) 条：该资料输出者有合理理由相信在该地有与《私隐条例》大体上相似或有已经生效的与《私隐条例》的目的相同的法律。	N/A	在澳门，只能政府机构拥有做出充分性认定的权利。而香港下放了此权利，只要资料输出者自己认定接收地能提供充分的法律保护，就可以转移。
明确同意	第 33(2)(c) 条：有关的资料当事人已以书面同意该项移转。	第 20 条　一：当资料当事人明确同意转移，经对公共当局做出通知后，方可转移。	香港要求书面同意，而澳门强调同意以外还需对公共当局做出通知。
为了资料当事人的利益	第 33(2)(d) 条：该资料输出者有合理理由相信在有关个案的所有情况下：(i) 该项移转是为避免针对资料当事人的不利行动或减轻该等行动的影响而做出的；(ii) 获取资料当事人对该项移转的书面同意不是切实可行的；及 (iii) 如获取书面同意是切实可行的，则资料当事人是会给予上述同意的。	第 20 条　一：符合以下一项情况，且对公共当局做出通知后，方可转移：(一) 转移是执行资料当事人和负责处理个人资料的实体间的合同所必需，或是应资料当事人要求执行订定合同的预先措施所必需者；(二) 转移是执行或订定一份合同所必需，而该合同是为了资料当事人的利益由负责处理个人资料的实体和第三人之间所订立或将要订立者；(四) 转移是保护资料当事人的重大利益所必需者。	香港的规定的"不利行动"的范围较为宽泛，而澳门明确了两种合同相关的情景以及保护资料当事人重大利益的情形下方能转移。此外，澳门监管更严格，即使符合情况也必须向公共当局做出通知。

续表

可以跨境转移的情况	香港《私隐条例》	澳门《澳门个资法》	区别对比
公开登记后	N/A	第20条 一、（五）：转移自做出公开登记后进行。根据法律或行政法规,该登记是为公众资讯和可供一般公众或证明有正当利益的人公开查询使用者,只要在具体情况下遵守上述法律或行政法规订定的查询条件,且对公共当局做出通知后方可转移。	澳门单独规定了个人资料公开登记后的转移情况,而在香港无论公开与否都需遵守一样的转移规定。
公共利益	第33(2)(e)条:该资料凭借《私隐条例》第8部豁免而不受保障资料原则三所管限(豁免包括与资料当事人的健康有关,和未成年人的照顾及监管有关,和香港法律程序有关,危及处境相关,以及为了香港的安全、防卫或国际关系的目的而被使用的个人资料等事由)。	第20条 一、（三）：转移是保护一重要的公共利益,或是在司法诉讼中宣告、行使或维护一权利所必需的或法律所要求者,经对公共当局做出通知后,方可转移。	此条本质相同,澳门唯一要求额外对公共当局做出通知。
采取适当性措施	第33(2)(f)条:该使用者已采取所有合理的预防措施并已做出所有应尽的努力,以确保该资料不会在传输目的地以违反《私隐条例》的方式使用。	第20条 二：只要负责处理资料的实体确保有足够的保障他人的私人生活、基本权利和自由的机制,尤其透过适当的合同条款确保这些权利的行使,方可转移。	此条本质一样,都是在资料传输者采取了额外的适当性保护措施后可以进行转移。

综上所述,香港和澳门关于跨境资料流动的法规更为严格和健全,明确规定了可以进行跨境传输的情况。港澳两者的规定基本上一致,澳门的要求略高,和香港的主要不同是澳门规定公共当局才有认定白名单地区的权利,且在白名单以外的几种情形中都要求先通知公共当局后才能转移。

需要注意的是,以上讨论仅为对比法规,实际上香港关于跨境资料流动的第33条截止到2022年2月尚未生效。因此,如果对比现行有效的监管机制,澳门最为健全,香港则完全没有已实施的跨境传输法规和监管。

6.7.2 中国香港跨境资料流动限制的机构

私隐公署是执行数据保护相关法律的主要机构,负责监督《私隐条例》的执行。正如其网站所述,其主要职责是"通过促进和监督对《私隐条例》的遵守情况,保护资料当事人在个人资料方面的隐私"[46]。

根据《私隐条例》的规定,当私隐公署收到投诉或其有合理理由相信资料使用者已经或正在实施的涉及个人资料的行为可能违反《私隐条例》的规定,私隐公署专员必须对有关的资料使用者进行调查，以确定在有关的投诉中指明的行为或其怀疑的行为是否违反《私隐条例》下的规定。

6.7.3 中国香港数据保护特色

中国香港特区的跨境流动规定结合了合理限制与自由流动原则。香港的合理限制原则体现在香港的跨境传输规定与欧盟的 GDPR 大方向上是相同的。首先，和欧盟的 GDPR 中规定的一样，在《私隐条例》第 33 条正式实施后，香港便拥有接收国家及地区的白名单制度。其次，与 GDPR 一样，香港的个人资料传输者可以在基于合理且适当的额外保护措施来进行跨境传输。

香港的自由流动原则体现在两个方面。首先，与 GDPR 不同，香港跨境流动法规的一大特色在于香港的资料使用者可以自己判断接收目的地是否符合白名单要求，因此未经资料私隐专员评估的地区也可以被认定为具备了与香港相当的数据保护水平。其次，符合一定数据保护条件的地区，经私隐公署或资料使用者的评估都可以实现数据跨境自由流动。

此外，香港的数据跨境立法相比 GDPR 略微粗糙，只把握了大方向，缺少对实施细节的规定和指导。例如《指南》只提及在集团内部传输应实施足够的内部保障措施和政策，这与欧盟的 BCR 很相似，但并没有对具体的措施和政策做出举例、解释或规定。自 2015 年香港再次推迟实施第 33 条后，世界范围内逐渐掀起重视数据保护的立法浪潮。不论是相较于中国内地和欧盟的相关法律，还是更具有可比性的澳门地区的相关法律，香港的《私隐条例》由于制定时间早，在保护范围、资料当事人权利、处罚措施等方面的规定尚有空白。例如，在《私隐条例》的 2021 年修订版中，仍然没有敏感个人信息的概念，也因此缺乏相应的对敏感个人信息的更严格的保护规定。同样在 2021 年修订版中，仍然没有对个人资料泄露事件的强制通报要求。2018 年，香港国泰航空全球 940 万名乘客的个人资料被未经授权而受到第三方的取阅，即使国泰航空在发生如此严重的数据泄露事故后五个月才通报，依据《私隐条例》也无法对国泰航空进行任何惩罚。在事件后，尽管香港特区政府表示会研究在《私隐条例》中增设强制通报机制，但在 2021 年正式的修订版中还是未见强制通报机制。在同一事件中，英国的反应却截然不同，因外泄的乘客资料中还包括了11.16 万英国人的个人资料，英国信息专员办公室对国泰航空罚款 50 万英镑，约等于 450 万人民币。

目前中国香港还未制定针对重要数据的跨境流动制度。值得注意的是，虽未对重要数据做出特别限制，但香港对于本地数据保护非常重视，这也是能够与他国实现数据跨境往来的基础。只有在本国或者地区制定并执行了充分的数据保护标准，才可被他国所认可并作为数据自由入境地[47]。

参 考 文 献

[1] GIR. Data privacy & transfer in investigations: Singapore. https://globalinvestigationsreview.com/insight/know-how/data-privacy-and-transfer-in-investigations/report/singapore. 2021.

[2] Chong K L. Singapore - Data protection overview. https://www.dataguidance.com/notes/singapore-data-protection-overview. 2017.

[3] Singapore PDPC. Advisory guidelines on key concepts in The Personal Data Protection Act. https://www.pdpc.gov.sg/-/media/Files/PDPC/PDF-Files/Advisory-Guidelines/AG-on-Key-Concepts/Advisory-Guidelines-on-Key-Concepts-in-the-PDPA-17-May-2022.ashx?la=en. 2022.

[4] 個人情報保護委員会. 個人情報保護に関する法律・ガイドライン等の体系イメージ. https://www.ppc.go.jp/files/pdf/personal_framework.pdf. 2022.

[5] 弦巻充樹. 日本个人信息利用与跨境转移制. https://www.kwm.com/zh/cn/knowledge/insights/japan-personal-information-utilization-20210207. 2021.

[6] Hounslow D. Japan data protection overview. https://www.dataguidance.com/notes/japan-data-protection-overview. 2020.

[7] 石月. 新形势下的跨境数据流动管理. 电信网技术, 2016(04): 48-50.

[8] 個人情報保護委員会. オプトアウト規定により第三者に提供できる個人データの限定；オプトアウト届出等事項の追加・個人データの提供をやめた場合の届出. https://www.ppc.go.jp/files/pdf/revised_optout_overview.pdf. 2021.

[9] DLA Piper. Data protection laws of the world: Breach notification. https://www.dlapiperdataprotection.com/index.html?t=breach-notification&c=Jp. 2021.

[10] 橋詰. LINE のプライバシーポリシーは何が不足していたのか—外国企業への委託で取得すべき同意. https://www.cloudsign.jp/media/20210324-itaku-line/. 2021.

[11] 李墨丝. 欧美日跨境数据流动规则的博弈与合作. 国际贸易, 2021(2): 82-88.

[12] 陈海彬, 王诺亚. 日本跨境数据流动治理研究. 情报理论与实践, 2021(12): 197-204.

[13] KHIMA. 공지사항: 일반 | 개인정보보호법 일부개정법률 공포 안내(제 16930 호, 시행 2020.8.5). https://www.khima.or.kr/board/board.php?bo_table=01notice&wr_id=1398&sca=%EC%9D%BC%EB%B0%98. 2020.

[14] CaseNote. 헌법재판소선고 99 헌마 513,2004 헌마 190(병합) 전원재판부 [주민등록법제 17 조의 8 등위헌확인등] [헌집 17-1, 668]. https://casenote.kr/%ED%97%8C%EB%B2%95%EC%9E%AC%ED%8C%90%EC%86%8C/99%ED%97%8C%EB%A7%88513. 2005.

[15] Lee S W. Protection of employees personal information and privacy at a crossroads in Korea. https://www.jil.go.jp/english/reports/documents/jilpt-reports/no.14_korea.pdf. 2014.

[16] 杨婕. 域外观察|个人信息保护|韩国一年内第三次修订《个人信息保护法》. https://mp.weixin.qq.com/s?src=11&timestamp=1665287653&ver=4093&signature=Wrx*u7ZWk

NRtEW-Qxgdlf3UcXV-MKC09g*L2Ed0hi1J7Ugts2nnLDdHSyZPhGiGrM0zpStLfD7rY8eg-3Nb
HqeV36hNM3nyMInda8oU8igLpM8*aaeAs58PSXdRQJAtH&new=1. 2021.

[17] Personal Information Protection Commission. Korea-EU Joint Press Statement on adopting the adequacy decision. https://www.pipc.go.kr/eng/user/ltn/new/noticeDetail.do?nttId=1782. 2021.

[18] Korea Law. 정보통신망 이용촉진 및 정보보호 등에 관한 법률. https://www.law.go.kr/LSW/lsStmdInfoP.do?lsiSeq=232619&ancYnChk=0. 2021.

[19] Korea Law. 신용정보의 이용 및 보호에 관한 법률. https://www.law.go.kr/LSW/lsStmdInfoP.do?lsiSeq=225061&ancYnChk=0. 2021.

[20] 匡梅. 跨境数据法律规制的主权壁垒与对策. 华中科技大学学报(社会科学版), 2021, 35(02): 96-105.

[21] 阿里巴巴数据安全研究中心, 上海赛博网络安全产业创新研究院, 上海社会科学院互联网研究中心. 全球数据跨境流动政策与中国战略研究. http://www.sicsi.net/Upload/ueditor_file/ueditor/20200217/1581933527865681.pdf. 2019.

[22] USTR. The Office of the United States Trade Representative (USTR): Trade Agreements>Free Trade>Agreements>KORUS FTA>Final Text. https://ustr.gov/trade-agreements/free-trade-agreements/korus-fta/final-text. 2019.

[23] European Commission. Joint Statement by Commissioner Reynders and Yoon Jong In, Chairperson of the Personal Information Protection Commission of the Republic of Korea. https://ec.europa.eu/commission/presscorner/detail/en/statement_21_1506. 2021.

[24] European Commission. Data protection: European Commission launches the process towards adoption of the adequacy decision for the Republic of Korea. https://ec.europa.eu/commission/presscorner/detail/en/IP_21_2964. 2021.

[25] 唐鑫. 韩国政府：RCEP 明年 2 月 1 日起对韩正式生效. 2021. https://www.thepaper.cn/newsDetail_forward_15713933.

[26] 牛哲莉. 个人数据跨境流动——中日韩合作规制进路探析. 山东科技大学学报(社会科学版), 2021, 23(04): 55-63.

[27] Personal Information Protection Commission. PIPC Organization chart. https://www.pipc.go.kr/eng/user/itc/org/organizationChart.do. 2020.

[28] 驻韩国经商处. 韩国国会通过"数据三法". http://yzs.mofcom.gov.cn/article/ztxx/202001/20200102930001.shtml. 2020.

[29] 卡内基国际和平基金会, 上海社会科学院新闻研究所, 郑乐锋. 韩国数据治理方式: 世界在线率最高国家如何打造第三条道路(译文). 信息安全与通信保密, 2021 (12): 45-53.

[30] 史晶源, 赖雨晨. 印度个人数据保护法案立法进程受疫情影响延迟, 出海企业仍需密切关注其影响. https://mp.weixin.qq.com/s/1iKV-nVWdUOqnTN6uOakpA. 2020.

[31] Cory N. Comments on India's Draft National E-Commerce Policy. https://itif.org/publications/

2019/03/08/comments-indias-draft-national-e-commerce-policy. 2019.

[32] 红数位.印度将发布第一份最严数据保护法案,最高罚款可达 1400 多万元人民币. https://mp.weixin.qq.com/s/FD8hL9mPgzAi0b17rHpTng. 2020.

[33] 胡文华,孔华锋.印度数据本地化与跨境流动立法实践研究.计算机应用与软件, 2019, 36(08): 306-310.

[34] 中金网. ESMA 称脱欧过渡期期间欧盟法律仍然适用英国公司. https://baijiahao.baidu.com/s?id=1657493832313858063&wfr=spider&for=pc. 2020.

[35] 维基百科.英欧贸易合作协定. https://zh.wikipedia.org/wiki/%E8%8B%B1%E6%AC%A7%E8%B4%B8%E6%98%93%E5%90%88%E4%BD%9C%E5%8D%8F%E5%AE%9A. 2021.

[36] Objectivus. Data protection & the UK and EU Trade and Cooperation Agreement. https://objectivus.com/data-protection-and-the-uk-and-eu-trade-and-cooperation-agreement. 2021.

[37] Renfree R. EU-UK Trade and Cooperation Agreement: data protection and related aspects. https://www.mills-reeve.com/insights/publications/eu-and-uk-data-protection-direct-marketing-and-cyb. 2020.

[38] Legislation.gov.uk. Data Protection Act 2018. https://www.legislation.gov.uk/ukpga/2018/12/part/3/enacted. 2018.

[39] 李重照,黄璜.英国政府数据治理的政策与治理结构.电子政务, 2019(01): 20-31.

[40] Fenk E. EDPB requires improvements to adequacy decision for the United Kingdom. https://www.activemind.legal/gb/guides/edpb-adequacy-decision-uk/.2021.

[41] ComplianceHome. What countries is GDPR applicable in. https://www.compliancehome.com/gdpr-countries/.2018.

[42] 连雪晴.人工智能时代美国个人数据保护研究.上海法学研究, 2021(06): 142-162.

[43] 周念利,李金东.俄罗斯出台的与贸易相关的数据流动限制性措施研究——兼谈对中国的启示.国际商务研究, 2020, 41(03): 85-96.

[44] 何波.俄罗斯跨境数据流动立法规则与执法实践[J].大数据, 2016, 2(06): 129-134.

[45] 洪延青.俄罗斯数据本地化和跨境流动条款解析. https://www.secrss.com/articles/5801. 2018.

[46] 香港个人资料私隐专员公署.公署的职能. https://www.pcpd.org.hk/scindex.html. 2021.

[47] 李晶,张靖辰.双循环格局下中国数据跨境制度创新研究.中国发展, 2021, 21(01): 41-47.

第7章

我国数据跨境流动管理制度的分析与思考

目前，我国已经通过《中华人民共和国民法典》（以下简称《民法典》）、《中华人民共和国网络安全法》（以下简称《网络安全法》）、《中华人民共和国数据安全法》（以下简称《数据安全法》）、《中华人民共和国个人信息保护法》（以下简称《个人信息保护法》），构建了具有中国特色、符合中国国情、顺应国际立法趋势的数据跨境流动规制与保护框架。从法律角度实现了保护个人信息与国家安全利益并举，从实践角度基本平衡了数据自由流动与数据本地化存储两种趋势，从法理角度深入探讨了数据处理者和数据存储地的标准，在推动数据跨境流动国际立法方面做出了应有贡献。因此，本章从立法价值、实践基础与效果、学术研究与国际化多角度分析我国现有的数据流动法律保护体系，揭示我国对数据跨境流动的基本态度与立法趋势。

在国际数据跨境流动的宏观背景下，我国一方面仍需审视、借鉴他国立法，对我国现有立法查漏补缺，在数据自由流动与本地化存储之间做到宽严相济；另一方面，数据跨境流动势必推动国家和地区间的数据流动合作，国内立法是否能与国际接轨、是否能被其他国家和地区所理解、接受，以及如何在与国际接轨中坚守国家安全，从长远角度看对数据跨境流动具有格外重要的现实意义，也是数据跨境流动的最大价值所在。因此，在维护国家安全和保护数据安全的基础上，坚持发展和安全并重，构建先进、便捷、普适的数据跨境流动制度就是当务之急。我国立法已明确了重要数据和一定数量的个人信息须通过安全评估开展数据出境活动，未达到一定数量的个人信息通过认证、标准合同等方式开展数据出境活动，这一规则模型符合主要国家和地区的数据出境方式，具有可操作性和科学性。我国目前正式出台了《数据出境安全评估办法》（以下简称《评估办法》）、《个人信息出境标准合同办法》和《个人信息保护认证实施规则》，从立法视角看，势必将推动我国数据跨境流动的制度规则更加清晰完善。

7.1 我国数据跨境流动领域立法

通过近几年的积极探索，我国在数据出境安全管理立法和管理体系建设方面已初见成效，监管部门职责分工基本明确、监管法律体系基本建立、数据出境安全管理制度框架基本成型，但在具体实施方面仍有待完善。

7.1.1 《民法典》

7.1.1.1 《民法典》关于数据保护的出台背景

为回应大数据时代下对数据的保护需求，2020 年 5 月 28 日颁布的《民法典》在第 111 条中明确申明对个人信息保护的特别规定，即"自然人的个人信息受法律保护。任何组织或者个人需要获取他人个人信息的，应当依法取得并确保信息安全，不得非法收集、使用、加工、传输他人个人信息，不得非法买卖、提供或者公开他人个人信息"。这一规定对此前散见于《中华人民共和国刑法》《中华人民共和国侵权责任法》《中华人民共和国消费者权益保护法》《网络安全法》和《全国人民代表大会常务委员会关于加强网络信息保护的决定》等法律规范中的个人信息保护规定进行了阶段性汇总，也将个人信息保护提升到全新高度。

但《民法典》仅申明"自然人的个人信息受法律保护"，而并未像前款"隐私权"一样，将个人信息保护作权利化处理[1]。因此可以看出，《民法典》对于个人信息的保护仍旧有所保留。《民法典》采用上述处理方式的用意主要在于：其一，信息权作为一类新型权利，其范畴与定位至今都存有较大争论，因此不宜在《民法典》中过早框定，而应交由专门的个人信息保护法处理；其二，如果将个人信息予以权利化处理，在此项权利边界未明的情况下，容易导致个人信息独占，从而影响数据流动。

尽管未将个人信息予以权利化处理，但《民法典》已搭建起个人信息保护的基本制度框架，包括个人信息的界定、处理个人信息的原则要件、信息主体与信息处理者之间的权利义务关系等。虽然《民法典》的规定仅限于个人信息保护，但仍能看出我国对于数据保护的重视程度。尤其值得一提的是，因为《民法典》在第 111 条指出，个人信息保护指向"任何组织与个人"，"任何组织或者个人需要获取他人个人信息的，应当依法取得并确保信息安全，不得非法收集、使用、加工、传输他人个人信息，不得非法买卖、提供或者公开他人个人信息"，此处的"任何组织或者个人"当然包含国家公权机关，故《民法典》虽然是私权的汇总，却同样纳入了对个人信息的公法保护[2]。从这个意义上说，上述规定填补了此前我国法制整体对于个人信息公法保护的缺漏。

7.1.1.2　保护规则

从我国既有实践看，如果说最初国家利用指纹采集、身份登记、视频监控、实名注册等数据处理技术，所欲追求的只是在城市化疾速发展背景下，保障社会稳定、打击犯罪、强化治安等目的，那么现在的数据处理技术早已使数据跃升为国家基础性战略资源，大数据发展也成为国家发展战略的重要构成[3]。《民法典》为个人信息处理规则做出了明确指引，纳入了合法正当、必要（比例）、有限使用、知情同意、目的明确与目的限制等数据法的核心原则，这些规则同样适用于数据跨境流动。下文就对这些原则做简要介绍。

1. 合法正当

"合法正当"原则既针对数据收集和处理的目的，也针对数据收集和处理运用的手段。这一要求除规定于《民法典》第 1035 条第 1 款中，"处理个人信息的，应当遵循合法、正当、必要原则"，还在本款第 4 项中被强调，处理个人信息应"不违反法律、行政法规的规定和双方的约定"。此外，在《个人信息保护法》第 13 条中同样包含了更细致的国家机关处理和利用个人信息的"合法正当"说明。合法正当原则的纳入以及正当理由的列举也排除了自《网络安全法》生效以来，"知情同意"作为信息收集唯一合法性基础的操作准则。

2. 目的明确与目的限制

"目的明确与目的限制"一直也是数据保护的核心原则。这一原则首先要求数据控制者明确收集、使用个人信息的目的，禁止其为未来不特定的目的考虑收集、使用个人信息；其次则是约束信息控制者对信息的使用受所明示的目的限制，而不得将所搜集的信息作法定目的外使用[4]。

目的明确与目的限制在适用于国家和私人主体上并无明显差异，但这一原则在数据实践中却常常被国家公权机关突破。以此次抗疫为例，尽管 2020 年中共中央网络安全和信息化委员会办公室印发的《关于做好个人信息保护利用大数据支撑联防联控工作的通知》中强调，"为疫情防控、疾病防治收集的个人信息，不得用于其他用途"，但从各地的健康码的使用情况来看，却都存在不同程度上超越最初的目的设定而被逐渐泛化使用的趋向。一些地方政府甚至将简单的健康评价与公众本应享有的公共服务建立关联，并将其作为是否对相对人予以赋权或设限的依据，这显然背离了目的限制的基本要求。避免上述做法的首要手段在于，应尽可能禁止公权机关使用模糊、宽泛的词语表述其约定目的，进而为其未来扩大收集和使用个人信息提供可能。以欧盟 GDPR 为鉴，其在规定目的明确时专门设定了三项判定基准：其一，特定（specified），所谓特定即目的应当在不迟于收集个人信息时确定下来，而且对目的的描述必须提供足够的细节，使之具有辨识度；其二，明确（explicit），即目的特定化后，还应当明白无误地展现出来，应尽力确保信息主体、信息控制主体以及利用个人信息的第三方都能够对该目的具有一致理解[5]；其三，合法（legitimate），即公权机关对个人信息的处理必须公平且依法进行，不得以非法目的收集个人信息[6]。这种对于"目的明确"的细致要求在很大程度上避免了放任目的的空泛化。

3. 知情同意

在欧盟和德国有关信息权的保护框架下，信息权被视为人格权的延伸，是基于个人自治对个人信息的自我控制，因此，"知情同意"一直被作为信息收集和处理的首要法则，这一原则确保了信息主体对于个人信息收集和使用过程的完全知情和充分参与，也体现了个人对于信息的自决与控制。

欧盟早在 1995 年的《95 指令》中就将"数据主体同意"视为个人数据处理取得合法性的首要基础，而且"同意要求"的广泛存在，不仅及于作为数据控制者的私人机构，也及于公共机构；不仅及于对数据的采集，也及于对数据的传播、加工或其他处理行为。但将"知情同意"作为数据处理的首要法则，并贯穿于数据采集处理的全部过程，势必会抬高数据处理门槛，阻碍数据自由流通。从研究现状看，对知情同意原则的反思与改进一直都是数据法的重点，其目标也基本积聚于如何破除数据实践中知情同意的简单化、概括化与机械化偏差，并在提升这一原则的有效性之余，同样为信息流通和再利用预留空间。

4. 比例原则与数据最小化

个人信息是指具有个体联系性和识别性的信息符号的总和[7]。个人信息并非为个人所独占，在个人数据之上同时承载了个人利益、社会利益和公共利益：对个人信息的保护，也不能放弃数据流通的目的，而两者的平衡又须在对个人利益、他人利益、企业利益、市场利益和公共利益全面权衡的基础上实现。很多时候，为了满足公共利益的保护需求，个人都须让渡其部分乃至全部的信息权利。但依据基本权利教义，基于公共利益而对个人权利的克减又必须遵守限度、合乎比例，否则就会造成对此种权利的彻底否定和排除。法律必须根据个人信息的类型、处理方式、利用目的等因素的不同，为个人信息的处理规则设定例外和限制条件，对个人信息权与公共利益的关系进行分析和平衡。

欧盟主要采用比例原则来处理个人数据权与公共利益之间的冲突。欧盟 GDPR第 5 条规定的"个人数据应充分、相关及以个人数据处理目的之必要为限度进行处理"正是比例原则。这一原则在数据法领域又常被总结为"数据最小化"原则，也同样被纳入我国《民法典》中。

比例原则和数据最小化原则首先强调的是在数据收集方面的"有限原则"，即"无必要不收集"；其次还旨在防堵数据控制者对于所收集数据的深度分析和过度使用。本质上，比例原则和前文所说的数据战略中所倡导的"数尽其用"之间存在根本性矛盾。就数据库本身而言，其天然具有自我膨胀的本能，而且数据信息和数据资料越详尽越全面，其价值也会越高。因为数据与个人之间的匹配度越高，其所包裹的利益就越大。因此，无论是作为数据控制者的公权机关还是私主体，都会存在过度收集和深度分析数据的趋向。在私法领域，对数据的过度收集和深度分析，会导致个人因数据人格被贬损而彻底客体化；在公法领域，如果对于政府收集和分析数据的行为不加限度限制，也很容易就引发政府通过对数据的广泛采集和深度分析，而对人群进行"数据监控"。这种数据监控不仅会造成公民生活的透明化，会屏蔽异见和反对声音，也会诱使政府根据数据对人群进行"数据歧视"和"数据操控"。此外，数据的大量聚集，亦会为数据安全带来隐患，这些因素都成为比例原则发生作用的原因。

7.1.2 《网络安全法》

7.1.2.1 《网络安全法》的出台背景

2016年11月7日，《网络安全法》经三次审议后于十二届全国人大常委会第24次会议正式通过，2017年6月1日开始施行。《网络安全法》共包括七章，共计七十九条，其首次对网络安全等级保护制度、关键信息基础设施保护和用户个人信息保护制度从法律层面进行了规定。其中，限制个人信息、关键信息基础设施的数据跨境传输自公布以来一直受到广泛关注[8]。《网络安全法》系首次从国家法律层面限制数据的跨境传输。

《网络安全法》立法进程可谓一直在加速前进。2015年6月，全国人大常委会对草案进行了初次审议，并在接下来一个月完成了草案的意见征集。仅一年后，全国人大常委会进行了第二次审议，从2015年6月草案一审到最终审议通过，历时仅一年半左右时间。在三次公布的草案审议稿中，有关数据跨境传输的规定一直在变化，具体体现在对"关键信息基础设施"的定义与范围不同，时至今日，仍没有相对确定的定义、范围出台。

7.1.2.2 《网络安全法》重点制度解析

1. 网络安全审查制度——以《网络安全审查办法》为基准

2021年12月28日，国家互联网信息办公室、国家发展和改革委员会、工业和信息化部、公安部、国家安全部、财政部、商务部、中国人民银行、国家市场监督管理总局、国家广播电视总局、中国证券监督管理委员会、国家保密局、国家密码管理局等十三部门联合修订发布《网络安全审查办法》，自2022年2月15日起施行，引起了社会广泛关注。

1)《网络安全审查办法》修订的背景

2016年11月7日，《网络安全法》公布，第三十五条确立了国家安全审查制度，规定关键信息基础设施的运营者采购网络产品和服务，可能影响国家安全的，应当通过国家网信部门会同国务院有关部门组织的国家安全审查。2017 年 5 月 2 日，在《网络安全法》施行前夕，国家网信部门发布了《网络产品和服务安全审查办法(试行)》，要求关系国家安全的网络和信息系统采购的重要网络产品和服务，应当经过网络安全审查。2020 年 6 月 1 日，国家互联网信息办公室、国家发展和改革委员会等十二部门联合制定的《网络安全审查办法》开始实施，《网络产品和服务安全审查办法(试行)》同时废止。现从国内和国际两个大背景对本次《网络安全审查办法》的修订进行分析。

第一，应《数据安全法》《关键信息基础设施安全保护条例》的新要求。2021 年 9 月 1 日，《数据安全法》和《关键信息基础设施安全保护条例》施行，对网络安全审查提出了新要求。《数据安全法》第二十四条确定了国家建立数据安全审查制度，规定对影响或者可能影响国家安全的数据处理活动进行国家安全审查。《关键信息基础设施安全保护条例》第十九条规定，运营者应当优先采购安全可信的网络产品和服务；采购网络产品和服务可能影响国家安全的，应当按照国家网络安全规定通过安全审查。与这两个立法相配套，《网络安全审查办法》扩大了网络安全审查的覆盖范围，原来只限于"关键信息基础设施运营者采购网络产品和服务"，这次修订将"网络平台运营者开展数据处理活动，影响或者可能影响国家安全的"也纳入。根据《数据安全法》，数据处理活动包括数据的收集、存储、使用、加工、传输、提供、公开等活动。

第二，应对复杂多变的国际形势，维护国家安全和中国企业利益。世界进入百年未有之大变局，中美在网络空间的博弈加剧。为了保障数据安全，2019 年，美国出台了《确保信息通信技术及服务供应链安全行政命令》及配套规则，明确提出其审查涉及的敏感数据包括企业数据和个人数据两类：一是企业在 12 月内任何时间点保存、收集、维护超过 100 万个人数据的情况，以及为美国行政部门和军事部门的人员和承包商提供特定或专用产品服务的企业收集的信息情况；二是个人征信数据、消费数据、保险数据、健康状况数据、非公开电子通信数据、地理位置数据、生物识别数据、身份识别数据等，以及个人基因检测信息、疾病信息等遗传信息。

近年来，我国企业到美国证券市场上市融资的数量不断增加，其中互联网企业占据了大半比例。2020 年，美国国会发布《外国公司问责法案》，要求在美上市的外国公司向美国证券交易委员会提交文件，证明该公司不受外国政府拥有或掌控，并要求企业遵守美国上市公司会计师监督委员会的审计标准，还要求获取企业审计底稿。对于中概股而言，如果遵守美国的法律规定，可能会泄露大量中国行业数据和消费者信息，危及中国的数据安全。2021 年 7 月，网络安全审查办公室发起了对滴滴出行、BOSS 直聘等的审查，也是因为这些掌握大量数据的平台在国外上市，可能带来网络安全和数据安全风险。

2)《网络安全审查办法》修订的主要内容

《网络安全审查办法》对网络安全审查的制度做了以下七个方面的调整。

第一，增加了中国证券监督管理委员会作为国家网络安全审查工作机制成员。由于本次修订涉及企业上市问题，加入证监会能够增强网络安全审查机构的专业性和权威性。

第二，申报主体。根据《网络安全审查办法》第七条，掌握超过 100 万用户个人信息的网络平台运营者赴国外上市，必须向网络安全审查办公室申报网络安全审查。这一限定就把所有达到一定规模的互联网企业都纳入审查范围之中，覆盖面广泛，能够比较有效地预防互联网企业赴国外上市的风险。

第三，申报对象提交的材料除了申报书、关于影响或者可能影响国家安全的分析报告等之外，还增加了"拟提交的首次公开募股(IPO)等上市申请文件"。

第四，网络安全审查重点评估的国家安全风险因素增加了两个方面内容：一是重点评估核心数据、重要数据或者大量个人信息被窃取、泄露、毁损以及非法利用、非法出境的风险；二是重点评估上市存在关键信息基础设施、核心数据、重要数据或者大量个人信息被外国政府影响、控制、恶意利用的风险，以及网络信息安全风险。

第五，为了更谨慎地评估国家安全风险，将特别审查的工作时限从 45 个工作日延长到 90 个工作日。

第六，《网络安全审查办法》第十七条将"个人信息"作为参与网络安全审查的相关机构和人员的保护对象，因应了《数据安全法》第三十八条规定，国家机关为履行法定职责的需要收集、使用数据，应当在其履行法定职责的范围内依照法律、行政法规规定的条件和程序进行；对在履行职责中知悉的个人隐私、个人信息、商业秘密、保密商务信息等数据应当依法予以保密，不得泄露或者非法向他人提供。

第七，新增预防和消减风险的措施。网络安全审查申报后可能有以下三种结果：一是无须审查，意味着申报事项无关国家安全；二是启动审查后，经研判不影响国家安全的，则原来的申报事项可继续；三是启动审查后，经研判影响国家安全的，则原来的申报事项不可进行。由于从申报到审查结论的出台存在一个空窗期，根据《网络安全审查办法》第十六条规定，这一期间如有潜在或现实的风险存在，当事人有义务采取积极措施，如采取增强技术措施、暂停数据处理等，促使当事人主动积极地预防风险的发生或消减风险。

3)《网络安全审查办法》修订带来的影响

第一，我国互联网企业在国家安全合规方面应当加大投入力度。维护国家安全是企业的义务。我国已经建构了一套较为完整的国家安全法律体系。《中华人民共和国宪法》第五十四条规定，中华人民共和国公民有维护祖国的安全、荣誉和利益的义务，不得有危害祖国的安全、荣誉和利益的行为。《中华人民共和国国家安全法》第十一条规定，中华人民共和国公民、一切国家机关和武装力量、各政党和各人民团体、企业事业组织和其他社会组织，都有维护国家安全的责任和义务。《中华人民共和国网络安全法》第十二条规定，任何个人和组织使用网络应当遵守宪法法律，不得危害网络安全，不得利用网络从事危害国家安全、荣誉和利益等活动。《数据安全法》第八条规定，开展数据处理活动，不得危害国家安全、公共利益，不得损害个人、组织的合法权益。安全与发展是相辅相成的，安全是发展的前提，发展是安全的保障。中国的网络平台运营者要发展，应该把国家安全放在首位。作为我国国家安全的责任主体的一员，互联网企业需要增强国家安全的主体责任意识，加大对国家安全合规方面的人力、物力、财力投入，掌握关键信息基础设施、核心数据、重要数据或者大量个人信息的企业赴国外上市，存在被外国政府影响、控制、恶意利用的风险，以及网络信息安全风险时，应积极主动申报网络安全审查，防范企业上市给国家安全带来风险。

第二，对于互联网企业赴中国香港上市的影响。根据《网络安全审查办法》，只有"赴国外上市"才需要进行主动的网络安全审查，这也就意味着赴香港上市，可以不用主动进行网络安全审查的申报。因此，考虑到赴国外上市的成本大幅增加，可能会导致大批中概股回流到香港上市，对于促进我国的数字经济和资本市场发展是利好消息。但是，这并不表明赴港上市就可以免于网络安全审查。如果网络安全审查机制成员单位认为赴港上市影响或可能影响国家安全的，仍然可以由国家网络安全审查办公室报请中央网络安全与信息化委员会办公室批准后进行主动的审查。因此，互联网企业需要主动履行网络安全义务，并且尽量把融资渠道转回国内。

2. 关键信息基础设施保护制度——以《关键信息基础设施安全保护条例》为基准

《关键信息基础设施安全保护条例》于 2021 年 9 月 1 日起施行。这是我国首部专门针对关键信息基础设施安全保护工作的行政法规，为开展关键信息基础设施安全保护工作提供基本遵循。制定实施《关键信息基础设施安全保护条例》，是贯彻落实习近平总书记关于网络强国的重要思想的具体措施，是适应新的形势任务发展的必然要求，是切实维护国家网络安全、网络空间主权和国家安全的迫切需要，也是近年来国家网信工作成功经验的制度化提升。理解好、落实好、执行好《关键信息基础设施安全保护条例》，对维护国家安全、保障经济社会健康发展、维护公共利益和公民合法权益具有重大意义。

1）为开展关键基础设施安全保护工作提供基本遵循

一是明确了关键信息基础设施的定义与认定标准。《关键信息基础设施安全保护条例》所称关键信息基础设施，是指公共通信和信息服务、能源、交通、水利、金融、公共服务、电子政务、国防科技工业等重要行业和领域的，以及其他一旦遭到破坏、丧失功能或者数据泄露，可能严重危害国家安全、国计民生、公共利益的重要网络设施、信息系统等。保护工作部门结合本行业、本领域实际，制定关键信息基础设施认定规则，并报国务院公安部门备案。虽然世界主要国家在关键信息基础设施范围的划分上略有差异，但大都是结合本国基本国情，将影响国民经济的稳定运行和国家安全的重要基础设施纳入划分范围。

二是规定了关键信息基础设施保护的责任体系。《关键信息基础设施安全保护条例》第三条规定，在国家网信部门统筹协调下，国务院公安部门负责指导监督关键信息基础设施安全保护工作。国务院电信主管部门和其他有关部门依照本条例和有关法律、行政法规的规定，在各自职责范围内负责关键信息基础设施安全保护和监督管理工作。省级人民政府有关部门依据各自职责对关键信息基础设施实施安全保护和监督管理。《关键信息基础设施安全保护条例》第四条规定，关键信息基础设施安全保护坚持综合协调、分工负责、依法保护，强化和落实关键信息基础设施运营者主体责任，充分发挥政府及社会各方面的作用，共同保护关键信息基础设施安全。

三是细化了关键信息基础设施运营者的责任义务。《关键信息基础设施安全保护条例》强调，运营者依照本条例和网络安全法等有关法律、行政法规的规定以及国家标准的强制性要求，在网络安全等级保护的基础上，采取技术保护措施和其他必要措施，应对网络安全事件，防范网络攻击和违法犯罪活动，保障关键信息基础设施安全稳定运行，维护数据的完整性、保密性和可用性。落实关键信息基础设施建设"三同步"要求，建立健全网络安全保护制度和责任制，保障人力、财力、物力投入；设置专门安全管理机构，并对专门安全管理机构负责人和关键岗位人员进行安全背景审查；定期开展安全检测和风险评估，履行安全事件和威胁报告义务；落实网络安全审查要求；强化监测预警和信息共享等。

四是强化了保障和促进措施。《关键信息基础设施安全保护条例》规定，国家网信部门统筹协调有关部门建立网络安全信息共享机制，及时汇总、研判、共享、发布网络安全威胁、漏洞、事件等信息，促进有关部门、保护工作部门、运营者以及网络安全服务机构等之间的网络安全信息共享；统筹协调国务院公安部门、保护工作部门对关键信息基础设施进行网络安全检查检测，提出改进措施。保护工作部门应当制定本行业、本领域关键信息基础设施安全规划，建立健全监测预警制度和网络安全事件应急预案，定期组织应急演练和网络安全检查检测。国家网信部门和国务院电信主管部门、公安部门等根据保护工作部门需要，提供技术支持和协助。国家制定和完善关键信息基础设施安全标准，指导、规范关键信息基础设施安全保护工作。在人才培养、技术创新和产业发展、网络安全服务 机构建设与管理、军民融合、表彰奖励等方面，《关键信息基础设施安全保护条例》也做了相应规定。

2）切实提升关键信息基础设施安全保护水平

一是充分认识关键信息基础设施安全保护工作的重要性。国家有关职能部门、保护工作部门、运营者和其他有关部门及其工作人员要提高认识，落实好网络安全法和《关键信息基础设施安全保护条例》等相关法律法规，履行好关键信息基础设施安全保护监督管理和主体责任。

二是进一步完善标准规范体系。针对《关键信息基础设施安全保护条例》实施，细化实施细则和相关指导意见,进一步完善配套标准规范体系,为关键信息基础设施的识别认定、安全防护、检查评估、监测预警、应急处置、考核评价等全生命周期安全提供方法规范和技术支撑。全国信息安全标准化技术委员会推动研制了《信息安全技术关键信息基础设施网络安全保护基本要求》《信息安全技术关键信息基础设施安全控制措施》《信息安全技术关键信息基础设施安全检查评估指南》等 9 项重点国家标准,为关键信息基础设施保护体系和能力建设提供了重要的技术支撑。

三是全面加强关键信息基础设施安全保障体系和能力建设。加强前沿网络安全技术研究,强化行业关键信息基础设施安全防护检查与风险评估,完善应急保障体系,建立态势感知、应急指挥等技术支撑手段,强化供应链安全管理,增强自主创新能力,促进关键信息基础设施核心产品的研发,加快人才培养产业发展,推动形成人才培养、技术创新、产业发展的良性生态。

3. 个人信息保护制度

个人信息保护制度是保障网络信息安全的关键制度设计。《网络安全法》将个人信息保护纳入规范范围。除了相关章节有零散规定外,还专设一章对个人信息保护提出了系统的框架性要求,对个人信息的处理行为也做出了明确规范。需要指出,《网络安全法》并非单纯针对个人信息保护的全面性立法,其规范仅是对个人信息保护方面提出了底线性、框架性的要求。还需要与现有的其他法律、法规、部门规章以及司法解释相协调并整体考虑。未来仍有必要制定一部综合性的个人信息保护法来对个人信息保护加以系统规范。

主要体现在我国《网络安全法》第四章,专门规定了网络信息安全,再次重申了企业处理个人数据的合法、正当和必要这三大原则,设定了保障个人数据的最基本义务。其中,值得注意的是,我国《网络安全法》第 42 条采用了草案二稿的方案,后者从两个方面修正了草案一稿第 36 条:一是从"不得非法向他人提供"个人数据改为"未经被收集者同意,不得向他人提供"个人数据,从而明确非关键信息基础设施的企业向他人提供(并未限制是境内提供还是跨境转移)个人数据的合法依据为获得"被收集者同意",平衡了非关键信息基础设施的企业经营需求和个人数据保护中的个人意思自治,也同时明确了国家监管关键信息基础设施运营者跨境数据转移的唯一合法依据是获得安全评估;二是把企业发生或者可能发生"信息"泄露、损毁、丢失的情况时向可能受影响用户的通知义务,明确规定为企业发生或者可能发生"个人信息"泄露、损毁、丢失的情况时向可能受影响用户的通知义务,从而更直接地保障个人数据。

4. 数据跨境流动安全评估制度

数据跨境流动安全评估制度是保障网络数据安全的关键制度设计。根据《网络安全法》的规定,关键信息基础设施运营者在中华人民共和国境内收集产生的个人信息和重要数据应当在境内存储,对个人信息及重要数据实行数据出境的安全评估制度，并授权国家网信部门会同其他监管部门制定详细的安全评估实施办法。

全球数据流动对于贸易、创新、竞争和消费者数据迁移越来越重要。然而，对于个人数据的跨境流动也有一个普遍的共识，即要想解决合法性问题，数据的流动不能完全不受限制。为保护公民权利，全球个人信息流动管理方面已经有许多方法机制，最常见的包括：允许满足一般性排除条款或被这些条款"检验"的一次性数据传输，确保在同等保护水平情况下的数据跨境传输，源公司同意对任何违规行为负责的情况下的数据传输，公司在一组适用于所有活动的企业约束规则下进行数据传输等。虽然这些跨境数据传输的不同选项普遍可用，但它们还没有被广泛采用。

对于重要数据的跨境监管，《网络安全法》在关键信息基础设施数据跨境安全评估方面与西方国家的最大不同之处，在于其将个人信息和重要业务数据的跨境转移安全评估，从非显性的、偏碎片化要求明确提升到制度化的高度，相关数据的评估不再是具体事项中的国家安全考虑。因此，从某种程度上说，若严格执行网络安全法中的数据跨境安全转移，或许会在关键信息基础设施保护的力度和范围上强于西方国家。而关于重要数据的范围，各国的规定有所不同。目前来看，从国家安全角度出发，各国对公共部门数据和管制技术数据的跨境流动都采取了强管控模式，主要监管措施包括本地存储、限制出境、安全审查、前置审批等措施；对敏感商业数据则主要通过安全协议的方式，以 WTO 规则中的"国家安全例外"事项为突破口实施各类安全审查，对敏感数据跨境的限制，作为安全评估的重要因素、合同约定的必要条件体现。

由于法律具有普适性，我国《网络安全法》不仅适用于中国境内经营的中国企业和外国企业，还将影响与前述企业具有跨境数据转移业务合作的境外企业。

首先，我国《网络安全法》中的"个人信息"和"关键信息基础设施"这两个术语是跨境数据转移安全评估的切入点，其内涵将直接影响跨境数据转移规制的广度和深度。一般而言，"个人数据"的界定可以采取四种模式：正面概括式、反面概括式、列举式和概括与列举相结合的模式。其中，正面概括式指的是直接界定个人数据的概念，这种模式为大多数国家所采取。例如欧盟《95 指令》第 2 条和 GDPR第 4 条都正面概括个人数据的概念，即"任何确认或者能够识别自然人的信息；能够识别自然人指的是一个人可以直接或者间接地被确认"。由此可见，正面概括式可以提供监管国最为广泛的监管授权。我国《网络安全法》的草案一稿和二稿采取的都是概括与列举相结合的方式，不同的是草案一稿先列举后概括，草案二稿先概括后列举，但其实质上都将单独或与其他信息结合能够识别个人身份的信息纳入保护范围。最终通过的我国《网络安全法》采用了草案二稿的方案，先强调可能的范围，再提供示例。

其次，安全评估标准的透明度将影响跨境数据转移规则制度的具体实施。我国《网络安全法》第 37 条没有直接规定跨境数据转移的安全评估标准，而是授权由国家网信部门会同国务院有关部门制定，但法律和行政法规另有规定的除外。因此，仅从现行法还无法得知跨境数据转移安全评估的具体标准，这样会存在一定的不确定性，容易被指责。相比较而言，欧盟《95 指令》和 GDPR 都针对第三国而非具体企业进行适当性评估，并在立法上直接公布评估标准。但正如前文所指出的，欧盟的适当性评估非常抽象和主观(如第三国的法治情况)，也受到很多诟病。此外，欧盟的对于企业进行的"标准合同条款(SCC)"和"约束性的公司规则(BCR)"的跨境数据转移监控，也是欧盟委员会制定的，并非最高层级的立法。因此，我国《网络安全法》授权国家网信部门会同国务院有关部门制定有关标准并无不妥，但具体的标准仍应公布，从而向国内外企业提供比较充分的可预见性。此外，可以考虑将第三方中立机构(例如 APEC 认证的隐私责任评估机构)的评估纳入未来具体安全评估的参考因素之一，从而增强安全评估的客观性和中立性。

最后，我国法律对于非法跨境数据转移企业的责任追究机制的设置，并未采用欧盟的惩罚性措施。我国《网络安全法》第 66 条规定，企业违反跨境数据转移安全评估规定的，由有关主管部门责令改正，给予警告，没收违法所得，处 5 万至 50 万元以下的罚款，并可以责令暂停相关业务、停业整顿、关闭网站、吊销相关业务许可证或者吊销营业执照，对直接负责的主管人员和其他直接责任人员处以 1 万至 10 万元的罚款。

7.1.3 《数据安全法》

2021 年 6 月 10 日，第十三届全国人民代表大会常务委员会第二十九次会议通过《数据安全法》，于 2021 年 9 月 1 日起实施，共七章五十五条。《数据安全法》的颁布反映了国内对于数据开发与利用的现实需求。数字经济已不再是传统经济的补充，而成为经济的新动能和就业的蓄水池。数据的应用场景不断扩大，企业不仅能够将运营产生的数据进行收集整理分析，服务于自身经营决策、业务流程，还能将处理后的数据形成数据商品，例如芝麻信用和数据银行等。党的十九届四中全会首次将数据纳入可参与分配的生产要素之中。2020 年 4 月和 5 月，中共中央、国务院先后发布《关于构建更加完善的要素市场化配置体制机制的意见》和《关于新时代加快完善社会主义市场经济体制的意见》，提出"加快培育数据要素市场，推进政府数据开放共享，提升社会数据资源价值，加强数据资源整合和安全保护，发挥社会数据资源价值"等新要求。《数据安全法》的颁布也将在法律层面为推动数据发展增添活力、指明方向。

在《数据安全法》的监管框架下，由中央国家安全领导机构负责数据安全工作的决策和统筹协调。作为《国家安全法》的下位法，中央国家安全领导机构应理解为中央国家安全委员会，而非中共中央网络信息化委员会。《数据安全法》的规定是在数据安全领域秉承《国家安全法》第五条的精神，由中央国家安全委员会整体负责数据安全工作，研究制定、指导实施国家数据安全战略和有关重大方针政策。

在具体实施层面，则由行业主管部门、公安和国家安全部门负责数据安全监管，由网信部门进行数据安全和相关监管工作的协调。尽管《数据安全法》明确提到工业、电信、自然资源、卫生健康、教育、国防科技工业、金融业、公安机关、国家安全机关负责本领域或者本部门范围内的数据安全监管职责，但不排除实践中相关部门进行监管时职权出现交叉重叠。此外，《关键信息基础设施安全保护条例》规定，国家行业主管或监管部门按照关键信息基础设施识别指南，组织识别本行业、本领域的关键信息基础设施，此处的行业主管部门和监管部门可能也与《网络安全审查办法》中的关键信息基础设施保护工作部门相一致。因此，未来各行业主管部门、监管部门可能需要同时肩负数据安全监管职责与关键信息基础设施保护工作。

在跨境数据流动方面，此前仅强调个人信息和重要数据出境的安全评估，以及特殊类型数据的本地存储和出境审批要求，例如人类遗传资源信息、人口健康信息和健康医疗大数据等。《数据安全法》则在具备域外效力的基础上，通过安全审查、出口管制、反制措施和数据调取审批实现数据跨境流动的全方位监管。然而，《数据安全法》对数据跨境流通的制度设计仍基本立足于原则性规定，需要通过配合其他法规或国际条约、协定实现，如属于管制物项的数据有赖于之后出台的《出口管制法》进行判断[9]。

《数据安全法》表明了我国对数据跨境流动的基本态度，即在确保数据安全的前提下，促进跨境自由流动，同时积极开展该领域的国际交流与合作、参与国际规则和标准的制定；首次提出数据出口管制概念，即国家对与履行国际义务和维护国家安全相关的属于管制物项的数据依法实施出口管制。

依据《数据安全法》，境外执法机构调取我国境内存储的数据需要进行审批，该条被誉为应对外国政府机构"长臂管辖"的"封阻法令"。阻断别国的数据执法活动早有先例，美国《澄清境外数据合法使用法案》的做法是与符合要求的国家签署跨境数据请求的双边或多边执行协定，该等国家在符合特定要求的情况下可以简化行政审批的程序。就我国目前的立法状况来看，短期内可能不会对来自不同国家的数据执法行动进行区分，企业应当履行相关报告义务，配合相关审批程序。

7.1.4 《个人信息保护法》

全国人大常委会于 2021 年 8 月 20 日正式对外公布了《个人信息保护法》，并于 2021 年 11 月 1 日生效。《个人信息保护法》吸收了《网络安全法》《消费者权益保护法》《广告法》《电子商务法》《关于加强网络信息保护的决定》《电信和互联网用户个人信息保护规定》等法律法规文件对个人信息保护的相关规定，并结合实践经验，同时吸收 GDPR 等国际经验，形成了一部相对完善的法律。该法是我国个人信息保护领域第一部普适性、综合性的立法。相较于《网络安全法》中"网络运营者"范围的不确定性，《个人信息保护法》的适用范围则更为直接明确，所有公司在运营中以线上或线下方式处理的消费者用户个人信息、员工个人信息、供应商或者客户代表的信息都可能会适用该法。

随着近年来《网络安全法》对个人信息处理的基本原则和规则的纳入，《刑法修正案(七)/(九)》《关于办理侵犯公民个人信息刑事案件适用法律若干问题的解释》《儿童个人信息网络保护规定》《数据安全法》等法律法规及草案的出台和施行，以及以《信息安全技术个人信息安全规范》为代表的配套国家标准的实践与试水，我国立法和监管机关已经积累了充足的理论储备和实践经验，在个人信息保护领域进行专项、综合立法的时机也日臻成熟，《个人信息保护法》应运而生。

从条文规定可以看出，《个人信息保护法》汲取了《网络安全法》和《信息安全技术个人信息安全规范》等境内个人信息保护立法的主要规则，借鉴了境外个人信息保护立法的有益经验，并将实践中行之有效的做法上升为法律规范，对个人信息保护提供了综合性的监管法律框架和规范。

《个人信息保护法》全文共八章、七十四条，整合了国内现有的个人信息保护规则，覆盖了个人信息保护领域的主要问题，并对社会关心的热点问题也进行了必要的回应。具体而言：

《个人信息保护法》采纳了《民法典》的规定，明确个人信息的"处理"应包括收集、存储、使用、加工、传输、提供、公开、删除等活动，旨在覆盖全周期的个人信息操作行为；同时，《个人信息保护法》在总则部分也明确纳入了个人信息处理的五大基本原则，即合法正当诚信原则、目的明确与必要原则、透明原则、信息准确原则，以及责任与安全保护原则。

考虑到实践中个人信息处理情况的多样性，《个人信息保护法》也规定了基于个人同意以外合法处理个人信息的情形，其中不仅引入《民法典》和《信息安全技术个人信息安全规范》中已有体现的若干情形。在"大数据有力支持抗击新冠肺炎疫情"的现实背景下也将"应对突发公共卫生事件"作为处理个人信息的合法情形之一。

《个人信息保护法》在《网络安全法》和《民法典》的基础上，进一步拓展个人在个人信息处理活动中的权利，包括知情权、决定权、查阅复制权、更正补充权、删除权。特别是《个人信息保护法》在《网络安全法》的基础上规定了更多删除权的适用情形[10]。《个人信息保护法》第六十九条规定，因个人信息处理活动侵害个人信息权益的，按照个人因此受到的损失或者个人信息处理者因此获得的利益承担赔偿责任；个人因此受到的损失和个人信息处理者因此获得的利益难以确定的，应根据实际情况确定赔偿数额。个人信息处理者不能够证明自己没有过错的，应当承担损害赔偿等侵权责任。个人信息处理者应当针对个人信息主体的各项权利，建立相应的申请受理和处理机制。拒绝个人行使权利的请求的，应当说明理由[11]。

《个人信息保护法》规定了国家机关处理个人信息的规则，要求国家机关为履职需要处理个人信息应依照法定的权限和程序进行，不应超越履职所必需的范围和限度，非经法律、行政法规明确规定或个人同意，国家机关不得向他人提供其处理的个人信息。

在监管机构的部分，《个人信息保护法》在明确国家网信部门的统筹协调地位的同时，沿袭了《网络安全法》"国务院有关部门"的表述，可见接下来在个人信息保护法的执法中还不可避免会出现"九龙治水"的情况。但相信通过《个人信息保护法》的讨论和学习，"履行个人信息保护职责的部门"未来能够更大程度地统一对《个人信息保护法》条款的解读和后续实施细则的口径，并协调不同部门在实践执法中的监管水位。

《个人信息保护法》原则上要求国家机关处理的个人信息以及关键信息基础设施运营者和处理个人信息达到国家网信部门规定数量的个人信息处理者在中国境内收集和产生的个人信息存储在境内。但在确需向境外提供的情况下，国家机关处理的个人信息应当进行安全评估；而关键信息基础设施运营者和处理个人信息达到国家网信部门规定数量的个人信息处理者在中国境内收集和产生的个人信息则需通过国家网信部门组织的安全评估。值得注意的是，除了"安全评估"的合规出境方式外，《个人信息保护法》第 38 条还明确了个人信息出境的其他途径，包括"标准合同""认证""法律、行政法规或者国家网信部门规定的其他条件"和"我国缔结或者参加的国际条约、协定"，这就为个人信息合规出境方式提供了更多的选择空间。相信随着个人信息出境管理方式实施细则逐步明确，我国公民的个人信息出境后的权益保障会得到更为充分的保护。

《个人信息保护法》在《网络安全法》的基础上扩大了个人信息本地化的要求。除关键信息基础设施运营者以外，处理个人信息达到规定数量的个人信息处理者也应履行个人信息本地化存储的义务，而这一数量门槛是否会根据个人信息的性质、个人信息处理者所处的行业或其在个人信息处理活动中的角色不同而有所差异，需要立法部门或者国家网信部门进一步澄清。值得注意的是，与一般情况下向境外提供个人信息不同，负有本地化义务的实体原则上只能以"通过国家网信部门组织的安全评估"的方式才能合法地向境外提供个人信息，而安全评估的考虑要素则需要依据《评估办法》。通过上述条件设定不难看出，在特定领域个人信息达到一定数量的时候(国家网信部门规定的数量)，监管方式上类同于重要数据的管理要求。大量个人信息集合及其大数据分析结果有可能构成影响国家安全和公众利益的重要数据，而重要数据放在侧重国家安全和公共利益保护的《数据安全法》进行专门保护，因而大量个人信息出境不排除在个别情况下等同于重要数据出境的可能性。这一点在智能网联汽车监管领域已得到验证，由国家互联网信息办公室、国家发展和改革委员会、工业和信息化部、公安部、交通运输部联合发布，在 2021 年 10 月 1 日起实施的《汽车数据安全管理若干规定(试行)》中，就将汽车行业"涉及个人信息主体超过 10 万人的个人信息"视作为重要数据处理。

《个人信息保护法》还借鉴了《数据安全法》的做法，对因国际司法和执法协助向境外提供个人信息的行为，规定了依法向主管部门申请审批的义务。考虑到部分企业的境内业务服务器也会部署在境外，如境外机构因司法协助或执法协助的理由直接获取境外服务器中的个人信息，不排除这种未经境内主管部门审批即向境外机构提供数据的行为会被国内监管机构认定为违法行为。因此，建议企业在决定是否向境外迁移境内业务服务器时，应密切关注立法机关对本条的解读，并谨慎评估服务器迁移可能带来的成本以及合规风险。

《个人信息保护法》的出台充分体现了立法机关对境内外个人信息保护立法、执法和司法实践的广泛参考和深入总结，同时也展现了我国个人信息保护水平将达到国际先进水平的趋势。企业如果之前选择以满足法律规定作为合规的标准，将需要尽快考虑调整原有的合规措施，《个人信息保护法》代表了今后的个人信息保护的机制的走向，引导甚至修改了现有的规则。也对国内个人信息保护领域的实践带来了重大影响：个人信息合规体系将成为企业合规建设中的必备要素，个人信息相关的执法和司法案例也将会逐步涌现。考虑到个人信息处理规则日臻完备且被正式纳入法律当中，《个人信息保护法》是否会影响《中华人民共和国刑法》项下"侵犯公民个人信息罪"的解读也有待进一步观察。企业应密切关注有关部门现阶段的执法水位和司法态度，以便更好地掌握《个人信息保护法》立法的现实基础，随时调整内部的合规应对措施。

7.2 我国数据跨境流动评估制度的分析与思考

从现有立法来看，数据出境安全评估、认证与标准合同已经成为我国数据跨境流动的主要方式。目前已经对数据出境安全评估形成了理论性与实践性高度统一的立法规则与程序标准，包括评估针对的数据客体类型、数据流通严苛度对评估必要性的影响、评估意欲实现的数据保护目标与目标实现的必要流程。

7.2.1 数据出境安全评估制度分析

为统筹发展与安全，促进数字经济健康、稳步推进，有效防范化解数据跨境流动安全风险，"十四五"规划明确提出了加强数据安全评估、推动数据跨境安全有序流动的目标。同时，《网络安全法》第 37 条、《数据安全法》第 31 条、《个人信息保护法》第 38 条和第 40 条分别对数据出境安全评估做出了明确要求。2022 年 7 月 7 日，国家互联网信息办公室出台了《评估办法》，全面和系统地提出了我国数据出境"安检"的具体要求，也标志着《网络安全法》首次确立的数据出境安全评估制度正式落地。

实际上，国家互联网信息办公室分别于 2017 年和 2019 年就数据出境安全评估出台过两个办法的征求意见稿，即 2017 年 4 月 11 日的《个人信息和重要数据出境安全评估办法（征求意见稿）》（17 年版评估办法）和 2019 年 6 月 13 日的《个人信息出境安全评估办法（征求意见稿）》（19 年版评估办法）。随着《数据安全法》《个人信息保护法》的正式颁布实施，国家网信部门持续不断深入研究国外相关立法现状，结合前两部评估办法的制定经验，在广泛吸收社会各方意见基础上，打磨完善而形成目前的《评估办法》。

《评估办法》的颁布实施具有重要现实意义：一是落实上位法的数据出境管理规定和要求；二是保障数字经济健康有序发展；三是应对数据跨境传输和境外收集的安全风险。

1. 适用范围

虽然上位法《网络安全法》《数据安全法》《个人信息保护法》均从不同角度提到过数据出境需要进行安全评估的情形，而《评估办法》首次完整地规定了安全评估的具体适用范围。

首先，《评估办法》第 2 条将"数据出境"定义为"向境外提供"。在实践中，"提供"可以有多种方式。通常理解的情形是数据处理者将数据转移至中国境外。但是有一种情形是数据并未转移至境外，依旧存储在境内，但数据处理者将境内数据库的访问登录信息或接口提供给境外主体，以便后者可以在境外远程访问。例如，有些外资企业的信息技术团队部署在中国境外，其通过互联网访问并处理境内服务器上存储的数据来提供远程技术服务。鉴于远程访问情形也会对境内存储的数据构成一定风险威胁，从数据跨境流动安全管理的角度来看，其理论上也属于"向境外提供"。另外一种情况是数据虽然转移至境外，但是数据处理者未将存储在境外数据的访问权交付给任何境外接收方，例如：数据处理者将数据上传到境外自己运营的云存储空间，仅供自己使用。在这种情况下，虽然不存在明确的境外接收方，但数据已经处于我国司法管辖范围之外，理论上境外主体（如云服务商）可以访问数据，同时可能面临境外政府调取数据的风险，因此该场景也应属于"向境外提供"。

其次，《评估办法》第 2 条规定需要安全评估的出境数据系在中华人民共和国境内运营中收集和产生的。由此推断出数据出境排除了境外数据"过境"我国的场景，体现了监管手段与目的之间匹配的适当性和合理性。

而且，《评估办法》第 2 条（结合第 4 条）明确在出境数据涉及重要数据的情况下，安全评估是强制性的。需要注意的是，这是首次将重要数据需要进行安全评估的范围从关键信息基础设施的运营者扩大至所有数据处理者。《网络安全法》第 37 条明确要求关键信息基础设施的运营者向境外提供重要数据需要进行安全评估。《数据安全法》第 31 条重申了以上立场，并在此基础上将其他数据处理者向境外提供重要数据所适用的具体出境安全管理办法交由"国家网信部门会同国务院有关部门制定"。此次《评估办法》第 2 条正是呼应了《数据安全法》第 31 条，将其他数据处理者向境外提供重要数据的情形也纳入安全评估范围。

并且,《评估办法》自 2017 年《网络安全法》引入"重要数据"概念之后首次在部门规章层面对其进行界定,即"指一旦遭到篡改、破坏、泄露或者非法获取、非法利用、可能危害国家安全、经济运行、社会稳定、公共健康和安全等的数据"(在此之前,《汽车数据安全管理若干规定(试行)》明确在汽车数据场景下"涉及个人信息主体超过 10 万人的个人信息"属于重要数据,《信息安全技术 重要数据识别指南(征求意见稿)》从国家标准角度将重要数据定义为"特定领域、特定群体、特定区域或达到一定精度和规模的数据,一旦被泄露或篡改、损毁,可能直接危害国家安全、经济运行、社会稳定、公共健康和安全")。

最后,结合《评估办法》第 4 条,我们可以看到在出境数据涉及个人信息的情况下,达到一定"门槛"才需进行安全评估。该门槛主要涉及"四种情形、两大类别"。"四种情形"是指,个人信息的处理者在满足如下四种情形下须进行安全评估:①关键信息基础设施的运营者;②处理个人信息达到一百万人;③自上年 1 月 1 日起累计向境外提供 10 万人个人信息;④自上年 1 月 1 日起累计向境外提供 1 万人敏感个人信息。"两大类别"是指个人信息出境需要做安全评估的要求可以分为主体条件类和客体条件类。两个类别的区别是:前者关注处理者的主体资质,而不关注向境外提供个人信息的具体数量,后者则相反。具体来说,主体条件类是指当个人信息处理者是关键信息基础设施运营者,或者处理个人信息达到一百万人的个人信息处理者时,只要其向境外提供个人信息,无论实际出境数量多少个人信息都需要进行安全评估;客体条件类是指当个人信息处理者向境外提供年累计达到一定标准(10 万人一般个人信息或 1 万人敏感个人信息)之后即需要进行安全评估。

为了方便读者理解,通过图 7.1 说明数据出境安全评估的适用范围。

2. 评估内容

1)评估流程

《评估办法》第 5 条至第 14 条和第 17 条明确了安全评估的具体流程,总结如下:

第一,适用分析。对于拟进行数据出境的数据处理者来说,先要判断其出境活动是否适用安全评估,如果适用,数据处理者须根据《数据出境安全评估申报指南(第一版)》开展数据出境安全评估申报工作,否则须通过其他合法路径开展数据出境活动。

第二,申报准备。数据处理者通过安全评估后开展数据出境活动的,须提交申报书、风险自评估报告、与境外接收方拟签署的法律文件等申报资料。

第三,受理决定。数据处理者提交申报资料之后,国家网信部门将审查并决定是否受理该申报。对于不属于安全评估情形的,数据处理者可以通过其他合法路径开展数据出境活动。

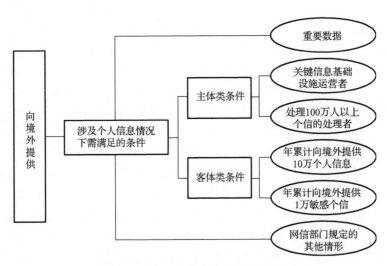

图 7.1　数据出境安全评估的适用范围

第四，进行评估。在受理申报之后，国家网信部门将组织国务院有关部门、省级网信部门、专门机构等进行安全评估。值得注意的是，相对于 2021 年的征求意见稿，本《评估办法》在该环节增加了一次给数据处理者补充或者更正资料的机会，即在安全评估过程中，国家网信部门如果发现申报材料不符合要求的，可以要求数据处理者补充或者更正。而征求意见稿仅在省级网信部门收到申报材料后赋予数据处理一个类似的机会。其体现了监管部门对于安全评估工作的审慎态度。

第五，申请复评。数据处理者可以在收到通过评估的书面通知后，严格按照申报事项开展数据出境活动。未通过数据出境安全评估的，数据处理者不得开展所申报的数据出境活动或申请复评。同样，复评环节也是相较于 2021 年征求意见稿的新增内容，为数据处理者提供了某种程度上的救济途径，在最大程度上确保评估结果的准确性。

第六，重新评估。《评估办法》第 14 条和第 17 条规定，已经通过评估的数据处理活动在如下三种情形下需要进行重新评估：①两年期满；②情势变化；③违规处理。体现了"事前评估和持续监督相结合"的评估原则。

图 7.2 说明了安全评估的工作流程，并将评估过程中涉及的时限通过表 7.1 进行总结。

2）评估事项

《评估办法》第 5 条和第 8 条分别列举了风险自评估和安全评估的重点事项，两者大部分内容重合，凸显了风险自评估在申报资料中的重要地位，体现了"风险自评估与安全评估相结合"的评估原则。

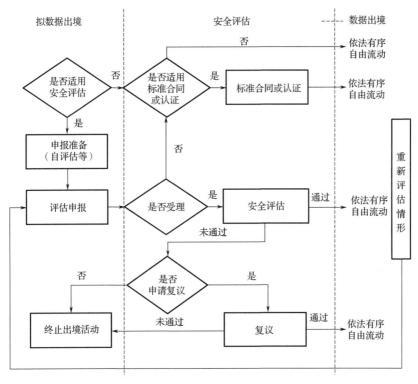

图 7.2　评估流程

表 7.1　评估流程中涉及的时限

事项	参与主体	期限
完备性查验	省级网信部门	5 个工作日内
受理决定	国家网信部门	7 个工作日内
安全评估	国家网信部门	45 个工作日内(情况复杂或需要补充、更正材料的,会适当延长)
申请复评	数据处理者	15 个工作日内
评估结果有效期	—	2 年
有效期届满重新评估	数据处理者	提前 60 个工作日
存量业务整改	数据处理者	2023 年 3 月 1 日前

为了方便读者理解,通过表 7.2 进行对比,并做简要分析。

表 7.2　风险自评估与安全评估事项对比

风险自评估事项	安全评估事项	简析
数据出境和境外接收方处理数据的目的、范围、方式等的合法性、正当性、必要性	数据出境的目的、范围、方式等的合法性、正当性、必要性	前者与后者基本一致,这是评估需要审查的基本问题

续表

风险自评估事项	安全评估事项	简析
出境数据的规模、范围、种类、敏感程度	出境数据的规模、范围、种类、敏感程度	前者与后者一致
数据出境可能对国家安全、公共利益、个人或者组织合法权益带来的风险	数据出境活动可能对国家安全、公共利益、个人或者组织合法权益带来的风险	虽然前者与后者一致,但后者在表述上与其他所有安全评估事项构成"总分"关系,而前者与其他自评估事项构成"并列"关系,逻辑上存在一定差别
数据处理者在数据转移环节的管理和技术措施、能力等能否防范数据泄露、毁损等风险	—	数据处理者防范风险的措施和能力更适合进行自行评估
境外接收方承诺承担的责任义务,以及履行责任义务的管理和技术措施、能力等能否保障出境数据的安全	境外接收方的数据保护水平是否达到中华人民共和国法律、行政法规的规定和强制性国家标准的要求	前者与后者基本一致,前者着眼于法律、管理、技术等微观方面,而后者从宏观角度提出整体要求
数据出境中和出境后遭到泄露、篡改、丢失、破坏、转移或者被非法获取、非法利用等的风险	出境中和出境后遭到泄露、篡改、丢失、破坏、转移或者被非法获取、非法利用等风险	前者与后者基本一致
个人信息权益维护的渠道是否通畅等	数据安全和个人信息权益是否能够得到充分有效保障	后者涵盖的范围比前者更广
与境外接收方拟订立的数据出境相关合同或者其他具有法律效力的文件等是否充分约定了数据安全保护责任义务	数据处理者与境外接收方拟订立的法律文件中是否充分约定了数据安全保护责任义务	前者与后者基本一致
其他可能影响数据出境安全的事项	国家网信部门认为需要评估的其他事项	前者与后者基本一致
—	境外接收方所在国家或者地区的数据安全保护政策法规和网络安全环境对出境数据安全的影响	仅在后者列出,评估部门相较于数据处理者在该领域更有优势
—	遵守中国法律、行政法规、部门规章情况	仅在后者列出,增加了评估部门的审核事项

3. 关于"法律文件"的几个问题

在《评估办法》所要求提交的申报资料中,除了申报书和自评估报告以外,第三个重要资料就是"数据处理者与境外接收方拟订立的法律文件"(以下简称法律文件),同时《评估办法》第 9 条明确规定了法律文件须包含的内容,即约定数据安全保护责任义务等。

虽然法律文件在内容要求上类似合同，但却不限于合同一种形式，例如有约束的集团公司内部管理制度理论上也属于法律文件，但是需要澄清的是这里提到的法律文件与《个人信息保护法》第 38 条第 1 款第 3 项中提到的"标准合同"不同。两者区别主要包括如下几个方面：①前者是安全评估的申报资料之一，而后者是与安全评估并列的个人信息出境的安全管理制度之一；②前者的主要条款由数据处理者与境外接收方在满足安全评估要求的前提下自由约定，而后者主要条款由国家网信部门制定；③前者属于事前监管的范畴，后者属于事后监管的范畴。

4. 小结

相较于之前的评估办法征求意见稿，本《评估办法》所建立的管理体系更加成熟和完备，无论是在概念还是在制度建设方面，都与上位法及其他相关数据跨境流动安全管理规定形成了良好衔接。随着"重要数据"等概念的逐渐明晰，以及其他配套法规政策文件的不断出台，《评估办法》的出台标志着我国在搭建数据出境安全管理制度工作中迈出了重要且坚实的一步。

7.2.2　数据出境评估具体流程设计与实现

我国《网络安全法》《数据安全法》《个人信息保护法》均对我国个人信息和重要数据出境提出了相应的安全评估要求，在对《评估办法》的解读分析中，已经介绍了国家网信办制定的安全评估流程。但由于个人信息和重要数据所保护的价值不同，因此两类数据对应的安全评估要点在实操层面也应有所不同。在此，我们根据《评估办法》的规定和实践经验分别对个人信息和重要数据评估流程提出设计方案，具体如下：

1. 个人信息出境安全评估总体流程

对拟出境数据进行个人信息识别评估。如拟出境数据包含个人信息、个人敏感信息，则应首先评估该出境活动的合规性，即出境是否具有正当必要的目的、是否符合出境数据最小化原则、是否征得了个人信息主体同意、是否被法律法规或国家有关部门明令禁止，若经评估后个人信息出境不满足合规性要求，则建议不得出境；在通过个人信息出境合规性评估的基础上，再评估个人信息出境的安全风险，安全风险评估结果为高或极高的，建议不得出境，从而将个人信息出境及再转移后被泄露、损毁、篡改、滥用等风险有效地降至最低限度。具体流程如图 7.3 所示。

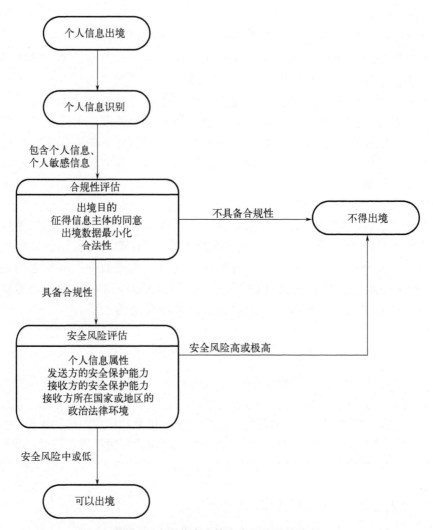

图 7.3 个人信息出境安全评估总体流程

2. 重要数据出境安全评估总体流程

重要数据出境首先应进行合规性评估，即其是否具有正当必要的目的、是否符合出境数据最小化原则、是否被法律法规或国家有关部门明令禁止。如重要数据出境不具备合规性，则建议不得出境；如通过合规性评估，则须再进行数据出境安全风险评估，评估结果为高或极高的，建议不得出境。如此则将重要数据出境及再转移后被泄露、损毁、篡改、滥用等风险有效地降至最低限度，具体流程如图 7.4 所示。

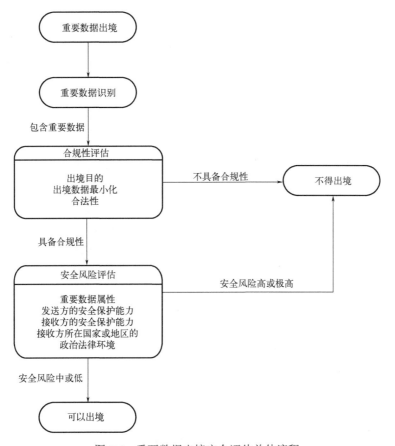

图 7.4　重要数据出境安全评估总体流程

7.2.3　数据出境安全评估严苛度模型分析

数据出境与数据本地化规则在数据流动领域构成最主要的一对张力，之所以要通过诸如评估、标准合同、认证等监管方式对数据出境进行调整，是为了寻求个人信息保护和合理利用与国家安全之间的平衡。正是由于一国对数据本地化严苛程度的立法坚持对其本国以及他国的数据出境政策都具有重要影响，数据出境安全评估制度的设计才必须要与一定的数据本地化严苛程度相匹配。

7.2.3.1　数据跨境安全评估严苛度模型

目前，已有文献大都未对数据本地化存储严苛程度进行准确描述[①]。本节在

---

① 少有的例外见：吴沈括. 数据跨境流动与数据主权研究. 新疆师范大学学报（哲学社会科学版），2016, 5:112-119. 该文将本地化存储概括为刚性禁止流动模式、柔性禁止流动模式、本地备份流动模式。作者认为吴教授的归纳以定性为主，相比之下，我们提出的严苛程度指标体系更为全面。

前文法律、制度分析的基础上，从国家现行措施中抽象出四个维度作为构建"数据跨境安全评估严苛度模型"的指标：本地化存储的实施主体、本地化存储的彻底程度、本地化存储覆盖的数据范围、本地化存储的豁免条件。之所以抽象出这四个指标，首先是因为从逻辑上来说，任何本地化措施都必然包含这四个维度。其次，不同国家在这四个维度做出的不同选择，就构成了不同严苛程度的数据本地化措施。

1. 本地化存储的实施主体

有学者认为，数据权利有两类主体——国家和公民。国家拥有数据主权，因此能"独立自主对本国数据进行管理和利用"，而"数据权利的主体是公民，是相对应公民数据采集义务而形成的对数据利用的权力，这种对数据的利用又是建立在数据主权之下的。只有在数据主权法定框架下，公民才可自由行使数据权利"[12]。

现在对上述分析框架稍做修正：在宏观层面，国家依主权，划定其有权管辖的数据范围，并设定对数据管理和利用的法定框架。例如一国制定个人信息保护方面的法律，在法律中分别设定数据主体(亦即普通个人)、数据控制者(亦即收集、使用、披露个人信息的组织、机构、个人)及其他相关方的权利和义务。在微观层面，数据主体、数据控制者及其他相关方在国家设定的法定框架下，根据国家赋予的各自权利义务互动、协商，在不同场景中形成各项具体的数据处理安排。聚焦到数据本地化存储的具体场景中，数据是否在本地存储或传输到境外，由数据主体、数据控制者及其他相关方自主协商决定，国家并不直接介入。

例如，韩国《个人信息保护法》第17条第3款规定，"个人信息向境外第三方传输前，应取得数据主体同意"①。因此，韩国作为主权国家行使数据主权的方式是制定"个人信息保护法"；对数据是否本地化存储，韩国作为主权国家的基本态度是：数据流向境外不应与对数据的其他处理同等对待，所以数据控制者在向境外传输数据前要单独向数据主体告知，但数据是否只能留存于韩国境内应由数据主体自行决定；于是韩国《个人信息保护法》赋予数据主体自主控制其个人信息是否流向境外的权利，而数据控制者应遵照数据主体的意思表达。换句话说，在数据本地化存储方面，韩国行使数据主权的方式是将数据跨境流动当成单独的风险点，同时尊重数据主体对此表达的意愿，并以个人权利的方式，赋予数据主体相对于数据控制者的优势地位。类似的还有印度通信技术部于2011年颁布的"信息技术规则"有关隐私方面的实施细则：如获得数据主体同意，其个人信息可向境外传输[13]。我国《个人信息保护法》也有出境需取得个人信息主体单独同意的限制，除非法律法规有明确规定不需要取得单独同意的除外。

欧盟《通用数据保护条例》(GDPR)关于数据跨境流动的制度设计，同样体现

---

① 韩国《个人信息保护法》的英文版，见 http://www.koreanlii.or.kr/w/images/0/0e/KoreanDPAct2011.pdf。

了数据主权不直接介入具体的数据处理安排的特点。综合第五章"向第三国或国际组织传输个人数据"的规定可得出如下结论：欧盟作为数据主权主体对数据跨境流动的基本原则和前提是欧盟境外的数据接收方应提供与 GDPR 相同的数据保护水平。落实上述原则和前提的方式有两类：第一，通过欧盟委员会认定第三国的立法、数据保护制度等能够提供与 GDPR 相同的数据保护水平。第二，如欧盟委员会尚未做出上述认定，欧盟境外的数据接收方还可主动采用适当的保护措施，例如 BCR，确保在境外提供与 GDPR 相同的数据保护水平[①]。因此，欧盟委员会认定的是第三国整体的数据保护水平是否充分，此外 GDPR 还允许数据控制者主动采用充分的数据保护措施，为数据跨境流动扫清障碍。不论哪种方式，欧盟拥有的数据主权均不直接介入具体场景中的数据跨境。

类似地，加拿大在"跨境处理个人数据指南(Guidelines for Processing Personal Data Across Borders)"中要求，数据输出者应为跨境流通的数据安全负责，确保传输至境外第三方的个人数据得到充足保护。具体来说，数据输出者应当以契约或其他方式，确保：①防止第三方在处理数据过程中，出现未经授权使用或揭露的情形；②确认第三方具有完善的数据保护政策或流程；③定期稽核第三方处理或储存个人数据的安全性[②]。也就是说，加拿大通过立法对数据输出者施加了确保数据在境外安全的义务，以此体现国家对数据跨境流动的基本态度。

然而，某些国家在行使数据主权时也会突破上述宏观和微观分界，直接以公权力主体的身份介入到数据主体、数据控制者及其他相关方自主形成的数据处理安排之中。

例如，澳大利亚 2012 年生效的"个人控制电子健康记录法案(Personally Controlled Electronic Health Records Act 2012)"第 77 条规定，涉及个人信息的健康记录只能留存于澳大利亚境内，否则将予以处罚[③]。与上述韩国"退居幕后"不同，澳大利亚作为主权国家直接"走到前台"，在具体的数据处理安排中与数据主体和数据控制者形成三方关系，强制要求数据在境内留存。

如前文所述，在数据本地化存储实施主体方面存在两个模式。第一种模式，我们称之为"主权内化于私权"，国家淡入背景之中而不直接介入，而是将数据主权的意志通过明示数据流动基本原则、界定行为主体权利和义务等方式，使位于前台的数据主体、数据控制者及其他相关方以"戴着镣铐跳舞"的方式，自主达成具体场景中的数据跨境流动安排。这种模式中，由于数据主权意志已有体现，公权力往往只需在事中、事后，根据既定的数据流动基本原则对私人主体自主达成的数据跨境流动安排给予核验即可。

---

① 欧盟《通用数据保护条例》全文见 https://eur-lex.europa.eu/legal-content/EN/TXT/PDF/?uri=CELEX:32016R0679。

② 加拿大"跨境处理个人数据指南"全文，见 https://www.priv.gc.ca/information/guide/2009/gl_dab_090127_e.asp。

③ 澳大利亚"个人受控电子健康记录法"全文，见 https://www.legislation.gov.au/Details/C2012A00063。

第二种模式中，我们称之为"主权直接参与"，国家数据主权以公权力的形式直接介入，与数据主体、数据控制者及其他相关方共同作为具体场景中的数据跨境流动安排的行为主体。此时，公权力机构作为国家数据主权的主要代言人，往往在事前要根据具体场景中的数据跨境流动给予审批或评估，做出个案裁量，深度参与最终达成的跨境流动安排。

可见，两种模式中，数据主权均不缺位，但实现其意志的方式不同，介入的深度和时间点不同，公权力拥有的裁量空间也有所不同。

2. 本地化存储的彻底程度

具体来说，本地化彻底程度有三个层次：

第一层，仅要求境内存储数据的副本（copy），与此同时数据可在境外存储、处理、访问。例如，印度尼西亚通信部要求组织机构应在境内建立数据灾备中心。再如，俄罗斯 2015 年 9 月生效的第 242-FZ 号联邦法律，要求对俄罗斯"公民个人数据的收集、记录、整理、积累、存储、更新、修改和检索均应使用俄联邦境内的服务器"①。从字面上看，俄罗斯要求对俄公民个人数据的存储、处理、访问都应在俄罗斯境内进行，但在该法律生效前，俄罗斯通信和大众传媒部于 2015 年 8 月针对该法律发布了一个无约束力的澄清（clarification）。根据俄通信和大众传媒部对第 242-FZ 号联邦法律的解释，只要组织机构在俄境内存有数据副本（甚至于纸质副本即可），则个人数据可自由传输至境外②。在中国，《网络出版服务管理规定》和《保险公司开业验收指引》中关于数据本地化存储的规定，也可解读允许境外存有境内留存数据的副本。

第二层，进一步要求数据只能在境内存储，此时对数据的处理也只能在境内进行，但允许从境外访问数据，例如允许从境外访问数据的部分字段而非整体。如我国《征信业管理条例》，要求"在中国境内采集的信息的整理、保存和加工，应当在中国境内进行"，对来自境外的访问并没有明令禁止。

第三层最为严格，要求数据的存储、处理、访问都必须在境内进行。例如，澳大利亚"个人控制电子健康记录法案"第 77 条规定：①不得在记录携带至澳大利亚境外，也不允许在澳大利亚境外持有记录；②不得在澳大利亚境外处理关于记录的各种信息③。其中，"不允许在澳大利亚境外持有记录"也就禁止来自于境外的访问。另一个例子是中国人民银行《关于银行业金融机构做好个人金融信息保护工作的通知》要求"除法律法规及中国人民银行另有规定外，银行业金融机构不得向境外提

---

① 俄罗斯第 242-FZ 号联邦法律英文全文，见 http://wko.at/ooe/Branchen/Industrie/Zusendungen/FEDERAL%20LAW2.pdf。

② 关于俄罗斯通信和大众传媒部针对第 242-FZ 号联邦法律发布的一个无约束力澄清的综述，见 http://www.law360.com/articles/698895/3-things-to-know-about-russia-s-new-data-localization-law。

③ 澳大利亚《个人控制电子健康记录法》全文，见 https://www.legislation.gov.au/Details/C2012A00063。

供境内个人金融信息。"其中的"提供"包括来自境外的访问请求①。

3. 本地化存储覆盖的数据范围

目前，尚未有国家要求所有电子化数据都在本地化存储。多数国家选择在有限的范围内划定需本地化存储的数据，常见的有以下几类：

(1) 个人数据(或个人信息)。这也是最常见的受本地化存储要求的数据类型。

(2) 行业内的重要数据。如医疗健康行业(如澳大利亚)、银行业(如中国)、保险业(如中国)、征信业(如中国)、交通(如中国)、电子支付业(如土耳其②)、地图数据(如韩国)、网络信息服务(如越南③)等。

4. 本地化存储的豁免条件

许多国家在要求数据本地化存储的同时，明确列出了豁免条件。因此，满足豁免条件的难易程度，也是数据本地化存储严苛度的一个重要指标。综合分析，豁免条件主要存在以下几种情形：

(1) 数据主体明示同意即可。如韩国、印度，以及巴西[14]等国家。

(2) 境外的数据接收方应能提供与本国相当的数据保护水平。此种情形最典型的例子是欧盟的《通用数据保护条例》、加拿大的"跨境处理个人数据指导"等。这也是目前个人数据跨境传输方面最常见的豁免条件。据不完全统计，目前至少有欧盟的 27 个成员国，澳大利亚④、阿根廷、以色列、日本、新西兰、新加坡等国，以及中国香港地区⑤采用这样的豁免条件。

(3) 公权力机关自由裁量。此种情形中，公权力机关的裁量对数据是否可跨境流动起决定性作用，甚至可超越既定基本原则的规定。例如，马来西亚 2013 年生效的《个人数据保护法》(Personal Data Protection Act) 第 129 条规定，公民个人数据

---

① 支持这样理解的证据，见中国人民银行上海分行《关于银行业金融机构做好个人金融信息保护工作有关问题的通知》(上海银发〔2011〕110 号)中对"四、关于银行业金融机构向境外提供个人金融信息的问题"的解答：《通知》第六条规定："除法律法规及中国人民银行另有规定外,银行业金融机构不得向境外提供境内个人金融信息。"为客户办理业务所必需，且经客户书面授权或同意，境内银行业金融机构向境外总行、母行或分行、子行提供境内个人金融信息的，可不认为违规.银行业金融机构应当保证其境外总行、母行或分行、子行为所获得的个人金融信息保密。该文件全文，请查询"北大法宝"数据库，http://www.pkulaw.cn。

② 见土耳其《关于支付和安全结算系统、支付服务和电子货币机构的法律》第 23 条。全文见 https://www.tcmb.gov.tr/wps/wcm/connect/3deb8069-ce8d-4ba7-a31d-e075259aa60a/6493_eng.pdf?MOD=AJPERES&CACHEID=ROOTWORKSPACE3deb8069-ce8d-4ba7-a31d-e075259aa60a。

③ 越南 2013 年 7 月 15 日第 72/2013/ND-CP 号法令，《关于管理、供应和使用互联网服务和在线信息的管理、提供和使用》，第 24 条。全文见 https://www.vnnic.vn/sites/default/files/vanban/Decree%20No72-2013-ND-CP.PDF。

④ 见《1998 年联邦隐私法及澳大利亚隐私原则》，特别是"澳大利亚隐私原则 8——个人信息的跨国界披露"，https://www.oaic.gov.au/individuals/privacy-fact-sheets/general/privacy-fact-sheet-17-australian-privacy-principles#australian-privacy-principle-8-cross-border-disclosure-of-personal-information。

⑤ 香港个人资料私隐专员公署, 2014,《跨境数据传输中的个人数据保护指南》，https://www.pcpd.org.hk/english/news_events/media_statements/press_20141229.html。有必要指出，目前香港个人数据保护法律中的规范跨境数据转移的章节至今未生效。

传输至境外的基本原则是数据接收方所在国家应能提供与本地相当的数据保护水平，但该法第 46 条规定，主管部门的部长可豁免某单个数据主体或某类数据主体受《个人数据保护法》规定的原则或条款的保护，还可在豁免的同时附加任何条件[①]。因此，主管部门的部长就特定数据境外传输享有非常大的自由裁量权。类似的还有新加坡，其 2014 年全部生效的《个人数据保护法》（Personal Data Protection Act），在第 26 条原则上要求境外数据接收方应提供与本地相当的数据保护水平，但同时赋予新加坡的"个人数据保护委员会（Personal Data Protection Commission）"广泛的自由裁量权。委员会可根据机构的申请，以书面的形式免除机构遵守数据跨境的合规义务，还可按其判断附加任何条件[②]。

我国也有类似赋予公权力机关自由裁量的例子。前文提到的中国人民银行 2011 年《关于银行业金融机构做好个人金融信息保护工作的通知》中规定"除法律法规及中国人民银行另有规定外，银行业金融机构不得向境外提供境内个人金融信息"。而中国人民银行上海分行在其《关于银行业金融机构做好个人金融信息保护工作有关问题的通知》（上海银发〔2011〕110 号）中对上述规定做出了解释："为客户办理业务所必需，且经客户书面授权或同意，境内银行业金融机构向境外总行、母行或分行、子行提供境内个人金融信息的，可不认为违规。"[③]可见，对豁免情况的解释权，不仅在人民银行本身，也包括人行授权下的上海分行。

7.2.3.2　数据三层次保护目标和跨境安全评估严苛度的匹配

1. 数据安全与本地化存储

根据比例原则中的必要性原则，限制数据存储地点的目的之一是提高数据安全保护水平，然而许多研究表明，数据安全实际上并不取决于数据的存储地点，而是数据存储和传输的方式[15]。

首先数据安全无非是攻防两方力量对比的结果。现阶段，攻方显示出压倒性的优势[16]。对于黑客和犯罪组织来说，其获取数据的能力已经超越了单纯依靠改变数据存储地点的防守方式，钓鱼、木马、病毒等技术手段，甚至直接收买内部人员等，均可以实现获取数据以及进行网络攻击的目的。而从防守角度看，强制数据留存本地或许有些意义，毕竟数据留在国内，网络安全主管部门可以按照自己的判断，强制信息系统所有者或运营者采取足够或额外的安全措施。然而，单纯为此设置数据本地化存储则是不必要的，因为当数据需要传输至境外时，数据输出者可以通过合同等形式，将境内主管部门施加的额外安全义务"传导"到境外数据接收者身上，

---

① 马来西亚《个人数据保护法》全文，见https://www.ilo.org/dyn/natlex/docs/ELECTRONIC/89542/102901/F1991107148/MYS89542%202016.pdf。

② 新加坡《个人数据保护法》全文，见 https://sso.agc.gov.sg/Act/PDPA2012。

③ 中国人民银行上海分行《关于银行业金融机构做好个人金融信息保护工作有关问题的通知》，全文见"北大法宝"数据库，http://www.pkulaw.cn。

并以此作为数据跨境传输的前提条件。如此一来，安全保护措施便跟随数据实现了境内到境外的延伸。从侦查机关的角度来说，数据本地化存储能使得境内的侦查机关获得对案件的管辖权，对黑客、犯罪分子是一种震慑，因此能降低攻击风险，但显然，单靠数据本地化并不能解决跨境侦查案件所面临的所有问题。首先，侦查机关获得管辖权无需仅依赖数据在境内留存，例如《中华人民共和国刑法》第八条规定："外国人在中华人民共和国领域外对中华人民共和国国家或者公民犯罪，而按本法规定的最低刑为三年以上有期徒刑的，可以适用本法，但是按照犯罪地的法律不受处罚的除外"。其次，即便境内机关通过数据本地化存储获得了管辖权，但很多时候，对黑客、犯罪分子的威慑力也很有限。且不说来自境外的黑客和犯罪分子，目前国内的黑客和犯罪分子也基本都能够利用国外的服务器作为跳板，制造境外攻击的假象。一旦涉及境外调查取证、耗时费力的双边司法合作程序等，侦破的难度往往大幅上升。

综上所述，强制数据存放在国内，事实上并不一定能降低信息系统被攻破、数据被窃取的风险，同时也并非保障数据安全的必要措施。

2. 个人数据保护与本地化存储

对于数据保护来说，本地化存储具有一定积极意义。个人数据保护=数据安全+数据主体的信息自决权利+数据控制者等相关方满足个人信息自决权利的义务，而个人信息自决权利范围、程度的大小，以及数据控制者等相关方承担的满足个人信息自决权利的义务等，往往是一个国家在平衡以下三方面利益时做出的选择：

(1)个人信息自决利益：包括在一定程度上控制个人信息的收集、使用、共享、披露，以及控制基于数据做出的各项决定对个人的影响。

(2)发展利益：企业和产业充分利用个人信息，提供、改进、创新产品和服务的合理诉求。

(3)公共利益：政府部门利用个人信息完成公共管理，以及社会发展所必需的信息自由流动和公众知情权。

很显然，每个国家在平衡利益冲突时做出的选择不尽相同。因此从个人数据保护的角度来说，数据留存本地能确保个人的权利、数据控制者等相关方的义务等，能够遵循这个国家做出的特定的利益平衡选择①。

但应该注意到，如果通过合同、公司内部准则等形式，能够确保数据传输至国外后依然享有和境内相同的安全水平、个人信息自决的权利配置等，那么，基本上各个国家也都允许此种情形豁免于数据本地化存储的要求。当然，也有部分国家仅要求数据主体明示同意即可豁免于本地化存储。

综上所述，就数据保护这个层面来说，数据留存本地的主要意义在于确保本国在个人信息自决权利、数据控制者等相关方满足个人信息自决权利的义务等方面做

---

① 如前文所述，欧盟赋予个人被遗忘权，而被遗忘权在美国则不那么被认可。

出的配置安排，能够适用于特定数据，而非保护数据安全。

3. 重要数据保护与本地化存储

如前文所述，国家层面的数据保护（重要数据）＝数据安全＋数据支配权＋防止敏感数据遭恶意使用对国家安全的威胁。而在网络世界中，能够威胁到国家安全的也主要是敌对国家，或具有国家背景的敌对势力。目前，已有各种具备国家背景的黑客组织，对我国境内组织、机构发动了许多高级持续性威胁（advance persistent threat，APT）[①]。这些事例都说明，即便强制数据存放国内，也无法避免敌对国家或具有国家背景的敌对势力的黑手，因此，就数据安全来说，强制本地化事实上不能保障数据安全。

但强制数据存放在国内，确实能杜绝一类特定的风险，比如能够一定程度上防止境外国家利用法律、行政等手段，合法、秘密地获取传输至其境内的数据，特别是敏感数据。在斯诺登曝光的美国"棱镜门"事件中，正是利用了经互联网传输的数据大部分都要途经美国的有利条件，使美国政府得以直接截取海量数据，同时还合法、秘密地要求美国互联网公司与其合作，获得了大量境内外用户数据。可以说，美国政府通过对其境内的数据光缆、数据中心行使主权，成功地监听了全世界[17]。因此，在"棱镜门"曝光之后，德国等欧洲国家当即提出建立自己的电子邮件系统、云数据中心、不途经美国的光缆等技术手段，这些措施的共通之处在于使美国主权之手无法触及数据存储、传输的全过程。

再比如美欧"隐私盾"协议和"安全港"协议之所以被宣判无效，根本原因是"棱镜门"让欧盟意识到：虽然可以通过合同等手段约束美国公司，要求其在美国境内也提供与欧盟相同的数据保护水平，但美国政府，特别是国家安全局，能通过法律或行政手段，合法、秘密地要求美国公司提供数据；而美国公司自然要受美国法律的管辖，即使不愿意提供其控制的数据，也无能为力。换言之，欧盟原本认为可以通过合同、公司内部准则等手段对传输至境外的数据进行全程保护，但还是会轻易地被一国通过对互联网公司的主权控制撕开口子。因此，新"隐私盾"协议的重点内容之一，就是约束美国数据主权——美国政府明确承诺其情报机关将暂停大规模、无差别收集数据的行为[18]。

---

① 天眼实验室. OceanLotus（海莲花）APT 报告摘要。在报告中，360 公司的安全团队揭露从 2012 年 4 月起至今，某境外黑客组织对中国政府、科研院所、海事机构、海域建设、航运企业等相关重要领域展开了有组织、有计划、有针对性的长时间不间断攻击 http://blogs.360.cn/blog/oceanlotus-apt/。另见 "360 追日团队 APT 报告：摩诃草组织（APT-C-09）"，摩诃草组织是一个来自于南亚地区的境外 APT 组织，该组织已持续活跃了 7 年。摩诃草组织主要针对中国、巴基斯坦等亚洲国家和地区进行网络间谍活动，其中以窃取敏感信息为主。相关攻击活动最早可以追溯到 2009 年 11 月，至今还非常活跃。在针对中国的攻击中，该组织主要针对政府机构、科研教育领域进行攻击，其中以科研教育领域为主。http://bobao.360.cn/learning/detail/2935.html。

7.2.3.3　数据跨境安全评估制度机理论证

现在，从前文三层目的来看数据本地化及跨境流动安全评估手段：

经分析可知，对保障数据安全数据本地化贡献度较小；对数据保护，数据本地化存储主要在于使数据能遵循每个国家就个人信息自决方面做出的权利、义务配置选择，具有一定的数据本地存储需要；对国家层面的数据保护，数据本地化存储的功效主要在于杜绝境外国家利用法律、行政等手段，合法、秘密地获取传输至其境内的数据，因此具有较高的数据本地存储需求，如图 7.5 所示。

再结合前一部分对数据本地化严苛程度的描述模型可得出：为满足数据安全、个人数据保护而要求数据本地化时，国家主权通过事先设定数据跨境传输的原则或基本条件，以及对涉及的各个私主体通过规则事先设定权利义务即可，并无必要实际参与到各个场景中；在具体场景中，私主体事先知晓各自的权利义务、跨境传输的条件，只要达成的数据传输安排"过了门槛"，即可开展传输。

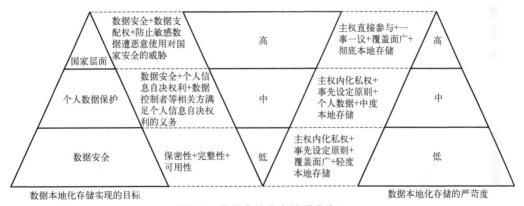

图 7.5　数据本地化存储需求度

当数据本地化是为了满足国家安全需求时，国家主权具有广泛的自由裁量权，应"一事一议"，按照个案实际情况做出裁量，同时可对各个私主体附加任何特定的要求，包括彻底的本地化存储，不允许来自境外的访问请求。

根据前文提出的数据跨境安全评估严苛度模型，数据跨境流动安全评估的设计具体如图 7.6 所示：

如果评估显示数据仅涉及数据安全，此时公权力应采取"轻监管"模式，设定各私主体的权利义务，并事先列出跨境原则和"门槛"，在满足上述条件后，就可放行。如评估显示数据涉及个人数据保护，公权力同样通过事先监管各私主体的权利义务和跨境的原则的方式，达到监管目的，只不过为保障个人信息自决权利，门槛相对数据安全要更高。如果评估显示数据涉及国家安全，则公权力开展"强监管"，一事一议，直接介入具体场景，参与设计特定的数据跨境保障措施，或者在风险无法管控的情况下要求数据必须存储于本地。

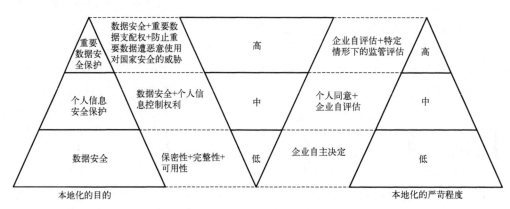

图 7.6　本地化的必要程度

目前来看，国家网信部门颁布的《评估办法》的制定理念满足上文提出的数据跨境安全评估严苛度模型，将比例原则的精神贯穿于数据跨境的监管过程之中，确保国家在行使数据主权的过程中，在安全和发展之间取得平衡。

7.3　我国个人信息出境标准合同制度的分析与思考

我国《个人信息保护法》已于 2021 年 11 月 1 日正式生效，其中对向境外提供个人信息做出了一系列规范，明确了个人信息出境合规方案，个人信息处理者因业务需要，确需向中华人民共和国境外提供个人信息的，应当至少具备下列一项条件：（一）依照本法第 40 条的规定通过国家网信部门组织的安全评估；（二）按照国家网信部门的规定经专业机构进行个人信息保护认证；（三）按照国家网信部门制定的标准合同与境外接收方订立合同，约定双方的权利和义务；（四）法律、行政法规或者国家网信部门规定的其他条件；以及中华人民共和国缔结或者参加的国际条约、协定对向中华人民共和国境外提供个人信息的条件等有规定的，可以按照其规定执行。据此，上位法明确授予国家网信部门制定个人信息出境标准合同的权利。2023 年 2 月 24 日，国家互联网信息办公室发布了《个人信息出境标准合同办法》（以下简称《标准合同办法》），即中国版的标准合同文件，本节通过分析欧盟、东盟等主要经济体不同模式下的标准合同条款的制定理念与原则、优势与不足，进而对我国制定的标准合同进行解读。

如前文第 2 章所述，标准合同条款最早出现于《95 指令》第 26 条第 2 款和第 4 款，旨在明确其可以作为第三国适当性评估的替代方案。即如果数据控制者希望将个人数据跨境提供给未通过欧盟委员会适当性评估的第三国，可以根据欧盟委员会制定的标准合同条款签订数据出境合同，进而合法地将个人数据传输到该第三国。因而，作为一种个人数据出境的法律解决方案，标准合同条款能够让数据控制者评估要采取哪些适当的保障性措施来确保所传输的个人数据不会因为数据跨境而降低其保护水平。

第7章 我国数据跨境流动管理制度的分析与思考

2018 年 5 月，欧盟《通用数据保护条例》(GDPR)在欧盟全体成员国正式生效。这被广泛认为是欧盟有史以来最为严格的网络数据管理法规。这一条例全面加强了欧盟所有网络用户的数据隐私权利，明确提升了企业的数据保护责任，并显著完善了有关监管机制。条例还要求企业必须以合法、公平和透明的方式收集处理信息，必须用通俗的语言向用户解释收集数据的方式，且企业有义务采取一切合理措施删除或纠正不正确的个人数据。2020 年 6 月，欧盟委员会发布 GDPR 实施两年的评估报告，强调了 GDPR 在数字经济监管中，作为标准制定者所发挥的作用。欧盟认为，GDPR 成功实现了加强个人对自身数据的保护权，并保证个人数据在欧盟范围内自由流通的目标。同时，GDPR 为独立数据保护机构配备了更强大、更协调的执法权，并建立了新的治理体系。它还为所有在欧盟市场运营的公司创造了一个公平的竞争环境，并且确保了欧盟内部数据的自由流通。2020 年 11 月，欧盟公布了有关数据共享的新规则，旨在创建一个全欧盟范围的数据市场，以促进工业和政府信息的共享——前提是这些数据在欧盟监管机构的监督下按照欧洲标准受到保护。具体而言，新的规定新增了提升成员国之间信任度的措施，比如允许新型数据中介机构充当值得信赖的数据共享组织者；此外，新规还采取措施促进公共部门更多地开放数据，例如有利于推进科学研究,促进罕见病或慢性疾病治疗方法的健康医疗数据等。2020 年 11 月 10 日，在《关于为确保遵守欧盟个人数据保护水平而采用的对数据跨境转移工具补充措施的建议 01/2020》通过后，欧盟于 12 日迅速通过了《附录——关于欧盟议会与欧盟理事会第 2016/679 号条例下将个人数据传输至第三国的标准合同条款的实施决定》(以下简称欧盟 2021 SCC，详细内容见前文章节)，分类式地为数据控制者之间、控制者与传输者之间、处理者之间以及处理者与传输者之间的数据传输提供个人数据保护规则；为欧盟 2021 SCC 在数据进口方国家相比本地法律的优先地位创造了条件；确定了数据进口方国家政府要求访问数据情况下数据进口方的义务；数据再次传输或二次传输时数据进口方的义务以及最为重要的，数据主体权利及其被侵犯后的补救与赔偿措施。

2021 年 1 月 22 日，第一届东盟(东南亚国家联盟，ASEAN)数字部长会议批准发布《东盟数据管理框架》(DMF)以及《东盟跨境数据流动示范合同条款》(MCC)。两份文件是落实区域数字经济和数字贸易发展中东盟内个人数据流动规则的具体举措，以期促进东盟地区数据相关的商业业务运营，减少谈判和合规成本，同时确保跨境数据传输过程中的个人数据保护。东盟范围内的网络安全和个人信息保护水平发展不一，既有拥有全球领先网络安全建设体系的新加坡，也有老挝、柬埔寨、缅甸等尚在进行网络安全基础建设的成员。在网络安全和数据保护的全球化进程中，东盟急需获得统一的网络安全和数据流动标准，以整体增强东盟网络安全和数据保护水平，获得更多全球竞争优势。DMF 和 MCC 两份文件将发挥重要作用。DMF 将有助于提高东盟企业在管理数据方面的知识和能力，并有助于遵守个人数据保护要求，同时使公司能够将数据用于业务增长。MCC 为实施东盟跨境数据流动机制的第一步，在东盟成员国之间进行数据传输，而无论相关东盟成员国是否有数据保护法。两份文件可以向公民保证，采用这些标准的东盟数字经济中企业所持有的个人数据将得到保护，从而增强公民对数字经济的信任和参与。

由于欧盟提出的第三国适当性评估的跨境监管方式门槛较高，目前只有少数国家通过了欧盟的第三国适当性评估，因此标准合同的监管方式成为重要的替代性跨境监管方案之一，有效保障了企业数据在满足个人信息保护水平的前提下高效流动。个人信息跨境传输对个人信息权益保护以及数字经济发展，特别是外商投资企业跨境业务开展以及中国企业"走出去"至关重要。

7.3.1 我国对欧盟与东盟标准合同条款的借鉴

目前我国有关跨境数据输出基本原则的国内规定涉及较少，跨境数据输出的重要规则主要见于欧美等双边、多边协议中。目前欧盟 2021 SCC、东盟 MCC 对这些原则均有体现。跨境数据输出的基本原则是指数据在跨境过程中输出方和输入方需要遵守的基本要求，目前，在欧盟 2021 SCC、东盟 MCC 中并没有明确列明上述基本要求，为此，本节参考了欧盟在与美国签订的《安全港协议》以及亚太经济组织颁布的《亚太经济组织隐私保护管理框架》两份文件中明确提到的几大原则，以期在地理区位上具有对应性和代表性。

7.3.1.1 欧盟 2021 SCC 中的数据传输重要规则

欧盟在签署数据双边协议时着重约束企业行为，为企业确定了告知原则、同意原则、转送原则、安全性原则、资料品质原则、参与原则以及救济原则。

告知原则是指公司有义务以书面形式，明确具体地告知消费者收集信息的原因，这份书面通知还应涉及信息收集者的联系方式、投诉渠道，且在收集信息之后、信息被用于与其最初收集目的不同用途时、信息向第三方披露之前，收集信息的主体应尽快向消费者发出书面说明。

> 欧盟 2021 SCC 第 5 条有关数据主体权利"模板一：控制者之间的传输"(a)中规定：数据进口方应相应数据主体就处理个人数据及行使其在本条款下的权利而提出的任何询问及要求，不得无故拖延。数据进口方应采取适当措施，以为该等询问、要求及数据主体权利的行使提供便利。向数据主体提供的任何信息，应以清晰且直白的语言，以可识别且容易理解的形式提供。

同意原则是如果公司需将其收集的信息用于与最初收集目的不同用途或要向第三方披露时，用户可以选择终止该传输活动。

> 欧盟 2021 SCC 第 5 条有关数据主体权利"模板一：控制者之间的传输"(c)中

规定:"在数据进口方以直接营销为目的而处理个人数据的情况下,若数据主体反对,则应停止该等目的处理行为。"

尤其是"敏感信息",必须在信息主体做出明确同意之后才能用于向第三方传输或用于与最初手机目的不同的用途。

欧盟 2021 SCC 第 1 条"模板一:控制者之间的传输"1.6 款中规定:"在某种程度上,传输包括揭示种族或民族血统、政治见解、宗教、哲学信仰、工会会员资格的个人数据,基因数据、用于唯一标识自然人的生物识别数据,有关健康、个人性生活或性取向,或与刑事定罪或犯罪相关的数据,数据进口方应根据数据的特殊性质和所涉及的风险应用特定的限制或/和其他保护措施。"

转送原则是指公司要对数据传送方做出评价,接收方需符合安全港原则的要求,且转移之前,必须符合前述的告知及同意原则。

欧盟 2021 SCC 第 1 条"模板一:控制者之间的传输"1.7 款中规定:"除非第三方受到或同意受到本条款的约束,数据进口方不得将个人数据披露给位于欧盟以外的第三方。换句话说,数据进口方仅在以下情况才可以进行数据的再传输:(i)后续转移到根据 GDPR 第 45 条做出的关于转移的充分性决定的国家或地区;(ii)第三方以其他方确保根据 GDPR 第 46 条或第 47 条对有关处理采取适当的保障措施;(iii)第三方与数据进口方达成协议,以确保与本条款相同的数据保护水平,并且数据进口方向数据出口方提供这些保护措施的副本;或(iv)在告知数据主体再传输的目的、接收者的身份或类型以及由于此类传输缺乏适当数据保护而产生的潜在风险的情况下,数据进口方需获取数据主体的明确同意。在这种情况下,数据进口方应通知数据出口方,并根据数据出口方的要求,提供给数据出口方相应的信息副本。"

安全性原则要求保管个人信息的组织必须采用合理的预防措施,以防止信息被"丢失、滥用和未经授权地获取"。

欧盟 2021 SCC 第 1 条"模板一:控制者之间的传输"1.5 款(a)中规定:"数据进口方以及数据出口方在传输过程中还应实施适当的技术和组织措施,以确保个人数据的安全,包括防止其遭到意外或非法破坏、丢失、篡改、未经授权披露或访问。"

安全性原则侧重于企业内部的安全措施,企业必须对用户信息提供符合标准的保护措施,且企业员工不能轻易获取这些资料。处理敏感资料时,公司须采取更严密的保密措施。

欧盟 2021 SCC 第 1 条"模板一:控制者之间的传输"1.5 款(b)中规定:"数据进口方应确保授权处理个人数据的人员已承诺保密或负有适当的法定保密义务。"

资料品质原则要求公司所搜集的信息必须准确并与预期用途相关。

欧盟 2021 SCC 第 1 条"模板一：控制者之间的传输"1.3 款(a)中规定："各方应在处理目的的必要范围内确保个人数据准确无误并对其进行更新。数据进口方应采取一切合理步骤，以确保个人数据的准确性，对不准确的信息进行及时删除或纠正。"

参与原则是指公司应容许信息主体取得其信息，并更正其中的错误。

欧盟 2021 SCC 第 5 条"模板一：控制者之间的传输"(a)中规定："数据进口方应响应数据主体就处理其个人数据及行使其在本条款下的权利而提出的任何询问及要求，不得无故拖延。"(b)款规定："特别是在数据主体提出要求时，数据进口方应免费、及时且最迟在收到要求后的一个月内：(i)向数据主体确认是否正在处理与他/她有关的个人数据，如是，则提供与他/她有关的数据的副本，以及附件一所载的信息；如果个人数据已被或将被转移，提供该等数据已被或将被转移至的相关接收者或接收者类别的信息(视情况而定，以便提供有意义的信息)和根据第 8.7 条规定的该等数据转移的目的和理由；(ii)纠正与数据主体相关的不准确或不完整的数据"。

《安全港协议》对于这一原则只有一个例外，即遵循该原则时，若成本过高，远远超出了客户隐私权遭侵犯时受到的损失，或侵犯了他人权利，可以不遵循该原则。这一例外的适用程度因所查询个人信息的敏感度及重要性而异。这一例外原则在欧盟 2021 SCC 中也有所体现。

欧盟 2021 SCC 第 5 条"模板一：控制者之间的传输"(e)中规定："如数据主体提出过多要求，尤其是具有重复性的要求，数据进口方可在考虑到要求获准的行政成本后，收取合理的费用，或拒绝按其要求行事。"

救济原则是指应当为数据主体设定第三方受益人权利，包括在合同中明确约定第三方受益人身份和可执行条款，约定第三方可以根据合同约定寻求救济，以及各方应就违反第三方受益权而给数据主体造成的损失向数据主体负责。

欧盟 2021 SCC 第 3 条"第三方受益人"(a)中规定："数据主体可以第三方受益人的身份，向数据出口方及/或数据进口方援引及执行本条款"。第 11 条"救济"(c)中规定："如数据主体根据第 3 条援引第三方受益权，数据进口方接受数据主体的决定，以(i)向他/她经常居住地或工作地点所在地的成员国或依据第 13 条规定的主管监督机构提出投诉；(ii)将争议提交第 18 条意义上的主管法院"，第 11 条"救济"(f)中规定"数据进口方统一，数据主体所做的选择不好损害他/她根据适用法律寻求救济的实质及程序权利"。

7.3.1.2　东盟 2021 MCC 中数据传输的重要规则

从数据基本原则的角度来看，东盟 2021 MCC 与欧盟 SCC 存在许多相似之处，包括：通知原则、避免伤害原则、收集限制原则、利用原则、个人数据完整原则、选择原则、安全保障原则、查询及更正原则、责任原则。由此可以看出，东盟 MCC 也侧重对个人数据的隐私保护。

通知原则是指数据控制者需要告知个人收集数据行为的存在、数据收集的目的、数据收集者的身份信息、数据的去向以及接受数据的第三方的信息等内容。

> MCC "模块一：控制者传输至处理者的合同条款"中第二条"数据出口商的义务"第 2.1 款中规定："根据适用的东盟成员国法律及本合同，个人数据被收集、使用、披露并移交给数据进口商，在没有此类法律的情况下，在合理可行的情况下，数据主体已被通知并同意收集目的、使用、披露和/或转让其个人数据。

避免伤害原则是指数据控制者对数据进行收集和传输的过程中要保证数据的安全性，侧重于预防数据在跨境流动中受到伤害，降低数据跨境流动中的风险。

> MCC "模块一：控制者传输至处理者的合同条款"中第三条"数据进口商的义务"第 3.9 条中规定："数据进口商应根据适用的东盟成员国法律的要求，采取合理和适当的技术、行政、操作和物理措施，以保护个人数据的机密性、完整性和可用性，特别是防止数据泄露的风险。"
>
> MCC "模块二：控制者传输至控制者的合同条款"中第三条"进口商的义务"第 3.2 条中规定："数据进口商应根据任何适用的东盟成员国法律，采取合理且适当的技术、行政、运营和物理措施，以保护个人数据免受数据泄露的风险。"

收集限制原则是指收集数据的方法应该正当合理，所收集的数据应该与收集这些数据的目的相称。收集限制原则存在例外情况，即在满足数据收集正当性的前提下，收集数据无需向相关人员提供通知并获得准许。

> MCC "模块一：控制者传输至处理者的合同条款"中第三条"数据进口商的义务"第 3.1 条中规定："数据进口商应仅根据数据出口商的指示和附录 A 中所述的目的处理个人数据"。
>
> MCC "模块二：控制者传输至控制者的合同条款"中第三条"进口商的义务"第 3.1 条中规定："数据进口商只能处于附录 A 中描述的目的处理个人数据。"【可选条款】

利用原则主要是强调数据的利用包括对数据的转让和公开，以此来促进数据更好地进行跨境传输活动。

  MCC"模块一：控制者传输至处理者的合同条款"中规定："通过使用此处与预期数据传输各方达成的商业协议中的基础合同条款，各方可以：（1）传输数据，将相关数据传输至处于另一司法管辖区的商业协议缔约方；（2）处理数据，数据传输的目的仅是为了由数据进口商处理或提供相关服务。"

  MCC"模块二：控制者传输至控制者的合同条款"中规定："通过使用此处与预期数据传输各方达成的商业协议中的基础合同条款，各方可以：（1）传输数据，将相关数据传输至处于另一司法管辖区的商业协议缔约方；（2）出售或转移数据的控制权，彻底出售或以其他方式将数据副本全部转移给接收方，而接收方希望在获取数据后对其行使全部控制权、权利和责任。"

  个人数据完整原则是指为了实现个人数据的使用目的，个人数据需要在必要的范围内准确完整并保持更新。该原则强调数据控制者在对第三方进行输出时要保证数据的准确与完整。

  MCC"模块一：控制者传输至处理者的合同条款"中第二条"数据出口商的义务"第 2.2 款中规定："根据本合同传输的任何个人数据，在数据出口商为遵守第 2.1 条而确定的目的所必需的范围内是准确和完整的。"【可选条款】

  MCC"模块二：控制者传输至控制者的合同条款"中第二条"出口商的义务"第 2.2 条中规定："任何已收集、处理和传输的个人数据在本合同项下传输的必要范围内都是准确和完整的。"【可选条款】

  选择原则是指各东盟成员国的私营企业在向其他东盟成员国企业转移数据时，可自愿采用 MCC。而且各方可以酌情对这些条款进行适当的更改。这主要是考虑到东盟成员国之间不同的发展水平而设计的。

  根据 MCC"模块一：控制者传输至处理者的合同条款"说明部分，MCC 中的"optional clause（可选条款）"可不包含在当事人之间的跨境传输数据合同中。对标有"choose the relevant clause（选择相关条款）"的条款，各方可选择与其所在国内法最相关的条款，或者根据国内法的规定填写相应的要求。

  安全保障原则是指数据控制者在数据的收集、使用以及传输过程中要保证不被越权存取、滥用、丢失、销毁、公开等。

  MCC"模块一：控制者传输至处理者的合同条款"中第二条"数据出口商的义务"第 2.3 款中规定："数据出口商应实施适当的技术和操作措施，以确保个人数据在传输至数据进口商期间的安全性。"

  MCC"模块二：控制者传输至控制者的合同条款"中第四条"数据出口商和数

据进口商的义务"第 4.1 条中规定:"双方均已采取适当措施,以确定传输相关数据时涉及的潜在数据泄露风险水平,并考虑双方必须采取的适当安全措施。"

查询及更正原则是为了保证数据主体的数据在被收集使用后在适当的条件下能对数据进行纠正、完善、更新或者删除的权利,同时也对个人进行上述活动提出了相应要求。

MCC"模块一:控制者传输至处理者的合同条款"中第二条"数据出口商的义务"第 2.4 款中规定:"数据出口商应按照适用的东盟成员国法律的要求,回复数据主体或执法机构关于数据处理的询问,包括访问或更正个人数据的请求,除非双方以书面形式同意由数据进口商做出回应,并且适用的东盟成员国法律允许该委托。"

MCC"模块二:控制者传输至控制者的合同条款"中第三条"进口商的义务"第 3.3 条中规定:"数据进口商应向数据出口商和数据主体提供一个联系人,该联系人被授权代表数据进口商回复有关个人数据的查询。"

责任原则是指合同双方应对其个人数据跨境处理活动对数据主体权利造成的损害承担损害赔偿责任,为数据主体提供可执行的权利和有效的法律补救措施。

MCC"模块一:控制者传输至处理者的合同条款"中"个人救济的附加条款"第 1.5 款规定,"在适用的东盟成员国法律授权的范围内,数据主体可以从数据进口商和/或数据出口商处获得违反本合同的赔偿(根据适用的东盟成员国法律的规定,或者,如果此类法律未规定补偿的分配,则[选择相关条款][以数据主体可能决定的方式]/[由数据进口商和数据出口商平分]"。

我国 2020 年 3 月 6 日发布的《信息安全技术个人信息安全规范》对个人信息控制者展开个人信息处理活动也做出了原则性规定,个人信息控制者开展个人信息处理活动要遵循合法、正当、必要的原则。虽然个人信息处理活动的原则不能等同于跨境数据输出的原则,但是个人信息处理活动中包含了个人数据跨境输出行为,因此这些原则对跨境数据输出的原则也有参考价值。这些原则具体包括:权责一致、目的明确、选择同意、最小必要、公开透明、确保安全和主体参与。权责一致是指数据控制者需采取技术和其他必要的措施保障个人信息的安全,对其个人信息处理活动对个人信息主体合法权益造成的损害承担责任;目的明确是要求数据控制者具有明确、清晰、具体的个人信息处理目的;选择同意是指数据控制者向个人信息主体明示个人信息处理目的、方式、范围等规则,征求其授权同意;最小必要是指数据控制者只处理满足个人信息主体授权同意的目的所需的最少个人信息类型和数量,目的达成后,应及时删除个人信息;公开透明要求数据控制者以明确、易懂和合理的方式公开处理个人信息的范围、目的、规则等,并接受外部监督;确保安全要求数据控制者具备与所面临的安全风险相匹配的安全能力，并采取足够的管理措施和技术手段，保护个人信息的保密性、完整性、可用性；主体参与要求数据控制者向个人信息主体提供能够查询、更正、删除其个人信息，以及撤回授权同意、注销账户、投诉等方法。

7.3.1.3 数据跨境的分类管理规则

不论是欧盟 2021 SCC、东盟 2021 MCC 还是我国《标准合同办法》中的数据，都属于个人信息的范畴。总体来看，各国关于跨境数据分类管理的相关规则较少，各国主要集中于对个人跨境数据的监管。但近年来，各国对跨境数据传输的重视程度不断提高，逐步开始重视对其他类型跨境数据的监管。国外对于不同类型的数据采用不同的管理模式，主要分为三类：对重要数据实行严格监管，禁止数据流动；对政府和公共部门的一般数据和相关行业技术数据有条件地限制跨境流动；普通的个人数据允许跨境流动，但要满足安全管理要求。就普通个人数据，大多数国家都是允许跨境流动的，但要满足安全管理要求。许多国家为了确保个人数据安全，通过问责制、合同干预等不同形式进行管理。问责制的管理模式，即对数据控制者的数据安全管理责任做出规定，要求其承担在数据跨境的整个过程中的安全管理责任，包括对数据主体的通知、对外包商的资格审查和监督。数据处理合同干预的管理模式，即由政府对跨境数据处理合同条款中应当包含的安全管理内容进行规定。从范本整体框架结构来看，欧盟 2021 SCC 以及东盟 2021 MCC 均强调数据控制者对数据跨境传输的全程进行监督的责任，即对数据生命周期系统的安全性负责。

7.3.2 我国个人信息出境标准合同的解读

根据国家互联网信息办公室公布的《标准合同办法》及其附件标准合同范本，我国在制定个人信息出境标准合同时，在形式上参考了欧盟、东盟的标准合同条款模板，同时也考虑中国法律习惯的形式，采用了"标准合同"而不是"标准合同条款"的形式。在内容层面上，《标准合同办法》在制定时坚持以下四个原则：一是坚持以"人民为中心"的原则，把维护个人信息权益放在首要位置；二是一致性原则，标准合同的内容与我国《个人信息保护法》《网络安全法》《数据安全法》等法律法规和相关标准的要求保持一致；三是简明性原则，标准合同内容应注重易于企业理解、实践和应用；四是开放性原则，深入研究国内外相关数据跨境传输监管机制，保障合同的条款与国际通用规则的理念相兼容，便于企业对外开展对等的商业合作，同时符合我国国情。

在上述原则的基础上，在《标准合同办法》中规定了个人信息处理者与境外接收方签订标准合同后，即可开展个人信息出境活动，网信部门只采取事后监督的模式进行管理，即要求企业在合同签订后将标准合同和个人信息保护影响评估报告向网信部门备案。基于标准合同出境的方式区别于评估制度的"事前监督和持续检查"的模式，体现出更大的监管弹性和灵活性，保障企业跨境业务快速、高效、合规开展，同时通过合同约束境外接收方的责任与义务，保障境外接收方处理个人信息的活动达到我国的个人信息保护标准。

在具体内容上，标准合同范本除规定合同订立必要的要素内容外（可参考《民法典》关于合同内容基本要求），还重点从以下几方面规定了相关内容，主要包括：

(1)定义。相关定义完全引自我国的法律法规，并保持一致，体现标准合同落实《个人信息保护法》的宗旨。

(2)个人信息处理者的义务。明确个人信息处理者作为个人信息的境内处理者须做出的保证、承诺与履行的义务，确保向境外提供个人信息的合规性。

(3)境外接收方的义务。为落实《个人信息保护法》第38条要求，明确个人信息处理者应当通过合同的形式，将中国法律法规对个人信息保护的要求，转化为不直接受到中国法律管辖的个人信息境外接收方的合同义务，目的在于确保个人信息的境外接收方对其接收的来自于我国境内的个人信息的保护标准，不低于我国法律法规所规定的保护标准。

(4)境外接收方所在国家或地区个人信息保护政策和法规对合同履行的影响。参考国外数据跨境传输最新监管动态，针对境外接收方所在国家或地区法律环境发生变化导致境外接收方无法遵守合同条款的情形，要求合同双方保证其没有理由要求境外接收方所在国家或地区的法律（包括任何披露或提供个人信息的要求或授权公共机关访问个人信息的措施）会阻止该境外接收方履行本条款规定的义务，并规定个人信息接收方应在情况发生变化的情况下及时通知个人信息处理者，以便于个人信息处理者评估是否仍可按原先条款约定向境外接收方提供个人信息。

(5)个人信息主体的权利。通过合同约定落实个人信息处理者和境外接收方响应个人信息主体权利请求的义务，特别是将中国法律规定的个人权利保护义务明确规定为境外接收方的合同义务。此外，条款还明确规定个人信息主体为合同条款的第三方受益人。如个人信息处理者或境外接收方违反这些条款约定，个人信息主体可作为合同第三人直接向个人信息处理者或境外接收方主张违约责任。

(6)救济。明确境外接收方确定联系人接收、处理境内个人信息主体投诉的义务，并规定个人信息主体有权就合同条款产生的争议向我国监管机构或法院寻求救济，境外接收方通过签订标准合同的形式承诺接受我国监管机构或法院的管辖。

(7)合同解除。除惯常的合同终止、违约责任及其他一般条款的约定外，还将可能导致个人信息出境不再满足中国法律所规定的个人信息出境条件的几种情况规定为合同终止的情形。合同终止后还规定了境外接收方应及时采取的处理措施等。

（8）违约责任。明确个人信息处理者和境外接收方应就其因违反本合同第三方受益人条款而给个人信息主体造成的任何损害，对个人信息主体承担责任；个人信息主体有权依照第三方受益人条款直接向合同相关方主张违约责任。如因各方违反条款对个人信息主体造成损害的，相关方应对个人信息主体承担连带责任。

除上述内容外，国家网信部门在《标准合同办法》第 6 条第 2 款和标准合同范本第 9 条第（一）项明确标准合同的优先适用，即个人信息处理者与境外接收方约定的其他条款不得与标准合同相冲突，如果相冲突的，标准合同优先适用。此外，标准合同范本第 6 条专门明确境外接收方自愿接受个人信息主体通过向中国监管机构的投诉和向中国法院提起诉讼的形式维护权利，从而确保个人信息主体的合法利益能够得到切实保障。

最后，标准合同范本包括两个附录，允许个人信息处理者和境外接收方约定具体的个人信息出境情况和增加其他不与标准合同相冲突的条款：①《个人信息出境说明》。该说明由签约方填写完善相关传输个人信息、敏感个人信息的存储时间和地点等信息，以及传输处理个人信息的处理范围、目的等具体信息；②《双方约定的其他条款》，为个人信息处理者和境外接收方签订合同约定其他事项提供便利性。

7.4　我国个人信息保护认证制度的分析与思考

个人信息保护认证是《个人信息保护法》第 38 条规定的向境外提供个人信息的条件之一。在欧盟 GDPR 中也有类似个人信息跨境传输合法方式，确保个人信息在出境后的保护水平"不会降低"或"一致"。

2022 年 4 月，全国信息安全标准化技术委员会（以下简称信安标委）发布了《网络安全标准实践指南——个人信息跨境处理活动认证技术规范（征求意见稿）》，面向社会公开征求意见。2022 年 6 月，信安标委发布了《网络安全标准实践指南——个人信息跨境处理活动安全认证规范 V1.0》。2022 年 11 月，国家市场监督管理总局和国家互联网信息办公室联合发布《个人信息保护认证实施规则》，确立了个人信息出境认证的依据、模式、程序和认证有效期等规则。2022 年 11 月，信安标委发布了《网络安全标准实践指南——个人信息跨境处理活动安全认证规范 V2.0（征求意见稿）》，面向社会公开征求意见。同年 12 月，信安标委发布了《网络安全标准实践指南——个人信息跨境处理活动安全认证规范 V2.0》（以下简称《认证规范》）。该《认证规范》针对个人信息跨境处理活动应遵循的基本原则、个人信息处理者和境外接收方的个人信息保护能力、个人信息主体权益保障等方面提出了要求，为认证机构实施个人信息保护认证提供跨境处理活动认证依据，也为个人信息处理者规范个人信息跨境处理活动提供参考。

7.4.1 认证的功能

《个人信息保护法》第 38 条第 1 款第 2 项规定，个人信息处理者通过"个人信息保护认证(包含跨境处理活动)"，可以合法进行个人信息出境。此外，《个人信息保护法》第 38 条第 3 款规定，个人信息处理者应当采取必要措施，保障境外接收方处理个人信息的活动达到本法规定的个人信息保护标准。下面将从认证审查事项、认证责任，以及认证意义等方面对跨境的个人信息保护认证工作进行研究分析。

首先，包含跨境处理活动的认证应审查境外接收方是否具有必要的个人信息保护能力及个人信息处理者是否要求境外接收方采取相应的保护措施，满足我国法律的要求。值得注意的是，认证机构并不是审查具体出境的个人信息风险，而是要审查个人信息处理者是否具备根据个人信息出境风险采取必要措施的能力，并有能力确保境外接收方对所接收个人信息提供等同保护。

其次，按照认证的一般要求，企业通过认证后，认证机构要对所认证的企业进行持续性监督，确保其能够根据个人信息出境风险的变化而动态调整其必要保护措施，持续满足《个人信息保护法》第 38 条第 3 款的要求。由此，认证是分担国家监管部门对个人信息出境监管重任的一种有效途径。

最后，个人信息保护认证是国家推荐的自愿性认证，鼓励符合条件的个人信息处理者因业务等需要向境外提供个人信息时，自愿申请包含跨境处理活动的个人信息保护认证，该认证不但能满足企业个人信息跨境流动的商业性需求，还能达到国家有关个人信息跨境流动安全监管要求。

7.4.2 认证的适用范围

从文本的角度理解，《个人信息保护法》第 38 条第 1 款并未区分认证与安全评估及标准合同的先后适用关系。然而，《个人信息保护法》第 40 条明确了安全评估优先适用的要求。据此，国家网信部门在《评估办法》中，进一步明确了向境外提供数据须申报安全评估的情形，只要符合安全评估情形，个人信息处理者则不能通过认证方式开展个人信息出境活动。

那么，认证是否需要设置适合个人信息出境认证的条件？又或者说，适用于安全评估申报以外的个人信息出境场景，是不是都可以通过认证的方式开展个人信息出境活动，认证与标准合同的衔接关系将如何判定？

关于认证和标准合同的定位，从根本上而言，认证和标准合同都是个人信息出境的合法路径，因而二者在功能上没有本质差别。二者的差别在于认证要比标准合同更为灵活。国家制定的标准合同是个人信息处理者和境外接收方履行个人信息保护义务的直接体现，既包括技术措施，也包括管理措施，这些措施是当下可预见及未来可能出现的风险应对措施集，并不关注各入境国的个人信息保护水平差异，个人信息处理者遇到相关风险和问题时按照标准合同条款的要求进行处理即可。相反，认证是对个人信息处理者的个人信息保护管理体系及个人信息保护能力进行的认证，重点审查个人信息处理者为达到国家个人信息出境安全监管要求而采取的一系列技术和管理措施，包括个人信息风险识别、组织架构、人员及分工、个人信息出境的规划和内部风险控制流程、对境外接收方的监督方式及流程，在应对个人信息主体申诉等应急处置方面的措施及流程。因此，认证对于个人信息处理者的技术措施和管理措施的考察不像标准合同有固定和明确的强制要求，而是允许个人信息处理者自行制定或选择符合国家监管要求又适合自身需求的技术和管理措施。

因此，在理论上认证应比标准合同的适用范围更加广泛，甚至可以作为个人信息出境安全评估的参考依据——如果企业通过了包含跨境处理活动的个人信息保护认证，在企业申报安全评估时，国家网信部门应适时采信该认证。不过，这并不等同于在立法或者政策层面直接规定认证的适用范围大于标准合同，由于认证的本质是对企业内部个人信息保护机制和保护能力是否符合国家的监管需求的认证，所以从长远看个人信息处理者选择认证的方式向境外提供个人信息更能体现企业对个人信息的保护能力，这也是《认证规范》在适用情形中没有做出具体限定的原因所在。

在比较法下，个人信息保护认证主要有 APEC 隐私框架下的《跨境隐私规则》（CBPR）认证和 GDPR 下的认证。个人信息处理者通过 CBPR 的认证即可在认可 CBPR 的成员之间自由进行个人信息跨境流动。在 GDPR 体系下，个人信息控制者获得 GDPR 认证，尚不能直接进行个人信息跨境提供，还必须获得境外接收方有约束力的承诺，即境外接收方承诺对所接收个人信息提供同等保护。

7.4.3 认证的标准设定

认证的标准设定应当基于个人信息处理基本原则中的责任原则来设定。在国际上，包括在《OECD 指南》、APEC 隐私框架、GDPR，责任原则都是要求个人信息处理者有责任采取所有必要措施来执行法律有关个人信息处理者其他原则的要求，并提供证据证明这些措施的适当性和有效性。我国《个人信息保护法》第 9 条将国际上的安全原则和责任原则合并规定，并且对责任原则的规定在很大程度上停留在 1980 年的《OECD 指南》和欧盟《95 指令》的自己责任要求，并没有要求个人信息处理者提供证据证明其采取措施的适当性和有效性。由于认证的是个人信息处理者采取了何种措施，以及这些措施是否满足法律的要求，所以认证是基于证据的认证。有鉴于此，我国个人信息出境认证的规则要比《个人信息保护法》提出的要求更具体、更细致。

具体而言，《认证规范》明确了个人信息出境处理的基本原则，以及个人信息处理者和境外接收方提供证据满足这些基本原则的一系列要求。在基本原则方面，《认证规范》除了规定《个人信息保护法》的个人信息处理原则之外，还规定了同等保护原则和自愿认证原则。其中，同等保护原则强调个人信息处理者应当和境外接收方共同采取必要措施确保境外接收方的个人信息处理活动达到我国《个人信息保护法》的个人信息保护标准。自愿认证原则强调认证是一个市场机制，而不是强制性机制，由个人信息处理者自愿申请认证。

在个人信息处理者和境外接收方提交的满足个人信息出境处理基本原则证明材料方面，《认证规范》对双方均提出要求：一是签订具有法律约束力的协议；二是指定个人信息保护负责人、设立个人信息保护机构、约定并遵守相同的个人信息跨境处理规则，由个人信息处理者开展个人信息保护影响评估；三是保障个人信息主体权益，包括在双方签订的法律文件中明确承认个人信息主体是该法律文件的第三方受益人，即个人信息主体有权以该法律文件为依据向境外接收方主张权利；四是约定双方的责任和义务，主要是明确境外接收方承诺不得超出双方约定范围处理个人信息、不将所接收个人信息提供给第三方、积极响应个人信息主体行使权利的请求、记录和保存个人信息处理过程、提供证据证明履行相关责任义务的情况、在个人信息主体提出司法诉讼时接受中华人民共和国司法管辖，并承诺相关纠纷适用中华人民共和国相关法律法规。

7.4.4 认证的流程和有效性

《个人信息保护认证实施规则》明确了个人信息保护认证的适用范围、认证依据、认证模式、认证实施程序、认证证书和认证标志等内容。其中，认证模式包括技术验证+现场审核+获证后监督三个环节，认证证书具有三年有效期。认证流程包括四个步骤：一是个人信息处理者提出认证委托，并提交委托资料，包括但不限于认证委托人基本材料、认证委托书、相关证明文档等。二是认证机构对个人信息处理者开展技术验证，必要时开展现场审核，对于境外接收方的评估，主要通过个人信息处理者提供的资料进行审核。三是认证机构根据认证委托资料、技术验证报告、现场审核报告和其他相关资料信息进行综合评价，做出认证决定。对符合认证要求的，颁发认证证书；对暂不符合认证要求的，可要求认证委托人限期整改，整改后仍不符合的，以书面形式通知认证委托人终止认证。四是认证机构有职责对获得认证的个人信息处理者进行持续监督，确保个人信息处理者持续符合认证要求。对于认证的具体实施程序，认证机构应依据《个人信息保护认证实施细则》有关要求进一步制定科学、合理、可操作的认证实施细则，并对外公布实施。

参 考 文 献

[1] 赵宏. 民法典时代个人信息权的国家保护义务. 经贸法律评论, 2021, 1: 1-20.

[2] 林鸿潮. 个人信息在社会风险治理中的利用及其限制. 政治与法律, 2018, 4: 2-14.

[3] 周汉华. 探索激励相容的个人数据治理之道——中国个人信息保护法的立法方向. 法学研究, 2018, 2: 3-23.

[4] 赵宏. 疫情防控下个人的权利限缩与边界. 比较法研究, 2020, 2: 11-24.

[5] 张新宝. 个人信息收集:告知同意原则适用的限制. 比较法研究, 2019, 6: 1-20.

[6] 梁泽宇. 个人信息保护中目的限制原则的解释与适用. 比较法研究, 2018, 5: 16-30.

[7] 易莉. 平衡个人信息权与公共利益之间的冲突. 重庆第二师范学院学报, 2019, 3: 15-20.

[8] 邓志松, 戴健民. 《网络安全法》时代数据跨境传输的企业合规挑战. 汕头大学学报(人文社会科学版), 2017, 5: 70-73.

[9] 潘永健, 邓梓珊, 沙莎, 等. 安全与发展并重——《数据安全法(草案)》要旨与解读. 通力法律评述|公司及并购, 2020, 8: 76-90.

[10] 尹云霞, 张毅, 黎辉辉, 等. 《个人信息保护法(草案)》重点制度要点评析及合规展望. https://www. sohu. com/a/429091517_825373. 2021.

[11] 吴丹君, 张振君. 《个人信息保护法(草案)》六大亮点解读. https://www.mpaypass. com.cn/news/202010/22144504.html. 2021.

[12] 曹磊. 网络空间的数据权研究. 国际观察, 2013, 1: 56.

[13] Chander A, Le U P. Data nationalism. Emory Law Journal, 2015, 64: 677-739.

[14] Noujaim A. The stimulus for data protection laws around the world: The development and anticipated effect of the European Union's new data rules. Intellectual Property Law Bulletin, 2016, 20(2): 99-118.

[15] Hohmann M, Maurer T, Morgus R, et al. Technological sovereignty: Missing the point? An analysis of European Proposals after June 5, 2013. http://www. gppi. net/publications/global-internet-politics/article/technological-sovereignty-missing-the-point/. 2014.

[16] 洪延青. "以管理为基础的规制"——对网络运营者安全保护义务的重构. 环球法律评论, 2016, 4: 28-33.

[17] Franceschi-Bicchierai L. The 10 biggest revelations from Edward snowden's leaks. http://mashable. com/2014/06/05/edward-snowden-revelations/#NSc. Xn8fSiq2. 2014.

[18] European Commission. European Commission launches EU-U.S. Privacy Shield: Stronger protection for transatlantic data flows. http://europa.eu/rapid/press-release_IP-16-2461_en. htm. 2016.